JN409692

지능형 로봇의 이해와 활용

유범상 저

머리말

대한민국은 로봇 강국이다.
이러한 얘기를 서슴없이 하기 위해서는 무엇을 해야 할까?

우리나라는 지난 2003년에 지능형 로봇을 차세대 성장 동력으로 뽑았고, 2009년에는 로봇 기본법을 제정하여 로봇 기술과 산업에 박차를 가하기 시작하였다.
로봇 기술을 개발하고 산업화하기 위해 정부를 중심으로 돈과 노력을 아끼지 않겠다는 얘기다.

로봇 기술은 상상력의 산물이다.
고대 신화의 거대한 괴물들, 중세의 장난감스러운 자동화 기계들, 산업혁명 이후의 여러 발명들이 모두, 지금 우리 시대가 가진 기술력과 합하여 졌다면 훌륭한 로봇이 되었을 것이다.
역사적으로 오랜 옛날의 상상들이 지금 물질화되어서 로봇으로 나타났다고 한다면, 우리 동시간대에선, 아이들과 청소년들의 상상력이 그들의 미래에 로봇으로 나타날 것이다.
로봇에 관한 상상을 실제 로봇으로 형상화시킬 수 있도록 하기 위해서는 무엇이 필요할까.

지금의 로봇 교재들은 거의 기본적인 이론을 중심으로 구성되어 있다. 로봇은 여러 가지 학문의 집합으로서 기구학, 동력학, 기계설계, 제어, 회로설계 등의 많은 학문이 융합되어 있다. 로봇을 이런 이론으로부터 접근하는 것은 중요하나 동시에 성장하는 학생들에겐 커다란 짐이 될 수도 있다.

우선 시작할 수 있도록 도와주는 쪽에서 접근하는 교재가 필요하다고 생각한다.
본 교재는 로봇을 만드는 데에 필요한 실무 길잡이의 개념으로부터 접근하였다. 이론 이전에, 필요한 기본적인 요소들을 이해하고 선택하는 데에 필요한 길라잡이가 되도록 책을 구성하였고 기초적인 키트로써 실습을 하여보도록 구성하였다.
전문적인 대학의 초급 과정이나 실용적인 교육 과정에서 적합한 교재가 될 것으로 보인다.

차 례

제1장_지능형 로봇 ‣ 7

1.1 로봇의 정의 ······ 9
1.2 로봇의 역사 ······ 10
1.3 지능형 로봇 ······ 15

제2장_모 터 ‣ 37

2.1 모터의 원리 ······ 39
2.2 모터의 종류 ······ 41
2.3 모터 제어 ······ 55
2.4 모터 선정 ······ 60

제3장_로봇 센서 ‣ 69

3.1 개요 ······ 71
3.2 로봇 센서의 종류 ······ 74
3.3 센서의 응용 ······ 97
3.4 계측기 ······ 102

제4장_제 어 ‣ 105

4.1 제어 시스템 분류 ······ 107
4.2 제어 시스템의 구성 ······ 116
4.3 로봇 제어용 제어기/프로그램 ······ 133
제어관련 일반용어 ······ 142
관련자료 출처 ······ 147

제5장_통 신 ▸ 149

5.1 통신의 개요 ······ 151
5.2 통신의 종류 ······ 151
통신관련 용어 ······ 168
관련자료 출처 ······ 172

제6장_산업용 로봇의 이론 ▸ 175

6.1 산업용 로봇의 구성 ······ 177
6.2 평면 로봇의 기구학 ······ 186

제7장_지능형 로봇 실습 ▸ 191

7.1 지능형 로봇 제어 ······ 193
7.2 로봇 키트를 이용한 지능형 로봇 제어 ······ 204

제1장

지능형 로봇

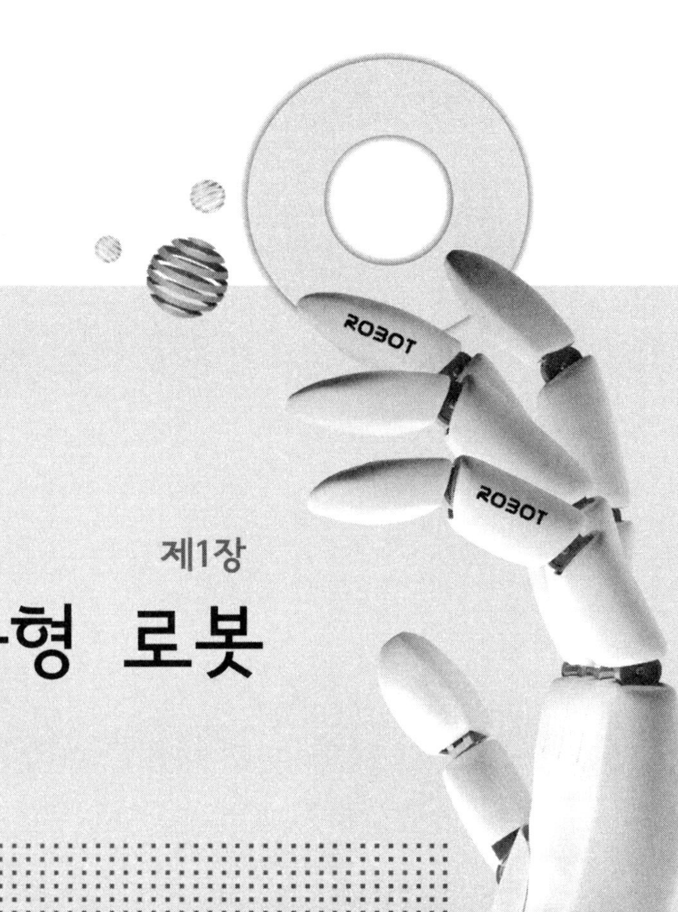

제1장

지능형 로봇

1.1 로봇의 정의

로봇은 사람과 유사한 구조를 가지고 사람의 명령에 따라 스스로 동작하는 자동화된 기계라는 일반적 의미를 가진다. 로봇이란 용어는 1920년 체코의 작가 카렐 차펙의 희곡 "로섬의 만능로봇 : Rossum's Universal Robots"에서 처음 등장하였는데 이 극은 기계문명이나 세속적 행복에 대한 풍자와 인간 본질에 대한 통찰로 이루어져 있다. Robot이라는 단어는 체코어 Robota가 어원으로 강요된 노동 또는 노예라는 의미에서 유래되었으며 인조인간을 가리키는 기계를 만들어 등장시키며 처음 사용되었다.

아시모프(Asimov)는 "I, Robot"이라는 책을 통해 로봇이란 단어를 사용하면서 로봇에 대한 세 가지 규칙을 제안하고 가정하였다. 이 세 가지 규칙은 아직도 중요한 가치를 지니고 있다.

첫째, 로봇은 인간을 다치거나 위험에 빠지도록 해서는 안 된다.
둘째, 로봇은 규범에 저촉되지 않는 한 인간의 명령에 복종하여야한다.
셋째, 로봇은 위의 두 규범에 저촉되지 않는 한 자신을 보호할 줄 알아야 한다.

로봇의 3원칙은 오늘날 개발되어 나오고 있는 모든 로봇에 적용되고 있으며, 미래의 모든 로봇에도 적용될 예정이다. 따라서 로봇을 공부하고, 로봇을 만들고자 하는 모든 사람들은 로봇의 3원칙에 충실하여 로봇을 제작하여야 한다.

산업용 로봇이란 자동 제어에 의한 매니퓰레이터의 조작 또는 이동 기능을 갖고, 각종 작업을 프로그램에 의하여 실행할 수 있고, 산업에 사용되는 기계를 말한다. 산업용 로봇을 도입함으로써 경제적, 사회적 및 기술적 효과를 얻을 수 있다. 즉, 산업용 로봇은 종래 자동화가 곤란하였던 다품종 소량 생산의 자동화를 가능하게 하였고 고임금화 및 기술노동력 부족에 대처함으로써 생산성 향상에 크게 기여할 수 있다.

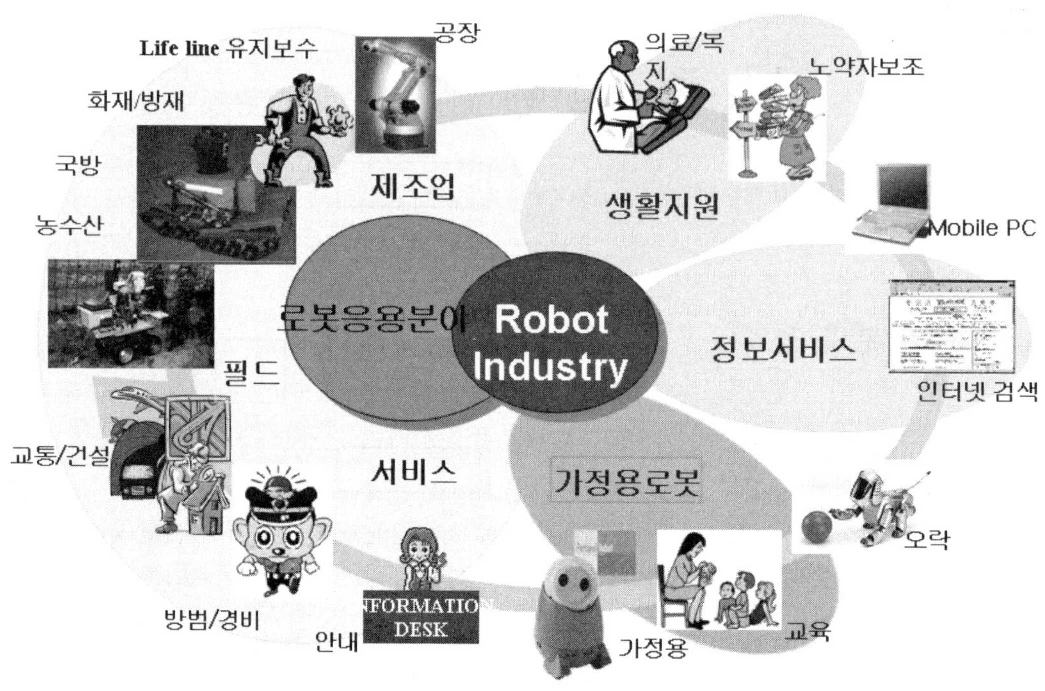

[그림 1.1] 로봇응용분야

1.2 로봇의 역사

1) 신화와 고대의 로봇

로봇은 아주 오래전 초인간적인 기계 또는 괴물과 같은 형상으로도 표현되었다. 기원전 신화 속에서 나타나는 로봇에 대해서 알아본다.

① 호메로스의 대서사시 '오디세이아'에 나오는 오디세우스와 싸우는 외눈박이 거인 키클롭스

② 기원전 3세기 그리스 신화 '아르고 탐색선'에 나오는 청동거인 탈로스

- 몸은 인간의 모습인데 청동으로 되어 있다. 대장장이의 신 헤파이스토스가 제작하였고, 제우스가 크레타섬의 왕 미노스에게 선물하였다고 한다. 섬지기로서 하루에 세 차례씩 매일 섬을 순시하며, 상륙하려고 하는 이방인이 있으면 거석을 던지거나, 자신의 몸을 빨갛게 달구어 상대방을 껴안아 죽였다.

  한편 이 괴물의 몸에는 머리에서 발뒤꿈치까지 하나로 연결된 혈관이 있고, 청동

못으로 밑바닥이 고정되어 있었다. 그런데 아르고호의 영웅들이 섬에 왔을 때, 메디아는 마법으로 탈로스를 최면상태에 빠뜨린 다음 발뒤꿈치에 고정되어 있던 못을 뽑아 목숨을 빼앗았다고 전해진다.

③ 기원전 1세기경 알렉산드리아의 기계학자 헤론이 증기, 동물 또는 사람의 힘을 이용해 문을 열거나 파이프로 오르간을 연주하는 기계를 설계

④ 1세기경 안티키테라(Antikythera)로 알려진 그리스 컴퓨터는 두 개의 회전하는 바퀴 축을 이용하여 행성, 태양, 달의 위치를 예측하는데 도움을 주었다.

⑤ 4세기경 이슬람권에서는 별의 위치, 시각, 경·위도를 관측하는 천문기계 '아스트롤라베'가 있었다.

(a) 청동거인 탈로스

(b) 헤론의 공

(c) 안티키테라

(d) 아스트롤라베

[그림 1.2] 고대의 로봇

2) 중세의 로봇

① 13세기경 페르시아의 '알 자자리'는 물을 끌어올리거나 음식을 제공할 수 있는 기계를 개발하였는데 피스톤과 크랭크축으로 이루어진 2행정 내연기관으로 되었다.

② 14기경 스트라스부르 성당의 첨탑에 매일 정오에 날개를 퍼덕거리며 부리를 벌리고 혀를 내밀어 소리를 내는 수평아리 기계가 설치되었다.

[그림 1.3] 수평아리 기계

3) 산업혁명 속의 로봇

① 18~19세기의 산업 혁명기에 이르며 프랑스 기술사 보캉송에 의해 만들어지는 '플룻 연주자', 걷고 먹고 배설할 수 있는 '자동으로 움직이는 오리' 등이 외부 기계 장치에 의해 움직이는 자동화 기구의 표준이 되며, 자동화장치가 더욱 발전하게 되었다.

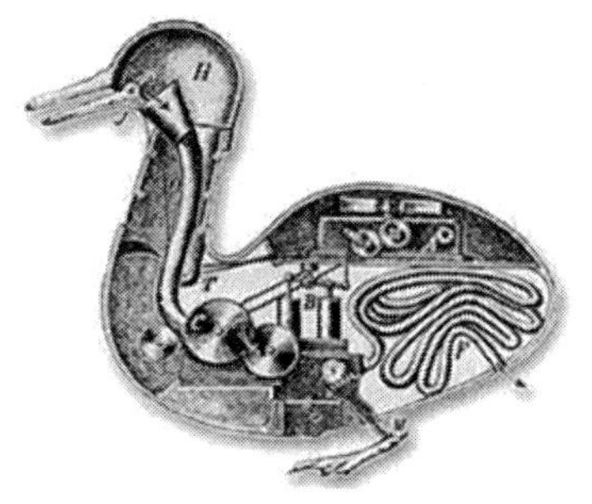

(a) 자동으로 움직이는 오리

(b) 체스를 두는 기계 터키인

[그림 1.4] 산업혁명의 로봇

② 1900년 루이스 페류가 마차를 끌 수 있는 자동인형인 '자동 인간'을 발표하였고, 아

동문학가 프랭크 봄이 '양철인간', '틱톡'과 같은 로봇과 유사한 캐릭터를 만들며, 대중문화에서는 상상력이 더해져 좀 더 빠르게 다양한 로봇이 창조되었다.

4) 현대의 로봇

1921년 카렐 차펙에 의해 로봇이라는 말이 사용되면서 점차 인류는 창조자로서의 꿈을 키워가게 되고, 과학기술 또한 많은 발전을 하게 되었다. 1940년대 후반에 이르러 단순하지만 지능을 가지며 자율적인 행위를 할 수 있는 로봇들이 만들어지기 시작하였다.

① 1948년 그레이 월터는 미리 입력된 명령에 의해 빛에 반응하고 빛을 따라다니는 '거북 로봇'을 통해 최초의 자율 지능형 로봇을 만들었다.

② 1954년 George Devol은 최초의 프로그램 가능한 로봇을 고안하였고, "Universal Automation(범용 자동 제어)"라는 신어를 만들어 1961년 미국의 특허권을 얻었다. Devol은 Joseph F. Engelberger과 협력하여, 1956년에 '유니메이션(Unimation)'이라는 회사를 설립하였고 이것은 최초의 성공적인 로봇 제조 회사가 되었다.

③ 1961년 뉴저지에 위치한 GM(General Motors)의 자동차 공장의 조립 라인에서 산업용 로봇을 사용하기 시작하였다.

④ 1968년 스탠포드연구소는 최초로 컴퓨터에 의해 제어되는 자율 이동식 로봇인 샤키(Sharky)를 개발하였다.

⑤ 1970년 소련은 자동 달 관측 로봇 루노호트 1호를 제작하였다.

⑥ 1973년 일본 두 다리로 걷는 로봇 와봇-Ⅰ을 제작하였다.

⑦ 1986년 일본 혼다사가 인간형 직립 보행 로봇을 개발하기 시작하여 1997년 최초의 인간형 직립보행 로봇 P2가 개발되고 2001년 인간형 로봇 아시모(Asimo)가 개발되었다.

⑧ 1994년 카네기 멜론 대학의 Robotics Institute에서 알라스카의 Spurr 화산을 탐험하여 화산재를 채집하는 데 사용할 목적으로 6족 보행 로봇인 'Dante II'를 제작하였다.

⑨ 1997년 ASA의 화성 탐사 로봇인 'Sojourner' rover robot이 화성의 이미지를 지구로 보내왔다.

⑩ 2001년 우리나라의 KAIST는 한국형 휴머노이드 로봇개발에 착수하여 2003년 KRH-2를 만들었고 2004년 휴보(Hubo)를 완성하였다.

(a) HUBO

(b) ASIMO

[그림 1.5] HUBO와 ASIMO

아래 표에 2족 보행 로봇 휴보와 아시모의 개발 과정을 비교하여 보았다.

[표 1.1] HUBO와 ASIMO 개발 과정

휴보(HUBO)	비교	아시모(ASIMO)
2004년 12월	출생일	2000년 11월
한국과학기술원(KAIST)	개발자	일본 혼다사
3년	개발 기간	15년
약 10억원	개발 비용	약 3000억원
120cm	키	120cm(2004년 12월 발표 신형 130cm)
55kg	몸무게	43kg(신형 45kg)
41개	관철모터	26개
5개 각각 움직임	손가락 움직임	5개 동시에 움직임
가슴 내장 배터리	배터리	배낭형 외장 배터리
시속 1.2km	보행 속도	시속 1.6(신형 2.5km)
불능	주행 속도	신형 3km

ScienceAll.com

현재 세계 각국에서 많은 예산을 투자하여 여러 분야의 로봇을 개발하고 있으며 우리나라도 매년 투자액을 증가시키는 추세이다.

 1.3 지능형 로봇

1) 지능형 로봇의 정의

지능형 로봇은 사람처럼 시각, 청각 등 감각을 통해 외부 정보를 입력받아 스스로 판단, 행동하는 로봇을 말한다. 과거의 로봇은 일방적인 명령에 따라 움직이는 무선조종 자동기계의 개념에 불과하다면 앞으로의 지능형 로봇은 스스로 생각하고 느끼며 판단하고 행동하는, 공상 과학영화 등에 등장하는 인간과 유사한 기계 인간으로의 발전을 지향한다.

그동안 개발된 로봇은 전기, 전자, 기계, 자동화 등 일부 산업부문의 첨단기술이 모인 복합체이지만 지능형 로봇은 인공지능과 생체공학, 신경회로, 음성 화상인식, 마이크로프로세서 및 모터 제어 등 모든 기술이 총동원된 첨단 기술 복합체이다.

2) 지능형 로봇의 분류

지능형 로봇은 크게 서비스 로봇, 전문가용 로봇, 제조업용 로봇, 네트워크 기반 로봇으로 구분된다. 서비스 로봇은 개인 서비스용, 전문서비스용으로 구분할 수 있으며, 전문가용 로봇은 의료용, 극한작업용으로 구분할 수 있다. 제조업용 로봇은 산업용 로봇으로도 부른다.

[표 1.2] 지능형 로봇의 분류 - IFR(국제로봇연맹)기준

용도별 구분	형식별 구분	종 류
서비스 로봇	개인서비스용	인간의 생활범주에서 제반서비스를 제공하는 인간 공생형 대인지원 로봇(애완용, 청소, 경비, 교사 로봇 등)
	전문서비스용	불특정 다수를 위한 서비스 제공 및 전문화된 작업을 수행하는 로봇
전문가용 로봇	공공서비스용	의료, 안내 로봇 등
	극한작업용	재난 구조, 원전 로봇 등
산업용 로봇		각 산업의 제조현장에서, 제품 생산에서 출하까지 공정 내 작업을 수행하기 위한 로봇(용접, 핸들링, 도장 로봇 등)
네트워크 기반 로봇		로봇과 융합된 네트워크를 통해 언제 어디서나 서비스 제공이 가능한 유비쿼터스형 로봇

[표 1.3] 지능형 로봇의 분류 - 지식경제부 기준

중분류	소분류	중분류	소분류
조선제조용 로봇	조선용 용접 로봇	활동지원 로봇	근력강화 로봇
	조선용 도장 로봇		탑승형 로봇
	조선용 블라스팅 로봇	서비스 로봇 공통기술	서비스 로봇용 상황인지기술
	조선용 가공 로봇		서비스 로봇용 자율주행기술
	조선용 수중 로봇	의료복지 로봇	의료 로봇
전자제품 제조용 로봇	FPD/반도체 로봇		간호 로봇
	전자제품 검사 로봇		재활 로봇
	전자제품 조립 로봇	군사 로봇	위험물 탐지 및 제거 로봇
	사출 로봇		감시/경계 로봇
자동차제조용 로봇	자동차 핸들링 로봇		병사지원 로봇
	스폿 용접 로봇	안심생활 로봇	안내/경비 로봇
	자동차 도장 로봇		안전 지원 로봇
가사지원 로봇	바닥청소 로봇		구난 지원 로봇
	정리정돈/심부름 로봇	특수환경 로봇	원자력 로봇
	식사도우미 로봇		사회 인프라 로봇
	정보서비스 로봇		수중/해양 로봇
노인/장애인 지원 로봇	노인지원 로봇		우주탐사 로봇
	장애인보조 로봇		건설 로봇
오락/건강 지원 로봇	엔터테인먼트 로봇		생물생산 로봇
	애완 로봇	물류 서비스 로봇	무인 물류 로봇
	헬스케어 로봇		험지 수송 로봇
교육 로봇	교육보조 로봇		
	교구용 로봇		

3) 지능형 로봇의 기술

지능형 로봇이란 시각, 청각, 촉각, 후각, 미각 등의 센서를 장착하여 환경을 인지하고 스스로 판단하여 움직이는 로봇을 의미한다. 예를 들면, 비전 센서가 장착되어 있는 지능형 로봇은 센서를 통해 물체를 확인하고 따라가거나 피할 수 있다. 후각 센서가 장착되어

있는 지능형 로봇은 향을 맡고 따라갈 수 있다. 즉, 센서와 센서를 이용할 수 있는 소프트웨어의 결합적 의미라고 할 수 있다. 따라서 지능형 로봇은 짜인 프로그램대로 움직이는 종래의 로봇 개념에 좀 더 자율적인, 스스로 행동하는 로봇의 개념을 포괄하는 의미로 정의를 내릴 수 있다.

지능형 로봇에 사용되는 센서와 모터에 관한 기술적인 논의는 뒷장에서 하도록 한다. [그림 1.6]은 소니의 애완용 로봇 아이보로 인식 센서, 터치 센서, 거리 센서 등과 서보 모터, 스피커 등으로 구성되어 있다.

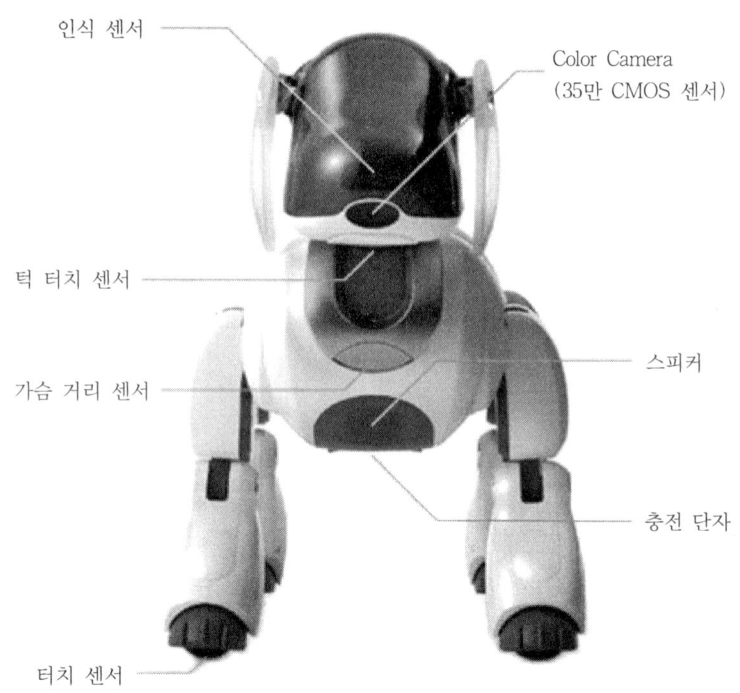

[그림 1.6] 애완용 로봇 아이보

1.3.1 서비스 로봇

1) 개인 서비스용 로봇

개인 서비스용 로봇은 개인생활에서의 운동을 보조하며 지능을 갖는 인간 공존형 대인 지원 로봇으로서 가정자동화를 지원하는 가정용, 고령자와 신체장애자 등에 대한 생활지

원용과 로봇 축구, 배틀 로봇 대회 등으로 발전하고 있는 오락용 등으로 분류할 수 있다. 예를 들면 청소 및 경비, 여가지원용(오락, 애완, 게임 등), 교육용(연구/가정교사), 가사 지원, 서빙, 경기용 등의 로봇들이 있다.

이와 같이 생활에 필요한 다양한 분야의 로봇이 개발 사용되므로 점차 많은 사람들이 편리를 느낄 수 있게 된다. 다음은 개인 서비스용 로봇의 사례들이다.

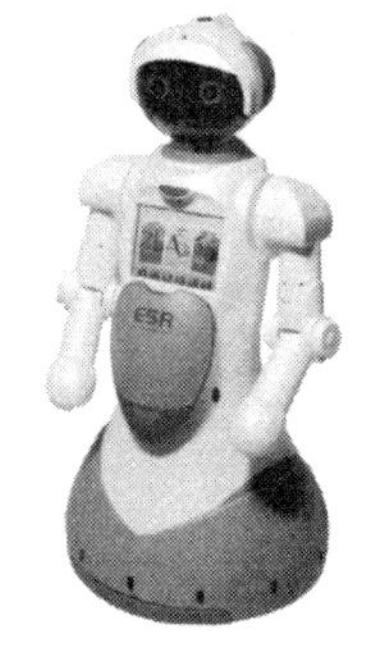

(a) 교육용 로봇 티로

(b) 청소 로봇

(c) 소니 애완용 로봇 아이보

(d) 한국 애완용 로봇 제니보

[그림 1.7] 개인 서비스용 로봇

2) 공공 서비스용 로봇

공공 서비스용 로봇은 사회적 요구에 의해서 점차 활발하게 개발되어가는 추세이다. 금융기관이나 주택의 경비 로봇의 개발, 공공기관이나 공공장소의 안내를 위한 안내 로봇의 개발도 이루어지고 있다. 이와 같은 로봇들은 자유로운 이동성과 높은 지능을 요구하므로 많은 기술적 해결이 필요하지만, 현재 개발된 로봇들의 호응이 높아 지속적으로 개발될 것으로 보인다.

(a) 안내 로봇

(b) 안내 로봇

[그림 1.8] 공공 서비스용 로봇

1.3.2 전문분야 로봇

1) 산업용 로봇(제조업용 로봇)

산업 전반에 걸쳐서 사람이 하기 힘든 분야의 반복적이고 위험하며, 정밀한 작업이 요구되는 분야에서 많이 사용된다. 산업용 로봇의 효시는 1962년 Unimation 社의 플레이백(playback) 로봇이라 볼 수 있으며, 일반적으로는 3축 이상의 다관절 메커니즘을 가질 때 로봇이라 말한다. 가장 흔한 예는 다음을 들 수 있다.

- 자동차 제조용, 전자제품 제조용, 반도체 제조용, 조선업용 등
- 용접 로봇, 핸들링과 조립 로봇, 디버링 로봇 등

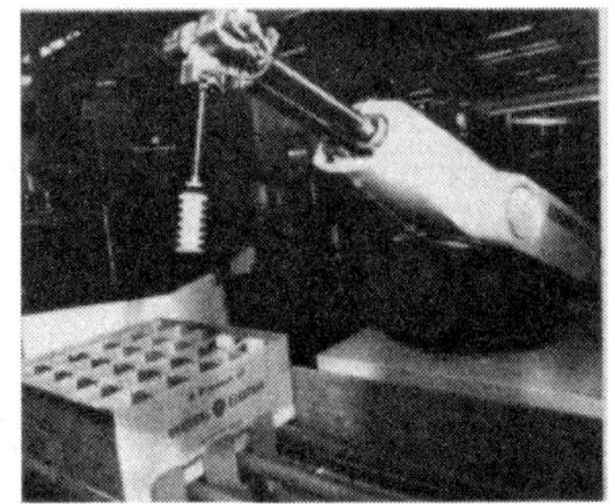

[그림 1.9] Unimation 社의 초창기 산업용 로봇

산업용 로봇이 주로 사용되는 분야는 다음과 같다.

- 아크용접(Arc Welding System)
- 점용접(Spot Welding System)
- 분체 도장(Spray Painting)과 표면 마감(Surface Finishing)
- 밀폐 작업(Sealing)
- 접착제 도포(Gluing)
- 조립(Assembly)
- 자재취급(Material Handling)
- 공작기계보조(Machine Tending)
- 기계가공(Process)
- 워터젯 가공(Waterjet Machining), 다이캐스팅 작업 보조(Die Casting Tending) 등이 있다.

여기서 한 가지 강조하고자 한다. 위 [표 1.3]의 지경부 분류에서 보듯 여러 가지 종류의 제조업용 로봇이 열거되어 있으나 각 분야별로 고유의 로봇으로 개발 제작되는 것은 아니다. 대부분의 경우, 로봇은 세계의 몇 안 되는 로봇 제조업체에서 생산하는 범용 로봇을 사용하게 된다. 범용 로봇은 크기와 가반중량 등에 따라 다양한 모델로 출시된다. 마치 자동차가 크기와 용도에 따라 다양하게 출시되는 것과 유사하다. 그러한 로봇이 위에 열거한 응용 분야에 투입되기 위해서는 그에 맞는 소프트웨어가 추가 탑재되어야 하고 여기에, 응용업체에서는 대상 작업에 적합한 주변장치를 설계 제작하여야 한다. 로봇을 생산한다는 것은 위에 언급된 여러 분야를 타깃으로 하는 하드웨어로서의 로봇이 개발되어야 함과 동시에 그에 맞는 아크용접 점용접 등등의 생산기술에 각각 맞는 소프트웨어를 개발하여 탑재하여야 하는 것이다. 그래서 로봇 제조사의 로봇 모델에는 대개 주요 용도별 버전을 구분하여 출시하게 된다. 그렇다고 해서 각 용도마다 별도의 로봇을 내놓는 것은 아니고 최대한 공통으로 가져가려 한다. 그렇지 않으면 가격 경쟁력을 잃게 된다. 초기에 한 회사에서 로봇을 개발할 때에는 대개 로봇 하드웨어 개발에 치중하고 소프트웨어 부분을 간과하게 되나 나중에야 이를 절감하고 결국은 로봇 사업을 포기하는 경우까지 있다. 국내의 대기업도 그런 아픈 경험을 가지고 있다. 그러나 그 경험은 기술개발능력의 축적으로 회사의 경쟁력을 높여주게 되었다.

1-1) 산업용 로봇 자동화 시스템의 종류

이 절에서는 로봇이 산업에서 사용되는 대표적인 응용분야를 설명하고자 한다.

Car body line Robot

Car body line Robot

Arc Welding Robot

Inspection robot system

Pree handling robot

Spot welding robot

[그림 1.10] 산업용 로봇 시스템의 종류

(1) 아크용접 로봇 자동화 시스템

아크용접은 로봇 응용 분야 중 최다의 분야이며 자동차 관련 분야의 로봇 자동화 중에서 1/3을 차지한다. 자동화의 목적은 첫째가 고품질과 균일품질을 얻기 위함이고 또한 점차 부족하여지는 기능공의 공급에 대처하기 위함이고 열악한 환경 조건에서의 작업자의 보호를 위해서이다.

프로그램에 따른 로봇의 유연성을 잘 활용하여 다음 제품에 미리 대비함으로써 리드타임을 단축시킬 수 있다. 여러 가지 제품을 고정하여 용접할 수 있는 매니퓰레이터를 잘 활용하여 시스템을 여러 가지 제품군에 활용할 수 있다. 또한 재질과 조건에 따라 다양한 용접기가 사용 되어진다. 로봇에 의한 자동화에 의하여 생산성은 2~5배로 늘며, 각장이 짧고 용접 포인트가 많으며, 위치를 많이 바꿀수록 로봇 자동화의 효과가 높다.

대표적 응용 분야로는 중장비, 농기구, 철제 가구, 자동차업체, 모터사이클, 자전거 등의 제조업체이다. 자동차 산업계에서는 본 공장에서 주로 차체의 조립을 위하여 점용접이 많이 사용되고 부품 협력업체에서는 아크용접이 많이 사용된다.

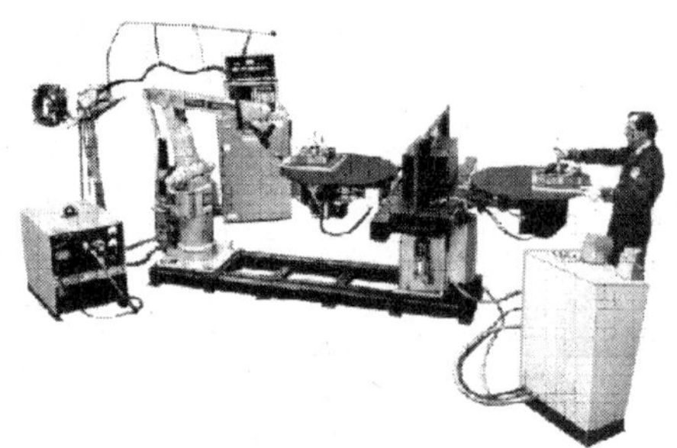

[그림 1.11] 아크용접 로봇 시스템

(2) 점용접 로봇 자동화 시스템

점용접은 로봇 자동화에서 가장 오랜 분야의 하나이다. 점용접의 로봇 자동화는 거의 자동차 차체의 용접에 국한되어 있다. 자동차 차체는 곡면을 따라서 용접이 이루어지고 모델의 변경에 따른 시스템의 유연성이 요구되기 때문이다. 그 외의 점용접 자동화, 이를테면 냉장고, 철제 가구의 제작 등은 점용접이 직선을 따라 간단히 이루어지므로 로봇 보다는 간단한 자동화 설비로 이루어진다. 자동차의 생산기술은 급격한 속도로 발전하고 있으며, 이제는 최적의 생산라인을 꾸미기 위하여 어떤 라인 개념과 어떤 로봇을 선택하여야 하느냐를 결정하여야 한다. 최근에는 로봇의 점용접 속도가 1~1.2초/타점에 달하며 한 대의 로봇이 일년에 7~8백만 타점을 찍어 주는 정도이다.

점용접 로봇은 대개 100kg 이상의 가반 중량을 가진 로봇이 많이 사용된다. 승용차에는 점용접 개수가 대당 총 3000~4000점 정도가 있으며 40~60kg에 달하는 용접건을 릴 발란스 등을 이용해 수작업을 하는 것이 중노동이었으므로 자동화 도입이 매우 빠르게 진행되어 왔다. 또 점용접은 점대 점 이동이 대부분이므로 소프트웨어 개발이 아크 용접에 비해 단순하여 오프라인 프로그램도 거의 완성 단계에 있다. 국내에서 96년 매출액이 약 670억에 달하고 있으며 이는 로봇 시장의 약 45%를 차지하고 있다.

[그림 1.12] 점용접 로봇 시스템

(3) 분체 도장

자동차의 표면 도장에는 분체 도장(Spray Painting)이 사용된다. 도장 공장은 소비자들이 자동차의 외관 가치를 식별, 평가할 수 있기 때문에 성공적인 자동차 생산을 위하여 아주 중요하다. 유해 환경이 지배하는 3-D 작업장이며 화재의 위험에 항상 노출되어 있는 위험한 작업장이다. 도장 공장은 인산염처리, 전기처리, 밀폐제(Sealant)와 흡음제 도포, 중도와 상도의 과정 등을 포함한다. 자동도장기(Reciprocator) 등과 도장용 로봇에 의한 자동화 등으로 차체의 도장 품질이 향상되며 단가가 절감되고 있다. 로봇 자동화의 중요도가 높으나, 세계적으로 몇 개의 회사만이 기술을 보유하는 어려운 공정이기도 하다. 또한 인체에 유해하였던 하체 코팅 기술의 자동화로 인하여 차체의 경량화와 방진효과가 개선되었다.

도장용 로봇은 다른 분야의 로봇과는 여러 가지 면에서 완전히 차별된다. 로봇은 일반 산업용 로봇의 경우 교시반(Teach pendant)으로 교시점을 입력하여 재생하는 방식을 쓰나, 동작이 극히 연속적이어야 하는 도장용 로봇의 경우에는 도장 숙련공이 로봇 말단에 부착된 손잡이를 잡고 이끌며(Lead through) 연속적으로 교시하여 재생하는 방식을 쓴다. 또한 공정이 화재와 폭발의 위험이 아주 높아 이에 대한 철저한 방비가 필요하다. 종래에는 유압식 로봇이 연속적인 교시 방식에 적합하고 화재에 대한 위험이 적어 많이 사용되었으나 현재는 유압식 로봇이 더 이상 사용되지 않음에 따라 AC서보모터를 이용하는 로봇이 사용되고 있다. AC서보모터는 기술적으로 DC서보모터보다 어렵고 나중에 개발되었으나 회전자와 정류자의 마찰과 마모 등에 의한 정비가 필요 없이 반영구적이고(Maintenance free)와 스파크 등에 의한 화재의 위험이 적어 현재 정밀기계의 대부분에 사용되고 있다. 또한 화재 방지를 위하여 모든 전기장치 부분을 밀봉상자 안에 집약하여 놓고 질소를 충전하여 놓은 후 만일 압력이 떨어지면 즉시 전원이 차단되도록 한다.

[그림 1.13] 분체 도장 로봇 시스템

(4) 밀폐작업(Sealing) 로봇 자동화 시스템

공정의 핵심은 물이나 악취, 먼지로부터의 오염을 방지하기 위하여 차의 특정 부위에 밀폐제를 도포하는 과정이다. 차체의 밀폐작업을 수작업으로 행할 때는 보통 유해한 접착제를 사용하고 어려운 작업 자세를 요구하는 매우 힘드는 작업이다. 수작업시에는 작업자가 건과 브러시를 잡고 밀폐제를 도포한다. 따라서 품질이 고르지 않고 접합 부위를 처리하는데 필요한 밀폐작업재료량이 많다. 높은 침투력과 부식 방지 극대화를 위한 접합 면적의 최대화를 위해서는 자동화가 필요하다.

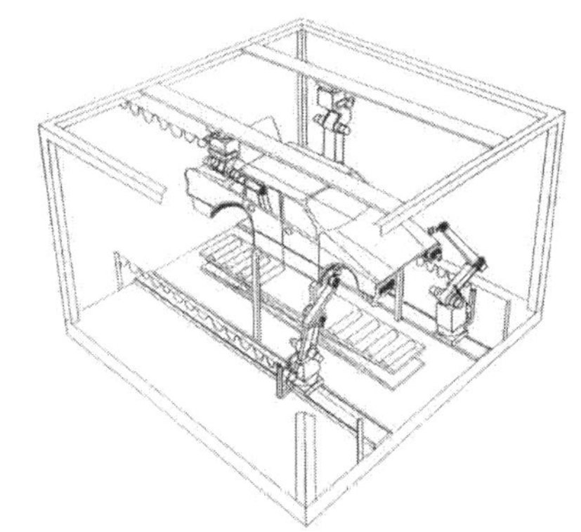

[그림 1.14] 볼보 자동차 공장의 차체 밀폐 공정

(5) 접착제 도포(Gluing) 자동화 시스템

접착제 도포 작업은 자동차의 엔진 후드나 문짝 내의 헴플랜지, 그리고 냉장고를 비롯한 백색 가전에서 많이 사용된다. 자동차 산업이나 백색가전 산업은 생산율이 상당히 높아서 자동화를 필요로 한다. 자동차 차체 문짝의 헴플랜지(Hemflange)나 앞 후드(Hood)의 접착제 도포의 로봇 자동화는 접착제의 가변적인 온도와 유동 환경에 따른 점도의 변화 때문에 고급의 도포장비를 요구한다. 시운전시나 아침에는 접착제는 차고 굳어 있어 유동이 좋지 않다. 도포장비가 이를 보상하지 못하면 접착제의 유동이 현저히 떨어져 품질 불량을 유발한다.

제품의 질과 작업환경을 개선하기 위해서는 가급적 고온 용융 접착제(Hot melt glue)를 사용하는데 독성이 없고 재료를 100% 이용할 수 있으며 접합 속도가 빠르다. 큰 부품의 취급과 정렬은 힘들고 단순한 작업이다. 그러므로 로봇으로 작업공정을 자동화하는 경우에는 palletizing과 접합을 병행함으로 고온 용융 접착 건의 취급, 고른 접착제의 도포, 품질관리, 더욱 효율적인 자재의 취급 등을

가능하게 한다. 접착제 도포는 고온 용융 접착제를 도포하고 고온용융 발포제로 이음매의 구멍을 막아주는 작업을 한다. 컨베이어에서의 자재 취급에서부터 palletizing공정까지를 작업 셀 안의 시스템이 모두 담당한다.

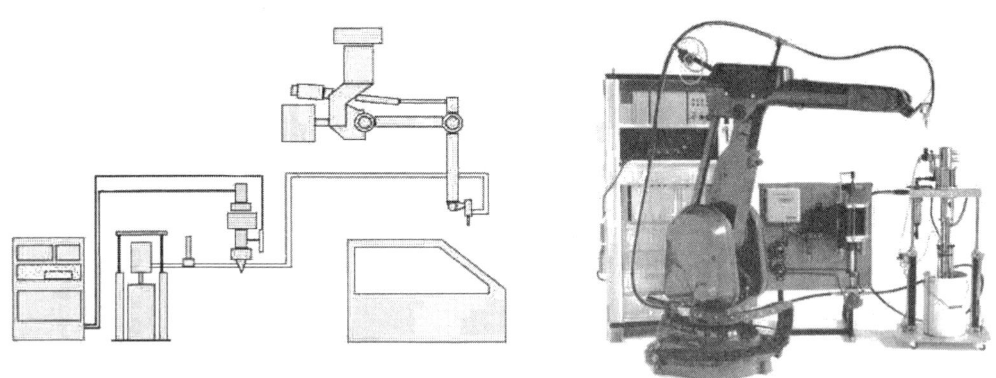

[그림 1.15] 자동차 헴플랜지 접착제 도포 피드백 제어 시스템
(Hemflange Gluing of Doors with Closed Loop Control)

접착제의 도포 폭을 변화시킬 필요가 있으면 로봇의 속도를 제어한다. 도포되는 접착제의 양은 로봇 컨트롤러와 연결되어 필요한 수정과 제어를 수행하는 피드백 제어 시스템에 의하여 일정하게 유지된다.

(6) 조립 로봇 자동화 시스템

조립 자동화 분야는 그 응용 분야의 특성에 따라 전자·비전자, 자동차·비자동차 분야로 나눌 수 있으며 소형, 중형, 대형으로 크게 분류되어 분야에 따라 기술적으로 전혀 다르다. 조립 분야의 자동화는 용접이나 자재 취급 등의 자동화에 비하여 취급되는 부품의 수가 많고 종류가 다양하며, 공차를 가진 하나의 부품을 또 하나의 부품에 맞추어야 하는 등 정밀도 등에서도 문제가 많이 야기된다. 조립 로봇 시스템에서 가장 중요한 주변장치는 그리퍼인데 멀티플 그리퍼(multiple gripper, 로봇의 엔드 이펙터에 둘 이상의 그리퍼를 장착하여 사용)를 사용하여 시스템의 가동률을 향상시키고 한 번에 여러 가지 형상의 부품을 취급할 수 있도록 하는 경우가 많다. 또한 다양한 부품이 공급되고 조립되는 과정에 컨베이어와 보울 피더 등의 주변장치들이 사용된다.

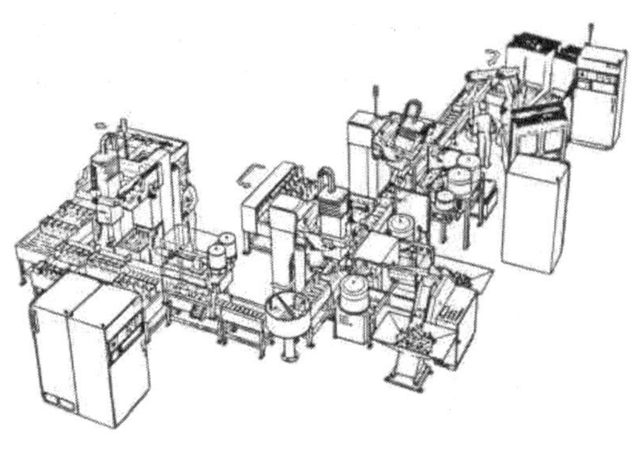

[그림 1.16] 조립 로봇 자동화 시스템

(7) 자재 취급 로봇 자동화 시스템

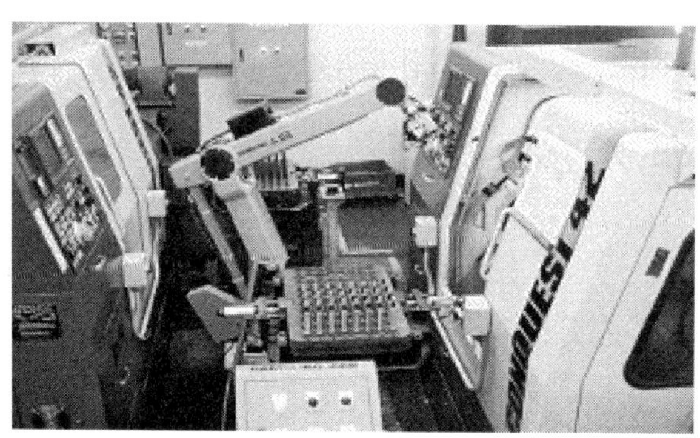

[그림 1.17] 자재 취급 로봇 자동화 시스템

산업용 로봇은 원래 사람이 하는 단순 작업을 대체하기 위한 수단으로 발명되었다. 따라서 작업장에서 무거운 물건을 반복적으로 이동하는 자재 취급(Material Handling)은 로봇 자동화에서 가장 오래된 분야의 하나이다. 특히 삶의 질이 전반적으로 향상되어 작업자에 대한 환경 문제와 엄격한 산업 안전 기준 적용으로 로봇의 도입은 점점 가속화된다.

로봇 자동화의 주요 목적은 작업환경의 개선, 사이클 타임의 단축, 단순 반복 작업과 3D(Difficult, Dangerous, Dirty) 작업으로부터의 작업자의 해방 등이다. 현재 산업체에서 주로 사용되는 대표적 분야는 섬유업체의 섬유 타래 취급, 화학회사의 병류나 포대의 취급, 식품회사의 포장류의 적재 등을 들 수 있다. 자재 취급에서 로봇은 해당 공장의 주요 생산기계를 보조하는 역할을 담당한다. 이때 전체 시스템은 로봇과 생산기계, 컨베이어 등의 이송장치를 비롯한 주변장치로

이루어진다. 전체 시스템의 가동률을 극대화시키기 위해서는 멀티플 그리퍼(Multiple Gripper : 두개 이상의 그리퍼를 동시에 장착한 형태)의 사용이 중요하다.

다음 [그림 1.18]은 섬유회사 실타래의 취급에 대한 것이다.

섬유직물산업에서는 매우 많은 양의 원사가 타래의 형태로 운반되고 취급된다. 예를 들면, 방적공장, 염색공장, 또 포장 부서에서 pin carrier(핀으로 타래의 중공을 잡는 경우), 컨베이어, 적재 카셋(cassettes)과 팰럿들 사이에서 여러 가지의 경우로 취급된다. 또한 품질검사, 평량(중량측정), 포장 등에서도 많이 사용된다.

[그림 1.18] 섬유공장 실타래 취급 로봇라인

1-2) 산업용 로봇의 생산 현황

1-1)에서는 로봇을 이용한 여러 가지 로봇 자동화 시스템 응용 예를 다루었다. 이제 그 중심이 되는 산업용 로봇의 생산현황을 주요 나라별로 다루어본다.

(1) 일본의 산업용 로봇 현황

일본은 명실공히 세계 최대의 산업용 로봇 생산국이다. 자동차 산업의 성장을 바탕으로 하는 탄탄한 자국내 수요를 중심으로 최근에는 미국 유럽 진출에도 박차를 가하고 있다. 주요 회사별로 간단히 보면 FUJIKOSHI는 크라이슬러의 미국공장에 산업용 로봇을 납입하여 ABB 점유율을 빼앗는 등 북미시장에서의 점유

율을 상승시키는 중이며, 야스카와전기는 노벨러스, KLA, RAM 등 미국 반도체 제조장치 메이커를 상대로 판로를 확대시켜 나간다. 일본계 자동차메이커의 유럽 진출에 동반하여 용접로봇의 수출이 증가하고 있는데, FANUC은 폭스바겐을 상대로 한 모델을 160대 납입하는 등의 실적을 거두고 있다.

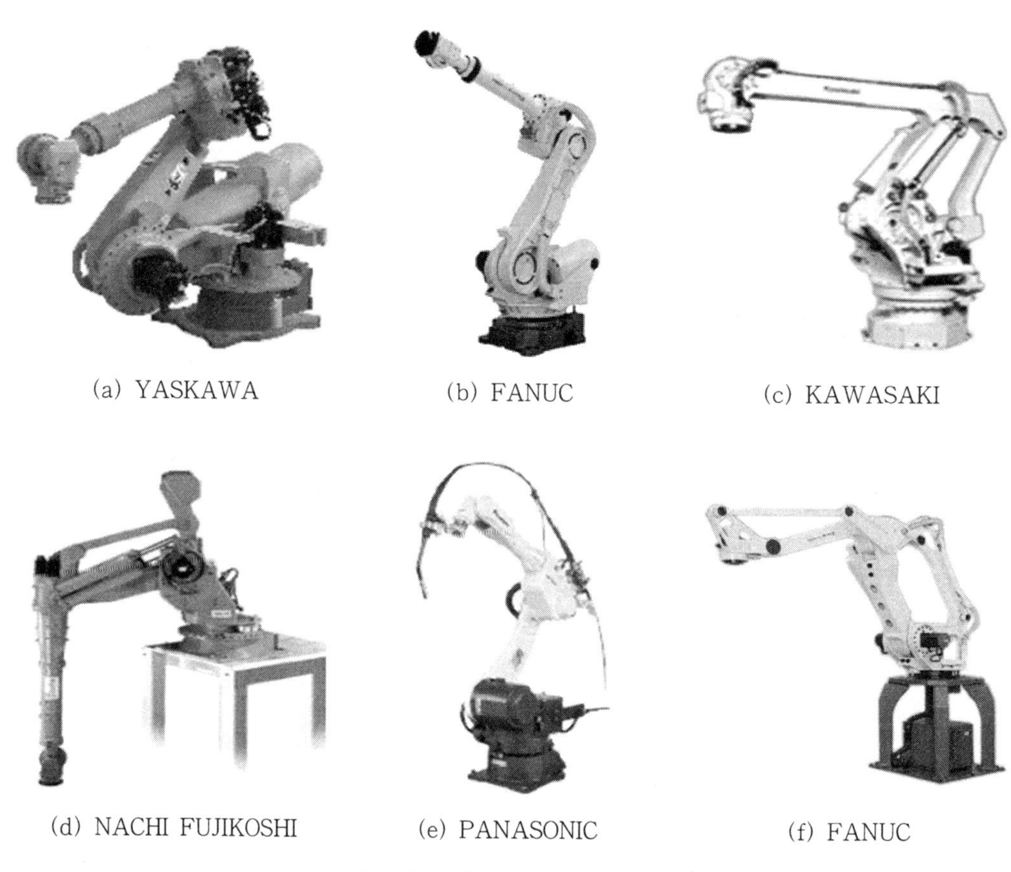

(a) YASKAWA (b) FANUC (c) KAWASAKI

(d) NACHI FUJIKOSHI (e) PANASONIC (f) FANUC

[그림 1.19] 일본 산업용 로봇

(2) 유럽 산업용 로봇의 현황

유럽의 산업용 로봇 시장은 전통적 강세인 독일, 이태리, 프랑스 등의 자동차 산업과 발을 맞추어 성장하여 왔다. 특히 스웨덴은 산업용 로봇을 세계 최초로 개발하여 현장에 투입한 나라이다. 유럽은 로봇 자동화 기술의 축적이 잘되어있으며 이를 바탕으로 로봇 산업도 발달되어 있다. 최근 일본의 적극적인 수출전략에 고전하고 있으나 새로운 저가형, 고성능 로봇을 개발하여 이에 대처하고 있다.

유럽은 로봇산업을 차세대 핵심 전략산업으로 선정하고, 범 유럽 차원에서 공동

연구 개발을 추진 중이며 개선된 형태의 제조업 로봇과 듀얼암 로봇 등을 개발하여 실용화 추진 중에 있다. 또한 산학연 컨소시엄 구성을 통해 원천 기술에 대한 투자를 진행하고 있다.

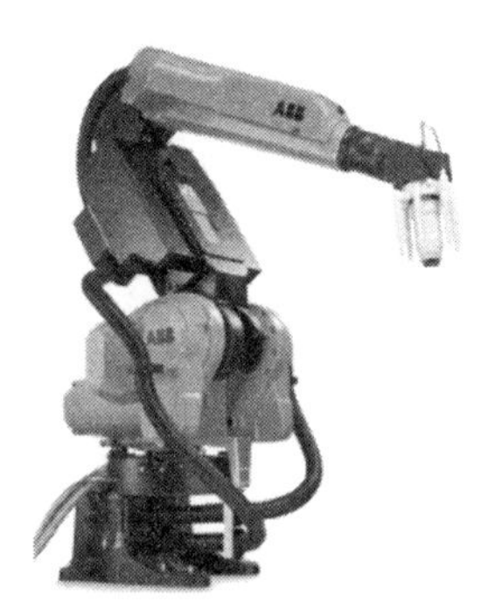

(a) ABB

(b) KOMAU(이태리)

(c) KUKA(독일)

[그림 1.20] 유럽의 산업용 로봇

(3) 미국, 한국 산업용 로봇의 현황

① 미국

미국은 일반적 산업용 로봇을 최초로 발명한 나라 중 하나이고 현장에도 최초로 적용한 나라이었으나 유럽, 일본에 비하여 경쟁력을 잃고 타분야의 지능형 로봇 기술 개발에 집중하고 있다.

② 한국

- 현대 중공업에서는 우리나라에서는 유일하게 독자적인 범용 산업용 로봇의 모델들을 생산하고 있는데, 주로 자동차 산업을 중심으로 공장에서 사용되어지는 다양한 로봇을 생산한다. 그리고 Off-Line Program 등의 소프트웨어의 개발 보급으로 생산성 향상에도 노력하고 있다.
- 삼성 전자의 경우도 예전에는 범용 산업용 로봇 모델을 많이 가지고 있었으나 현재는 주로 삼성내의 전자 산업과 밀접한 특수형 로봇 쪽으로 사업의 방향을 잡고 있다. 그 예는 다음과 같다.
  - SCARA 로봇
  - Wafer 반송 로봇
  - LCD, PDP 반송 로봇

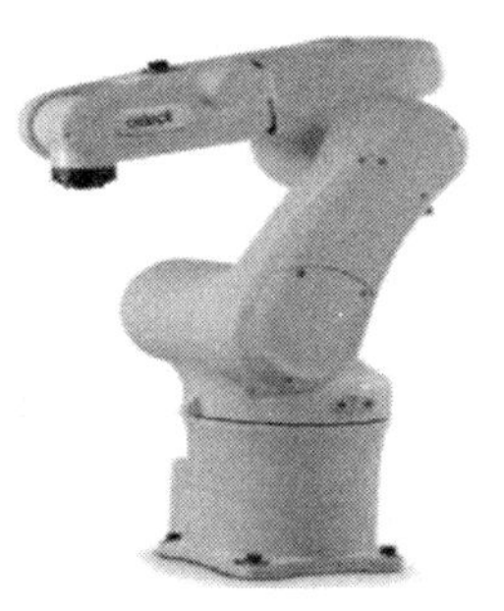

(a) ADEPT(미국)

(b) 현대중공업

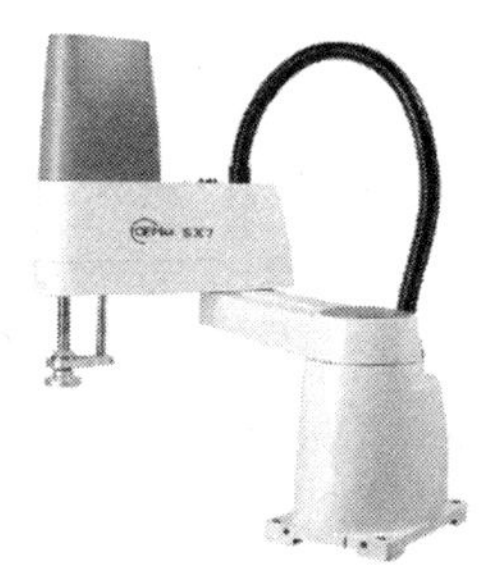

(c) 삼성전자

[그림 1.21] 미국 · 한국 산업용 로봇

2) 의료용 로봇

의료용 로봇은 최근 20년에 걸쳐 눈부신 발전을 이룬 분야로 대체적으로 수술보조 로봇, 수술용 로봇, 수술시뮬레이터 등으로 분류할 수 있다. 정밀성과 안전성 그리고 반복성이 요구되는 분야로 정밀 위치 제어, 여유자유도, 정밀 힘 제어, 원거리 제어, 안정성과 정밀도 등 많은 이론들이 요구된다.

① 수술 로봇 시스템

실제 수술에서 의사를 도와 보다 나은 수술을 수행하도록 도와주는 시스템으로서, 일차적으로 현재 인턴과 같은 보조 작업을 수행하는 로봇에서부터 높은 정밀도와 동작성으로 어려운 수술을 용이하게 만들어주면서 직접 수술에 사용되는 특수목적 수술로봇 시스템, 비슷한 유형의 다양한 수술을 집도할 때 사용할 수 있는 지능적이면서도 유연성이 좋은 다목적 수술로봇 시스템을 말한다.

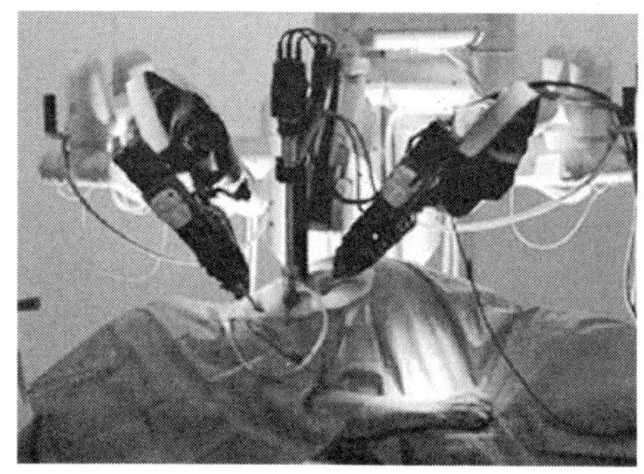

(a) 수술용 로봇 다빈치

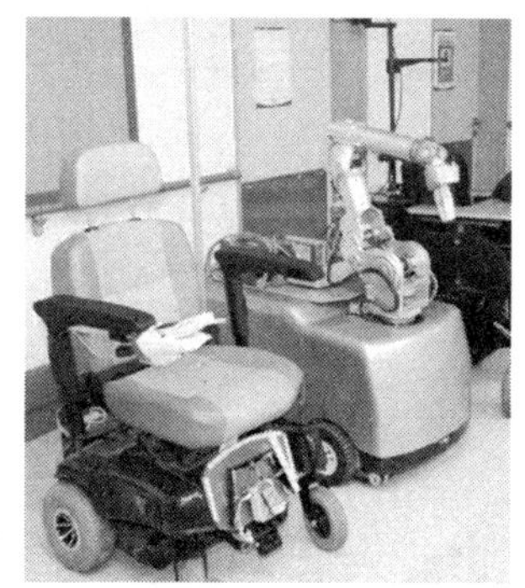

(b) KIST 재활 로봇

[그림 1.22] 의료용 로봇

② 재활 로봇 시스템

노인과 장애인의 재활치료와 일상생활을 도와주는 로봇 시스템으로서 단순히 신체를 지지해주는 역할을 벗어나 중증환자나 노인의 신체 움직임을 향상시키고 빠른 시일 내에 회복하도록 중요 기능을 수행하며, 장애인의 장애를 극복하여 독립적인 생활을 가능하게 한다.

로봇에 의한 재활의 장점은 치료의 질을 향상시키고, 각각의 환자에 맞는 일정한 속도와 힘으로 훈련이 가능하고 치료비용을 절감할 수 있는 점이다. 또한 사람의 수작업에 의존하던 재활에 비교하여 재활시간을 좀 더 길게 할 수 있으며, 상지나 하지의 강직이 심한 환자의 경우도 로봇을 이용한 재활프로그램이 가능하여 물리치료사에 의존하던 방법보다 확장성이 매우 높다.

(a) 보행보조 로봇 부축형

(b) 보행보조 로봇 장착형

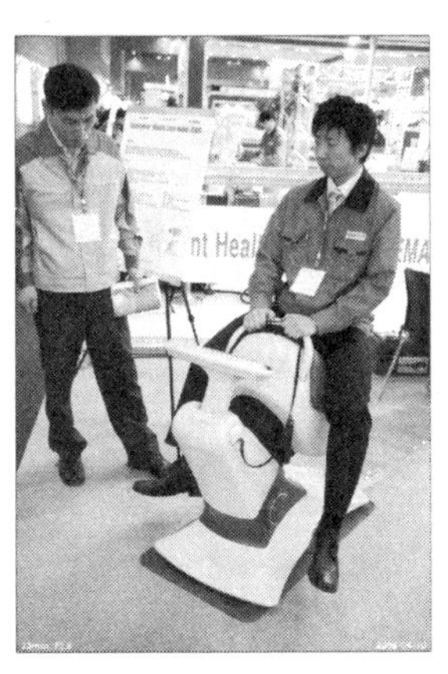

(c) 헬스케어 로봇

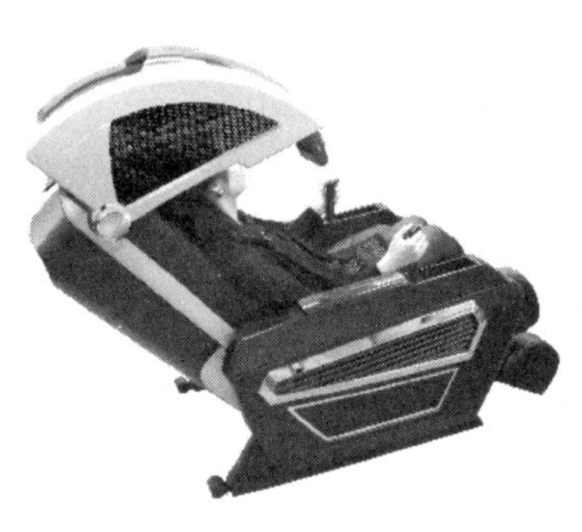

(d) 헬스케어 안마 로봇

[그림 1.23] 의료용 로봇

3) 농업용 로봇

농업용 로봇은 농업인구의 감소와 고령화, 이농현상 등으로 인한 전문인력의 부족, 유해 위험 작업 환경 등의 이유로 중요하여 지고 있으나 아직은 개발의 초기 단계에 있다. 우리나라는 외국과의 자유무역에 대한 압력으로 농업 경쟁력에 심각한 위기를 느끼고 있으며 이에 따라 더욱 농업기술의 선진화, 경쟁력 강화가 중요하여 지고 있으며 농업생산의 자동화 로봇화는 그 중심에 서있다.

농업용 로봇은 크게 노지용, 시설농업용, 축산용으로 분류가 가능하다. 노지 농업은 논, 밭, 과수원 등을 일컫는데 가장 단위가 크고 로봇 운용환경이 좋지 않다고 할 수 있다. 현재 주요 개발 로봇은 GPS를 이용한 자율주행 트랙터, 농약 살포 무인 비행 로봇 등이고 과수원에서의 수확 로봇 등은 기술적으로 쉽지 않아 개발 과정에 있다. 불규칙적인 여러 가지 노면에서의 자율주행 플랫폼, 대상 인식 비전, 정확한 파지용 그리퍼 등 앞으로 개발할 일이 많이 있다.

시설농업이란 유리온실, 비닐온실과 최근 급부상하는 식물공장 등을 말한다. 이중 가장 표준화가 잘 되어 있고 로봇 투입이 쉬운 곳은 유리온실이다. 유리온실에서 방제, 모니터링 등의 분야에 필요한 로봇을 순차적으로 개발하여 이를 환경이 덜 좋은 비닐 온실 등으로 적용하는 것이 적합하다. 식물공장은 최근 급부상하는 공장형 형태의 식물생산형태로서 그 개념이 좀더 정립되는 것이 필요하며 그와 맞추어 필요한 로봇을 개발 적용해 나가야 한다.

축산은 소, 돼지 등을 규칙적이고 계획적인 형태로 사육하는 것을 로봇 자동화의 대상으로 한다. 축산은 환경적인 문제, 인력 부족의 문제 등으로 앞으로 연구할 일이 아주 많은 분야이다. 지금 현재 주로 개발되는 대상 로봇은 젖을 짜는 착유 로봇, 먹이를 주는 급이 로봇, 포유 로봇 등이며 앞으로 오폐수 환경문제들을 아울러 해결할 수 있는 사육환경 개선용 로봇들의 개발이 시급한 상태이다.

[그림 1.24]와 같이 농작물 수확용 로봇, 농약 방제 로봇, 과채류 접목 로봇, 무인 잡초 제거 로봇, 원격트랙터 로봇, 멜론 수집 로봇 등이 있다.

(a) 농업용 로봇 CERES

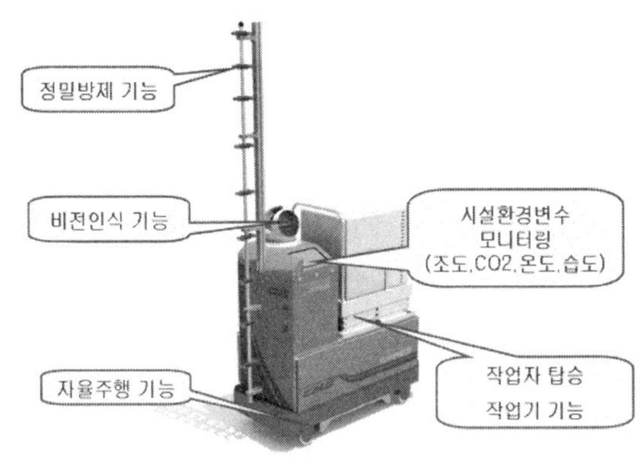

(b) 농업용 로봇 CERES

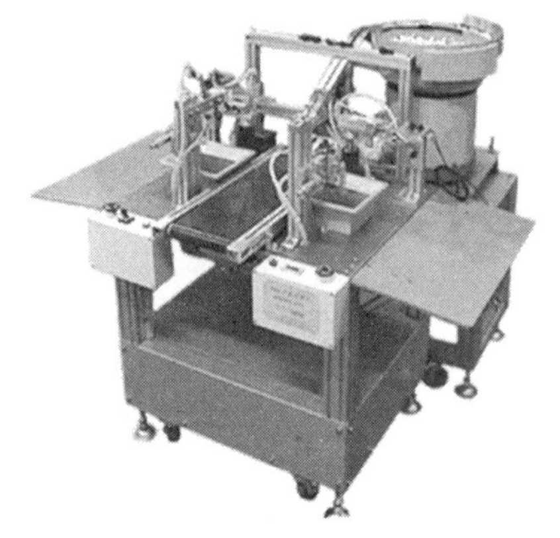

(c) 과채류 접목 로봇

(d) 유리온실 다목적 구동 플랫폼

(e) 무인 잡초제거 로봇

(f) 포도 수확 작업 로봇

[그림 1.24] 농업용 로봇

4) 군사용 로봇

휴전선 무인 경계 로봇, 무인폭격기, 무인정찰기 등 국가의 방위 능력 증진에 큰 영향을 줄 것으로 예상되는 분야로 현재 주목받고 있는 분야이다.

이전에는 피해를 크게 주는 무기 개발에 의존하던 반면, 사람이 위험한 상황에 로봇을 투입함으로써 인명피해를 막아줄 수 있어 경계 로봇, 무인정찰기를 비롯한 다양한 로봇들이 이미 개발되었고 개발 중이다.

한 예로, 미국의 리콘로보틱스라는 회사는 미육군에 Throwbot(R) XT라는 군사정찰용 로봇을 2012년에 납품하게 되었다.

(a) 군사용 탐사 로봇

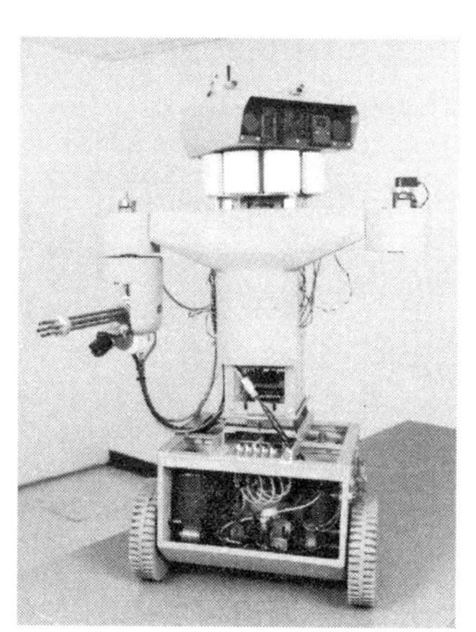

(b) NRD 경계 로봇

[그림 1.25] 군사용 로봇

5) 극한 작업용 로봇

사람이 다가갈 수 없는 혹독한 환경에서 사람과 같은 고도의 작업을 하는 로봇을 극한작업로봇이라 한다. 극한작업 로봇이 활동하는 주요 작업 분야는 원자력시설, 심해 등이다. 이러한 특수 환경에서 인간을 대신하여 작업하는 로봇 중 하나로 최근 특히 부각되는 극한작업로봇은 지진 등으로 무너진 건물잔해 속으로 들어가 생존자를 탐색하는 인명구조용 로봇으로 개발이 진행 중에 있다. 극한작업로봇의 경우에는 자율주행기술, 환경 인식기술, 자기위치 인식기술, 실시간 통신기술, 정밀센서기술 및 고성능 배터리기술 등이 복합적으로 적용된다.

극한 작업용 로봇을 통해 사람이 할 수 없던 영역의 작업을 하게 됨으로써, 유해환경 속의 작업이나 군대의 탐사활동 및 화성의 표면을 연구하는 작업 등을 대신 해주는 등 많은 영역에서 성과를 올리고 있고, 이를 보다 효율적으로 사용하기 위한 연구 개발이 활발히 진행 중이다.

(a) 화성 탐사 로봇

(b) 화성 탐사 로봇

[그림 1.26] 극한 작업용 로봇

1.3.3 네트워크 기반 로봇

여기에서는 지능형 로봇을 약간 다른 시각으로 보고자 한다. 현재 미국과 일본 등에서는 하루같이 새로운 기술과 시도로 우리를 깜짝 놀라게 하는 로봇기술을 선보이고 있다. 감정을 갖는 코그 로봇, 두 다리로 춤을 추고 점프까지 하는 소니의 '큐리오', 로봇 내비게이션 기능을 갖춘 청소 로봇까지 다양한 형태로 우리에게 한발 한발 다가오고 있다. 향후 10년 이내에 가정에서 1대의 로봇을 쓰는 본격적인 로봇시대가 열릴 것이라고 예측하며, 이 로봇에는 지금의 컴퓨터가 음성 인식 기능과 이동기능을 갖추어 집을 돌아다니며 경비, 정보서비스, 가전제품제어, 간단한 심부름, 친구역할 등을 해주는 고지능 심부름 지능형 로봇이 될 수 있다. 이러한 로봇들은 독립적으로 역할을 수행할 수도 있고(Stand alone type), 다른 로봇, 컴퓨터, 스마트 폰 등과 연결되어 온라인 시스템의 단말기 역할과 독립적인 로봇의 기능을 병행할 수도 있다. 이러한 네트웍 시스템을 우리는 Ubiquitous system, 그리고 이런 기능을 수행하는 로봇을 Ubiquitous robot이라고 부를 수 있다.

URC의 정의

URC(Ubiquitous Robotics Companion)는 지능형 서비스 로봇의 새로운 개념으로서 인

간에게 다양한 서비스를 제공하며, 외부 환경인식 정보의 획득, 지능적 판단, 자율적인 행동 등의 인공지능기술을 이용하여 인간과 서로 상호작용하면서 가사지원, 교육, 엔터테인먼트, IT 등 다양한 형태의 서비스를 제공하는 인간지향적인 로봇으로 정의할 수 있다. 즉, '언제 어디서나 나에게 필요한 서비스를 제공하는 로봇'의 개념이다. 또한 네트워크 정보 콘텐츠 로봇은 URC의 기본개념에 보다 많은 콘텐츠를 네트워크를 이용하여 사용자에게 제공하는 로봇이다. 독립형, 소 결합용, 밀 결합용, 센서 네트워크기반 로봇 등으로 구분된다.

(a) 유비쿼터스 로봇 경진 대회

(b) 서울역사의 유비쿼터스 로봇

[그림 1.27] 유비쿼터스 로봇

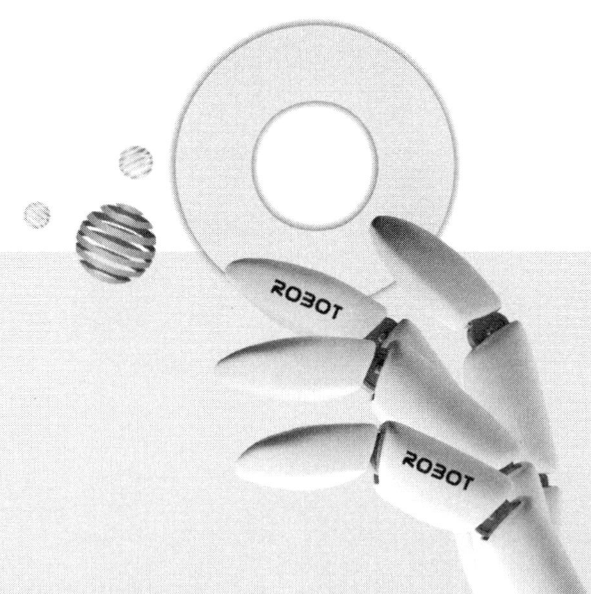

제2장

모 터

제2장

모 터

2.1 모터의 원리

모터는 전기를 이용하여 역학적 에너지를 얻는 장치로 출력은 보통 킬로와트(KW) 또는 마력(1HP=0.75kW)으로 표시한다.

모터 구동의 간단한 예를 보도록 한다. 두 토막의 레일, 알루미늄 파이프, 자석을 놓은 다음, 레일에 전류가 흐르면 알루미늄 파이프는 레일 위에서 움직이기 시작한다. 이것은 알루미늄 파이프에 전류가 흐르면 자기장에서 힘을 받는다는 것을 나타낸다. 자석의 방향을 바꾸어 가면서 알루미늄 파이프에 작용하는 힘 F의 방향을 조사해 보면, 항상 전류 I의 방향과 자기장 H의 방향사이에는 직각관계가 있다는 것을 알 수 있다. 이와 같이 전류와 자기장 사이에 작용하는 힘을 전자기력이라고 한다.

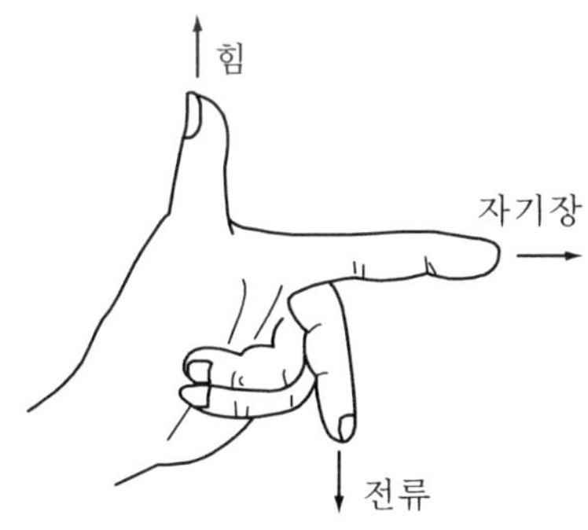

[그림 2.1] 플레밍의 왼손법칙

위에서 말한 힘 F의 방향은 플레밍의 왼손법칙을 통해 알 수 있다. [그림 2.1]에서 보는 바와 같이, 왼손의 중지, 검지, 엄지를 서로 직각이 되게 벌리고, 중지를 전류의 방향으로, 검지를 자기장의 방향으로 하면 힘의 방향은 엄지가 가리키는 방향이 된다. 이 법칙은 도선내의 전기에너지는 자기장 속에서 운동에너지의 형태로 전환되는 회전 모터의 기본 원리를 쉽게 이해 할 수 있게 도와주며, 모터의 회전방향을 정할 때 유용하다.

2.1.1 DC 모터의 작동 원리

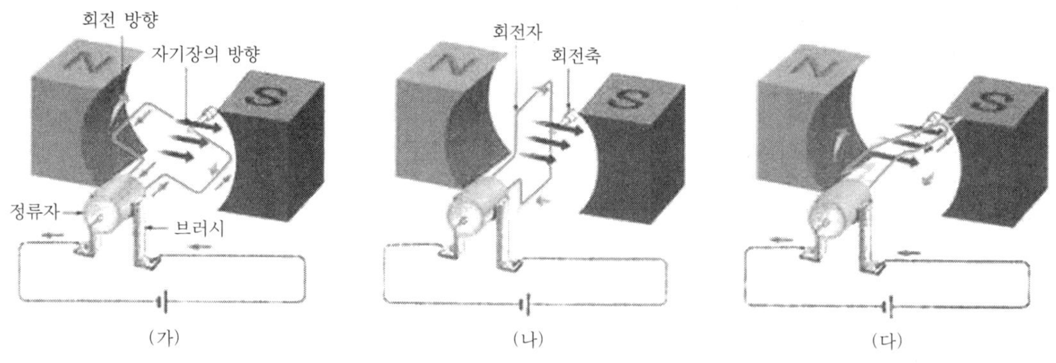

[그림 2.2] DC 모터의 작동 원리

DC 모터란 직류(Direct Current)전원을 이용하는 모든 모터를 말한다. 직류(Direct Current)전원은 극성이 변하지 않는 전류이다. [그림 2.2]에서 DC 모터의 작동 원리를 보여 주고 있다. DC 모터란 영구자석 N, S극에 의해 자기장이 형성되고, Brush와 정류자를 통해 전류가 도체 내를 흐르게 되면 플레밍의 왼손 법칙에 따라 회전자가 회전하여 90° 회전할 때마다 정류자에 의해 전류 방향이 바뀌어서 회전을 계속 하게 된다. [그림 2.2]에서 보면 회전을 하다가 90° 위치에서 토크는 0이 되어 정지해야 하지만, 관성에 의해서 조금 더 돌아가게 되면 전류의 흐름이 바뀌고 다시 토크는 증가하게 된다. 실제 모터는 정류자가 수십 개가 있기 때문에 항상 최대 토크를 낼 수 있게 설계되어 있다. DC 모터의 구조는 자력선과 전류의 방향이 항상 직각이기 때문에 전류에 비례한 안정된 토크를 얻을 수 있다.

2.1.2 AC 모터의 작동 원리

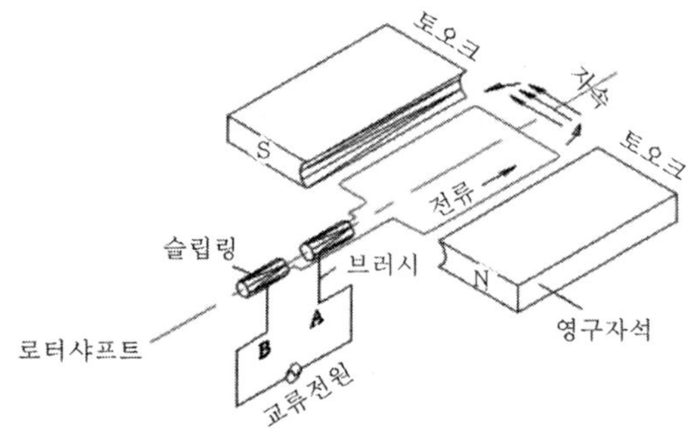

[그림 2.3] AC 모터의 작동 원리

AC 모터란 교류(Alternating Current)전원을 이용하는 모든 모터를 말한다. 교류(Alternating Current)전원의 특성을 간단히 살펴보면, 도선을 따라서 흐르는 전류의 극성이 파형을 그리며 바뀌는 전류를 말한다. 1초 동안에 +와 -가 서로 교대되는 횟수를 사이클 또는 헤르쯔(Hz)라고 한다. AC 모터란 [그림 2.3]에서와 같이 DC 모터의 정류자를 슬립링으로 바꾼 것으로서 Brush A가 (+), Brush B가 (-)로 되는 모양으로 통전하면 DC 모터와 같이 토크가 발생하여 모터가 회전한다. 여기서 슬립링이란 전선으로 연결된 고정체와 회전체의 전기적 신호와 데이터, 전원 등을 공급 하는 장치이다. AC 모터의 경우 정류자가 없기 때문에 적당한 시기에 전류 방향을 계속 바꿔줘야 한다. 이때 위에서 간단히 언급한 교류 전류의 전원 주파수의 파형에 동기시켜 모터를 돌리는 것이다.

 2.2 모터의 종류

전 절에서 DC 모터와 AC 모터의 원리를 설명하였다. 그러나 실제로 모터에는 여러 종류가 있으며 특징에 따라 명칭을 달리한다. 이 절에서는 모터를 Brush DC 모터, Brushless DC 모터, AC 모터, Step 모터, Servo 모터, 기타 모터로 분류하여 각각의 특징을 살펴보도록 한다.

2.2.1 Brush DC 모터

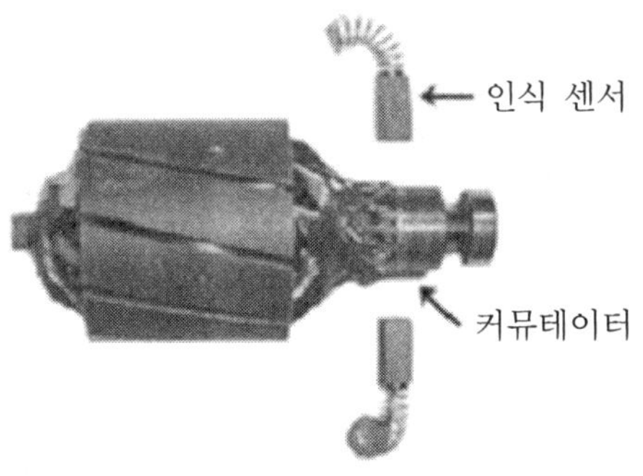

[그림 2.4] Brush DC 모터

[그림 2.4]는 가장 대표적인 DC 모터이다. Brush는 정류자(커뮤테이터, Commutator)편에 전류를 공급해 주는 것으로 마모로 인하여 수명이 짧다는 단점이 있다. 따라서 주기적으로 Brush를 교체해야 한다. 또한 Brush가 닳아 없어지면서 모터의 성능 또한 저하되

고, 분진이 날리는 등 환경적인 문제가 대두된다. 장점은 제어가 간편하고, 토크가 전류에 비례하므로 단순한 전류제어만으로도 토크를 직접 제어할 수 있다.

[그림 2.5]는 Brush DC 모터의 제품 예를 보여주고 있다. 제품명 CMS-RS4760P로 정격 전압은 24V, 부하가 없을 때 속도는 3500RPM, 전류는 0.22A인 13.6W이다.

[그림 2.5] CMS-RS4760P DC 모터

1) 특징

(1) 장점

① 속도제어, 매우 짧은 시간에 정지, 정역회전 가능

② 기동 토크가 크고 정격부하 이상에서도 모터가 정지하지 않음

③ 전압과 회전수가 직선적으로 비례

④ DC 12V나 DC24V 배터리의 전원으로 바로 구동 가능

⑤ 소형화가 가능하여 AC 모터에 비해 같은 크기에 더 높은 토크 가능

(2) 단점

① 구조상 Brush와 정류자로 인해 수명이 짧고 소음이 심함

② Brush의 유지보수 필요

2) 적용 분야

- 전기자전거, 자판기, 조명기, 선풍기, RC카 구동 모터 등 일반적인 회전형 모터

2.2.2 Brushless DC 모터

[그림 2.6] Brushless DC 모터

BLDC 모터라 불리기도 하는 이 모터의 구조는 [그림 2.6]에서와 같이 중심에 회전하는 자석이 있고 그 둘레에 구동 코일이 설치되어 있다. DC 모터에서 Brush와 정류자를 없애고 전자적인 정류 기구를 설치한 모터이다. 따라서 기계적인 노이즈뿐만 아니라 전기적인 노이즈도 발생되지 않는다. 기타 초저속 또는 초고속, 다극 등 긴 수명의 모터가 간단히 만들어지는 점도 장점이라고 할 수 있다.

[그림 2.7]은 Brushless DC 모터의 예이다. 제품명 DL-88430로서 사용 전압은 DC 10~45V, 무부하시 속도는 900~2500RPM, 부하시 최고 토크는 6.9~44.3kg·cm인 5~50W 모터이다.

[그림 2.7] DL-88430 Brushless DC 모터

1) 특징

(1) 장점

① DC 모터에서 소모적인 Brush와 정류자를 없애고 전자 정류회로를 사용

② 기계, 전기적인 노이즈도 발생하지 않음
③ 높은 회전 성능, 긴 수명
④ 초소형, 초경량화 가능
⑤ 속도제어, 정역회전, 순간정지가 가능

(2) 단점

① 모터와 컨트롤러의 높은 가격
② 구동을 위한 전용컨트롤러가 필요

[표 2.1]은 회전자의 종류에 따른 구조와 특징을 보여주고 있다.

[표 2.1] Brushless 모터의 회전기 구조

종 류	구 조	특 징
Outer Rotor형 Brushless DC 모터	• 모터의 외주 측으로 회전자를 배치 • 모터의 내부 측면만으로 회선자기장을 만듦	• 회전자의 관성모멘트가 크므로 정속도 주행에 유리 • 자석을 비교적 크게 할 수 있으므로 고효율, 고토크화 쉬움 • 권선의 코일 평균길이가 짧게 되어 손실절감, 고효율화 쉬움 • 회전자 지지기구가 복잡함 • 밀폐구조로 하기 어려움
Inner Rotor형 Brushless DC 모터	• 모터의 내주 측으로 회전자를 배치 • 모터의 외주 측으로 회전자기장을 만듦	• 회전자의 관성모멘트가 Outer Rotor 형 모터에 비해 작음 • 모터 구조를 비교적 간단하게 구성할 수 있음
Axial Gap형 Brushless DC 모터	• 축방향의 두께를 비교적 얇게 한 원판형상의 모터 • 회전자의 전기자를 축방향으로 나열한 구조	• 축수간 간격이 짧기 때문에 정확한 제작이 필요함 • 축수구조도 복잡 • 권선과 전기자를 분리 • 회전율을 저감시킬 필요가 있는 곳에서 많이 사용 • 권선의 배치정도와 권선형상의 밸런스를 작게 하여야 할 필요가 있음

2) 적용 분야

• VTR의 실린더, 카세트덱의 캡스턴, FDD, CD플레이어 등

2.2.3 AC 모터

1. 작동원리

AC 모터는 구조적으로 정류자나 Brush를 필요로 하지 않으며, 전압이 주기적으로 변동하는 교류전압으로 작동하는 전기모터로 '교류 모터'라고도 한다. AC 모터는 송전되는 전기의 주파수에 대응해 자기장이 발생하는 원리로 회전한다. 최근에는 DC 모터에 비해 정밀성이 떨어지고 속도 제어가 힘든 문제점을 인버터를 통해 해결함으로써 사용이 늘어나는 추세이다. 여기서 말하는 인버터(Inverter)란 직류(DC)를 교류(AC)로 전환하는 장치로서 전력을 공급받아 인버터 내에서 전압과 주파수를 가변시켜 모터에 공급함으로써 속도를 제어하는 장치이다.

[그림 2.8]은 AC 브레이크 모터의 예를 보여주고 있다. 제품명이 K9RP90FU-B인 AC 브레이크 모터이다. 브레이크 모터란 전원이 OFF됨과 동시에 모터가 짧은 시간에 정지하며 부하를 유지하는 모터이다. 단시간에 모터를 정지시키고 그 부하를 유지하고자 할 경우에 사용된다. 전원을 끄는 경우에는 순간적으로 정지하지 않고 30~40회전 OVER RUN한다. 이 모터는 단상모터로 전압 110V, 주파수 60Hz, 전류 2.2A 토크 570g·cm인 60W AC 모터이다.

[그림 2.8] K9RP90FU-B AC 브레이크 모터

1) 특징

① 단순한 구조와 다양한 제품군으로 다양한 동작에 대응가능
② 장시간 운전에 적합, 높은 신뢰성과 반영구적인 수명

③ 저소음 저진동으로 조용한 곳의 구동용 모터로 적합
④ 모터에 가해지는 전원의 주파수에 비례하여 회전수가 달라짐
⑤ 인버터를 이용하여 속도 및 회전방향을 제어

[표 2.2]는 AC 모터의 종류에 따른 특징들을 간단히 보여주고 있다.

[표 2.2] AC 모터의 종류

종 류	특 징
인덕션 모터	- 한 방향 장시간 운전에 적합 - 정역 회전 방향 전환 시 모터의 정지가 필요 - 운전 중 전원 차단 시 오버런(회전 관성에 의한 회전)있음, 정지 유지력 없음
리버시블 모터	- 빈번한 정역 회전 방향 전환에 적합 - 정역 회전 방향 전환 시 모터의 정지가 불필요 - 소프트 브레이크 내장으로 운전 중 전원 차단 시 오버런 적음, 정지 유지력 있음
브레이크 모터	- 빈번한 정역 회전 및 위치제어에 적합 - 정역 회전 방향 전환 시 모터의 정지가 불필요 - 전자 브레이크 라이닝 내장으로 운전 중 전원 차단 시 오버런 없음, 정지 유지력 강함
스피드컨트롤 모터	- 모터의 회전수를 자유롭게 변경 가능 - 컨트롤러의 타입에 따라 다단 볼륨 시스템 가능, 전기적 브레이킹 시스템 가능 - TG(Tacho Generator)내장으로 일정한 속도로 제어 가능 - 컨트롤러의 종류에 따라 소프트 스타트 소프트 스탑 기능 선택 가능
스피드컨트롤 & 브레이크 모터	- 모터의 회전수를 자유롭게 변경하며 위치제어에 적합 - 전자 브레이크 라이닝 내장으로 운전 중 전원 차단 시 오버런 없음, 정지 유지력 강함 - 컨트롤러의 타입에 따라 다단 볼륨 시스템 가능, 전기적 브레이킹 시스템 가능 - TG(Tacho Generator)내장으로 일정한 속도로 제어 가능
터미널박스타입 모터	- TERMINAL BOX에 의해 리드선을 보호하며 밀폐시켜 먼지 수분 등 방지에 적합 - 내환경성이 중요한 곳에서 사용이 적합
극소형, 오픈타입 모터	- 저렴한 가격 제품군의 구동장치로 적합 - 적은 토크를 요구하는 제품에 적합
웜기어헤드 AC 모터	- 직교축 사용으로 협소한 공간 활용에 적합 - 출력축이 외부의 힘에 의한 부하에도 정지력 있음

2.2.4 Step 모터

[그림 2.9] Step 모터

Step 모터는 일정한 각도씩 회전 또는 변위씩 직선 운동을 하는 디지털 액추에이터라 할 수 있다. 일반적으로 회전 운동을 하는 경우 Step 모터라 부르고, 직선 운동을 하는 경우에는 리니어(Linear) Step 모터라 부른다. 외부로부터 주어지는 하나의 입력 펄스 당 일정 각도만큼 로터가 회전하여 자동 제어에 적합한 형태이다. 또, 펄스 신호수에 비례한 만큼만 출력축이 회전하므로, DC 모터와는 달리 위치의 피드백이 불필요하며, 자기지지 토크가 형성되기 때문에 브레이크 기구가 없어도 자체의 위치결정 능력을 가지고 있는 점이 특징이다.

예를 들어 200펄스에 1회전 하는 Step 모터는 기본적으로 1Step당 1.8도(360도/200펄스)만큼 모터 축이 회전한다. 따라서 모터에 부여되는 펄스 수에 따라 모터의 회전각이 제어되어진다. 즉 개루프(Open Loop)의 위치 결정 제어가 가능하게 되는 것이다. 또 펄스 주파수(디지털 신호)에 의해 회전 속도가 제어되며, 구동 회로도 디지털적으로 동작하므로, 마이크로프로세서와 결합하기 쉬운 모터라고 할 수 있다.

[그림 2.10]은 Step 모터의 예를 보여주고 있다. 제품명 A2K-S544(W)로 최대여자정지 토크는 1.8kg·cm이고 정격전류는 0.75A/pulse, 기본 Step각은 0.36°, 중량은 0.3kg Step 모터이다.

[그림 2.10] A2K-S544(W)

1) 특징

(1) 장점

① 디지털신호로 직접 개루프제어를 할 수 있고, 시스템 전체가 간단함
② 펄스신호의 주파수에 비례한 회전속도를 얻을 수 있으므로 속도제어가 광범위
③ 기동, 정지, 정-역회전, 변속이 용이하며 응답특성도 좋음
④ 모터의 회전각이 입력 Pulse 수에 비례하고, 모터의 속도가 1초간의 입력 펄스 수에 비례
⑤ 1Step당 각도 오차가 5% 이내이며 회전각의 오차가 Step마다 누적되지 않음
⑥ 정지 시에 높은 유지토크로 위치를 유지할 수 있으며, 모터 축에 직결함으로써 초저속 동기 회전이 가능
⑦ DC 모터 등과 같이 Brush 교환 등의 보수를 필요로 하지 않고, 모터 자체의 부품 수가 적어 신뢰성이 높음
⑧ 회전각의 검출을 위한 별도의 센서가 필요 없어 제어계가 간단하며, 가격이 저렴

(2) 단점

① 특정 주파수에서 진동, 공진 현상이 발생하기 쉽고, 관성이 있는 부하에 약함
② 고속 운전시에 탈조하기 쉬움
③ 보통의 드라이버로 구동 시에는 권선의 인덕턴스 영향으로 인해 권선에 충분한 전류를 흘릴 수 없으므로 펄스비가 상승함에 따라 토크가 저하하며, DC 모터에 비해 효율이 떨어짐

2) 적용 분야

• NC공작기계나 산업용 로봇, 프린터나 복사기 등의 OA기기

2.2.5 Servo 모터

[그림 2.11] Servo 모터

서보(Servo)란 서보 메커니즘(Servo mechanism)의 줄임말로서 보통 로봇의 팔이나 CNC 공작기계의 위치결정에 사용되는 모터이다. 환풍기나 선풍기, 제분기, 믹서기 등에 들어가는 모터처럼 적당한 속도로 힘껏 잘 돌아가 주기만 하면 되는 모터나 자동차의 파워 윈도우처럼 사용자가 일일이 멈추고 움직임을 제어하는 모터에는 서보 모터를 쓰지 않아도 된다. DVD, 공작기계, CCTV 카메라, 로봇 등에 사용되는 모터처럼 명령에 따라 정확한 위치와 속도를 맞출 수 있는 모터를 서보 모터라고 한다. 주로 정확한 위치와 속도제어가 필요한 곳에 사용되어 지고 있다. 또한 서보 모터가 아닌 서보시스템이라는 말은 서보 모터를 가지고 구동할 수 있는 시스템까지 모두 포함한 형태를 말한다.

서보 모터는 큰 토크를 가지고 회전자의 관성 모멘트가 작아야 하기 때문에 주로 DC Servo 모터를 사용해 왔다. DC 모터는 Brush가 마찰에 의해 마모되어 유지 보수가 필요하고 Brush의 마모에 의한 분진이 발생하며 Brush를 통해 권선에 전류가 흐르게 됨으로 발생하는 전기적인 스파크와 노이즈로 인해 문제점이 발생한다. 그래서 AC 모터의 구조를 가지며 DC 모터의 특성을 가지는 AC Servo 모터를 개발하여 사용하고 있다. 현재는 AC Servo 모터를 구동하기 위한 전력전자기술과 제어 기술의 발달로 시스템 가격이 DC Servo 시스템과의 격차가 생기지 않아 AC Servo 시스템으로의 전환이 가속화되고 있다.

[그림 2.12]는 Servo 모터의 예를 보여주고 있다. MITSUBISHI사의 산업용 로봇에 사용할 수 있는 MR-J3 Servo 모터이다. 이 모터는 고성능 신형 Servo 모터로 속도주파수 응답이 900Hz로 고속위치 결정이 가능하다. 기계의 진동을 억제해서 한계성능을 향상하였으며, 오토튜닝 기능 강화로 간단하게 고성능화한 Servo 모터이다.

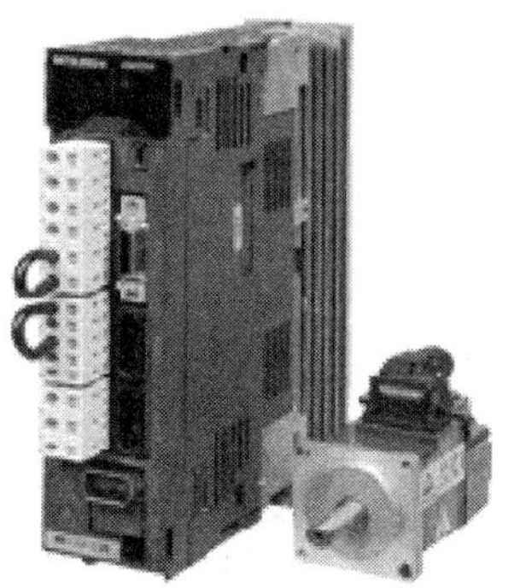

[그림 2.12] MR-J3

DC Servo 모터와 AC Servo 모터를 전원의 종류에 따라 구분하였으며, 각각의 특징에 대해 정리해 보았다.

1) DC Servo 모터

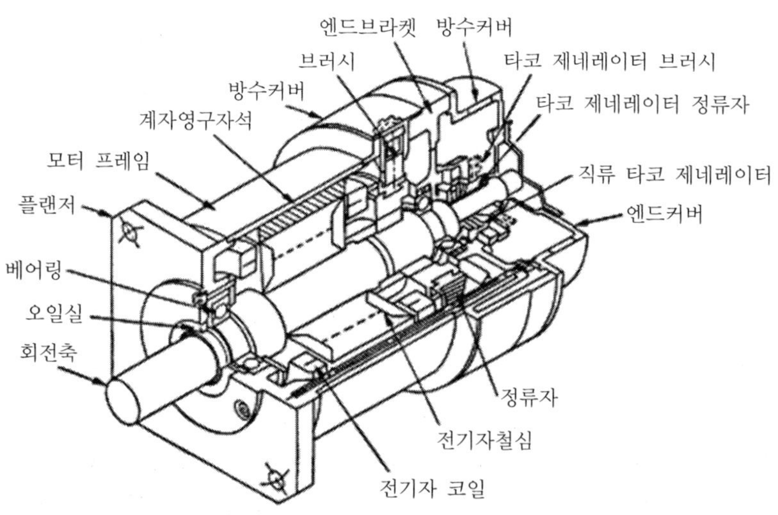

[그림 2.13] DC Servo 모터의 구조

DC Servo 모터의 구조는 [그림 2.13]에서 보는 바와 같다. 고정자 측은 자로 및 기계적 지지를 목적으로 하는 원통형의 프레임과 프레임 내경에 부착된 자석으로 구성된다. 회전자 측 구성은 샤프트와 샤프트 외경에 부착된 정류자 및 전기자 권선(Coil)이 감겨져 있다. 전기자 권선에 정류자를 통하여 전기를 공급하는 Brush 및 Brush 홀더가 부착되어 있다.

브라켓과 플랜지에는 볼 베어링이 있어서 회전자를 받쳐주고 있다. 브라켓 뒤쪽에는 회전속도 신호를 검출하는 검출기가 회전자와 연결되어 있는데 광학식 인코더 혹은 타코 제너레이터를 많이 사용한다.

DC Servo 모터는 토크와 전류가 비례하여 선형제어계의 구성이 가능하므로 비교적 간단한 회로로 안정된 제어계 설계가 가능하다. DC Servo 모터는 최고속도와 그 점에서의 허용 토크는 정류불꽃에 의해 제약을 받는다. DC Servo 모터의 구동 방식은 트랜지스터에 의한 펄스폭 변조방식(PWM)이 주를 이룬다. 이 방식은 사용 주파수의 전원을 정류하여 직류를 얻어 이 직류 전원이 모터에 인가되는 시간폭을 주파수의 반송파에 의해 변화시켜 가변 전압을 만들어 모터의 속도제어를 행한다.

이런 방식의 제어는 응답성이 좋고 부하 마찰 토크가 국부적으로 변화하므로 다관절 로봇과 같이 자세에 의한 모터 축 환산부하 관성이 크게 변하는 계에서도 충분히 안정된 제어를 행할 수 있다.

2) AC Servo 모터

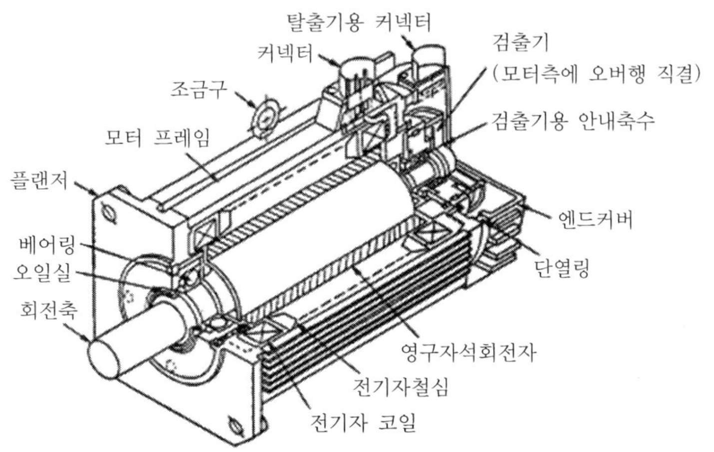

[그림 2.14] AC Servo 모터의 구조

AC Servo 모터의 구조는 [그림 2.14]와 같이 DC Servo 모터의 고정자와 회전자 측을 바꿔 놓은 것과 같이 구성되며, 고정자 측 구성은 기계적 지지를 목적으로 하는 원통형의 프레임과 프레임 내경에 원통형의 고정자 코어가 있고, 코어에 전기자 권선이 감겨져 있다. 권선 끝단에는 리드 선이 나와 있어 전류와 전압, 즉 전력이 공급된다. 회전자 측 구성은 회전축과 그 외경에 영구 자석이 붙어있다. AC Servo 모터는 DC Servo 모터와 같은 Brush가 필요 없이 고정자 측에 전력을 공급할 수 있다. 그리하여 AC Servo 모터를 Brushless Servo 모터라고도 한다.

AC Servo 모터의 특징

① 기계적 구조가 간단하여 최대 속도가 높음
② 권선이 고정자에 있어 용량을 크게 할 수 있음
③ 구조가 밀폐형으로 환경이 나쁜 곳에서도 신뢰성이 좋음
④ 유지 보수가 용이하고 기계적 마찰이 없어 소음이 적음

3) DC Servo 모터와 AC Servo 모터의 특징 비교

[표 2.3] DC Servo 모터와 AC Servo 모터의 비교

DC Servo 모터	AC Servo 모터
DC Servo 모터 Brush 모터	Brushless Servo 모터
제어구조가 간단하고 쉬움	제어구조가 복잡하고 어려움
회전 전기자형	회전 자기장형
회전자가 권선으로 방열이 나쁨	고정자가 권선으로 방열이 쉬움
Brush의 유지 보수가 필요	Brush가 없음
기계적 구조로 최대 속도가 낮음	전기적 구조로 최대 속도가 높음
정격 용량을 크게 하기 어려움	정격 용량을 크게 하기 쉬움

4) 적용 분야

- 지능 로봇, 산업용 로봇 등의 큰 힘과 정확한 위치제어가 필요한 곳에 사용

2.2.6 기타

1) 유도전동기

유도전동기는 교류 전류를 가해 주면 회전 자기장에 의해 회전력이 발생하여 회전하는 전동기를 말한다. 최초에 3상 유도전동기가 먼저 상용화되고 후에 단상 전동기가 상용화되었는데 이유는 단상전원으로는 회전자기장을 만들 수 없었고, 3상은 각상이 120도의 위상차를 가지면서 공급되므로 쉽게 3상 회전자기장을 구성할 수 있었기 때문이다. 현재 단상유도전동기는 보조권선을 첨가하여 자기 벡터를 전기 벡터의 위상차를 통하여 회전시킨다.

(1) 특징

① DC 모터가 정류기를 통해 전원에 연결되는 것과는 달리 유도전동기는 전원에 바로 연결

② Brush가 필요 없음

③ 구조가 간단하고 튼튼하며, 가격이 저렴하고 취급이 용이

(2) 적용 분야

- 세탁기, 선풍기, 냉장고, 펌프 등

2) 초음파 모터

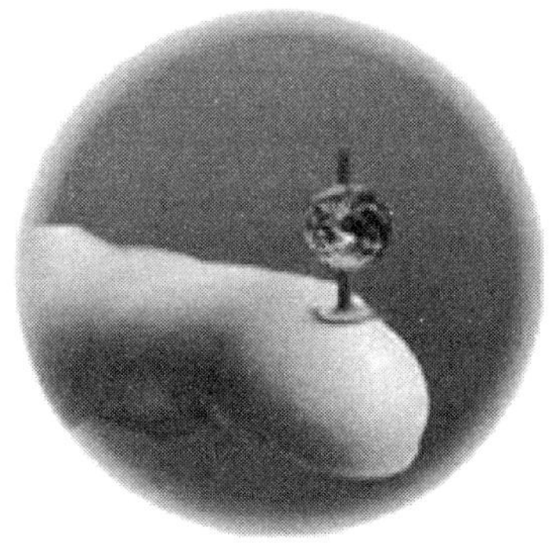

[그림 2.15] 초소형 초음파 모터

두 개의 압전소판으로 이루어져 있고 여기에 초음파에 해당하는 주파수(30~60KHz)를

가해주면 압전소자의 비틀림 현상으로 회전하는 방식이다. 압전소자란 피에조부져, 가스 점화기, 똑딱이 라이터 등에 쓰이는 소자로서 전기를 가하면 비틀림 현상이 일어나고 물리적인 비틀림을 주면 거꾸로 전기가 발생하는 성질이 있는 소자이다. 초음파 모터는 피에조부져의 원리로 사람이 들을 수 없는 높은 주파수(초음파)를 인가하기에 초음파 모터라고 부르거나 압전효과를 이용한 모터이므로 압전 모터라고도 부른다.

[그림 2.15]는 카메라에 들어가는 초소형 초음파 모터이다.

(1) 특징

① 아주 미세하고 빠른 진동으로 움직임
② DC 모터에 비해 진동이 적고 회전속도가 빠르고 높은 토크를 갖는 장점
③ 출력이 낮음

(2) 적용 분야

• 카메라 렌즈의 자동초점 맞춤

3) 릴럭턴스 모터

공기와 철은 흐르는 자력이 6000배의 차이를 보인다. 이 원리를 이용한 것이 바로 릴럭턴스 모터라고 한다. 회전자는 뾰족뾰족 튀어나온 부분이 있는데 이 부분은 자속이 잘 지나갈 것이고, 들어간 부분은 잘 지나갈 수 없다. 고정자에서 자속을 공급하면 회전자는 자속이 좀 더 잘 지나가는 방향으로 회전을 하게 된다. 이 모터는 토크가 작고 역률이나 효율이 나쁘지만 구조가 간단하고 튼튼하고 직류여자가 필요하지 않는 등의 장점이 있다.

(1) 적용 분야

• 팩시밀리의 드럼구동용, 공업계기의 차트지 발송용의 소용량 모터로서 사용

4) 리니어 모터

일반적인 전동기가 회전운동을 하는 반면에 [그림 2.16]과 같은 리니어 모터는 직선운동을 하며, 주로 PCB 자동화용 기기 및 반도체 제작 장비 등에 많이 사용된다. 직선 구동력을 직접 발생시키므로 회전형 모터에 비해서 성능면에서는 최소 2배 이상의 빠른 이송속도, 10배 이상의 강한 추력, 5배 이상의 정밀한 위치제어가 가능하다. 따라서 직선운동

이 필요한 모든 산업분야에 리니어 모터의 채택이 빠르게 진행되고 있다.

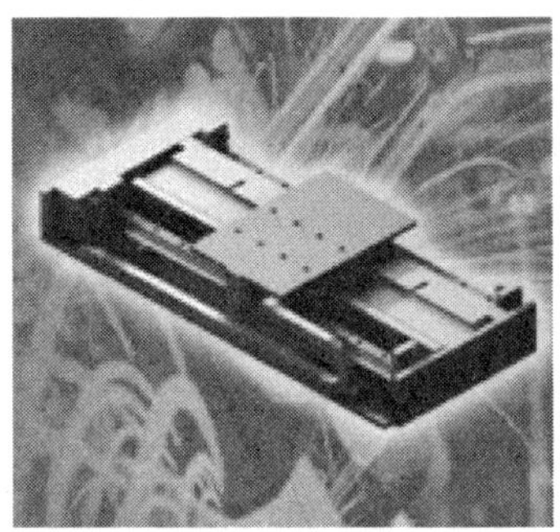

[그림 2.16] 리니어 모터

2.3 모터 제어

2.3.1 DC 모터

모터는 전류가 흐르는 도체가 자기장 속에서 받는 힘을 이용하여 전기에너지를 역학적 에너지로 바꾸는 장치이다. 일반적인 DC 모터의 제어는 DC 모터의 (+)부분에 (+)전압이, (−)부분에 (−)전압이 들어가면 정회전(CW)하고, 반대로 모터의 (+)부분에 (−)전압이, (−)부분에 (+)전압이 들어가면 역회전(CCW)하게 된다. 이러한 원리를 기반으로 [그림 2.17]과 같이 4개의 트랜지스터(TR)과 다이오드(Diode)를 이용하여 모터의 정역회전이 가능하게 할 수 있다.

다음 [그림 2.17]에 대해 이해하기 위해서는 우선 트랜지스터의 원리를 알아야 한다. 트랜지스터는 반도체를 세 겹으로 접합하여 만든 소자로, Base(B)에 신호가 없는 경우에는 Collector(C)로 들어온 전기는 Base(B)로 빠져 나가고, Base(B)에 신호가 있는 경우에는 Collector(C)로 들어온 전기는 Emitter(E)로 흘러간다. ①에만 신호가 있는 경우에는 [그림 2.17]에서 파란색선을 따라 전기가 흐르게 되고, 이는 모터를 정회전(CW)하게 한다. ②에만 신호가 있는 경우에는 빨강색선을 따라 전기가 흐르게 되고, 모터는 역회전(CCW) 한다.

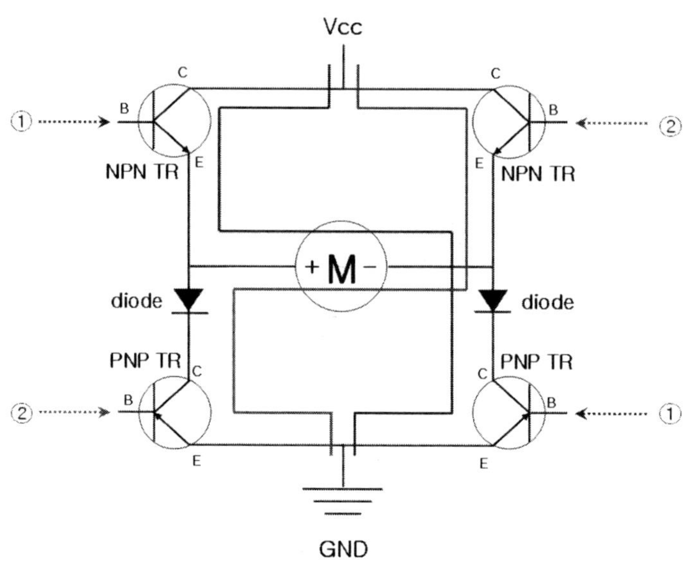

[그림 2.17] DC 모터 제어 원리

2.3.2 Servo 모터

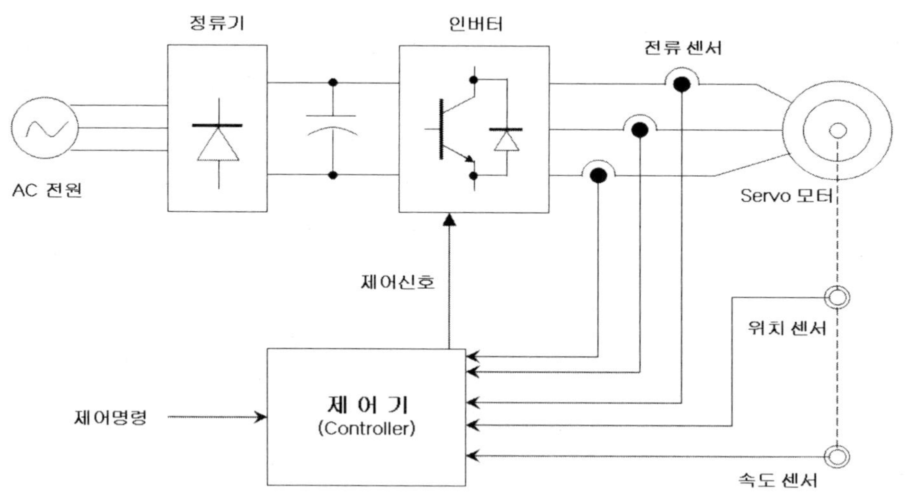

[그림 2.18] Servo 모터 구동 시스템

[그림 2.18]은 Servo 모터 구동 시스템의 구성을 블록다이어그램으로 나타낸 것이다. 회전자의 위치와 속도에 대한 정보를 검출하기 위한 위치 센서와 속도 센서가 모터의 회전축에 연결되어 있으며, 이러한 출력신호는 제어기로 입력된다. 또한 고정자 권선에 흐

르는 전류도 전류 센서를 통해서 제어기로 출력신호 일부를 입력신호로 되돌린다. 제어기는 궤환된 전류신호와 위치, 속도 정보를 바탕으로 해서 입력되는 제어명령을 수행하게 되며, 제어명령을 수행한 후 최종적으로 PWM 인버터를 구동하는 게이트신호를 출력하게 된다. 그 결과로 Servo 모터의 고정자 권선에는 3상 사인파 형태의 전류가 흐르게 되고, 회전자는 제어명령을 추종하는 동작을 수행하게 된다.

2.3.3 Step 모터

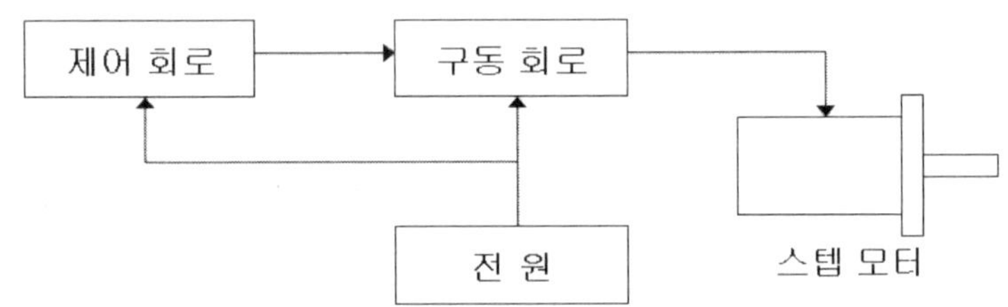

[그림 2.19] Step 모터 구동 시스템

Step 모터를 구동하기 위한 시스템은 [그림 2.19]에 보여 주는 것과 같이 제어 회로, 구동 회로, 전원으로 구성된다. 제어 회로는 Step 모터 구동용 펄스를 발생시키는 곳으로서 전용 IC나 마이크로프로세서로 구성된다. 구동 회로는 제어 회로로부터 출력된 구동 신호에 의해서 모터 권선에 전류가 흐르도록 하는 유니폴러 방식과 권선에 양방향으로 전류가 흐르도록 하는 바이폴러 방식이 있다.

1) 유니폴러 구동 회로

이 방식은 [그림 2.20]에 보여 주는 바와 같이 권선에 중앙 공통선 단자가 있는 Step 모터 구동에 주로 사용된다. 유니폴러 구동의 기본 회로를 [그림 2.21]에 보여 주고 있는데, 여기에서 (a)는 원리 회로를 나타내는 것이고, (b)는 스위치로 트랜지스터를 이용한 회로 예이다. 이 구동방식은 Coil에는 동일 시간에 A상, $\overline{A}$상 혹은 B상, $\overline{B}$상의 한쪽 밖에 전류를 흘리고 있지 않으므로 저속 영역에서는 토크를 크게 취할 수 없다는 결점이 있으나 전력 회로가 간단하므로 저렴한 비용으로 간단히 제어하려고 할 경우에 많이 사용되고 있다.

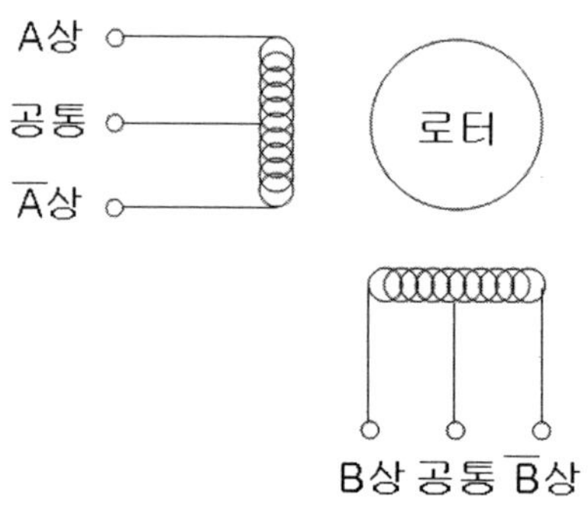

[그림 2.20] 모터 권선

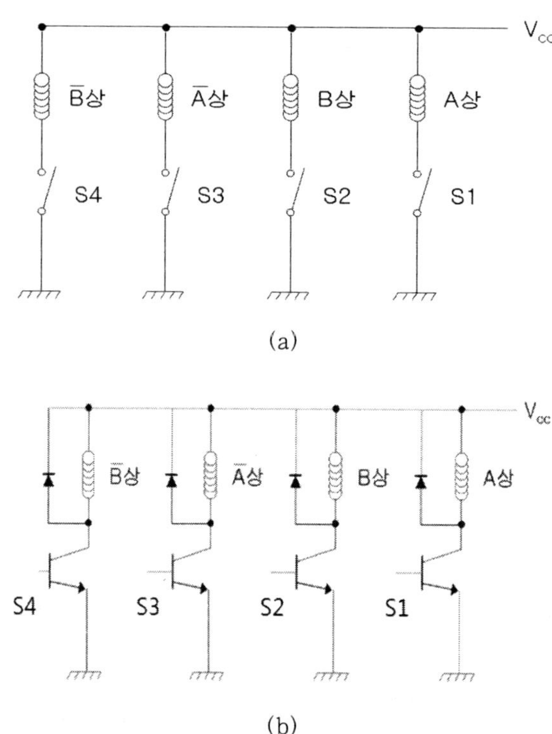

[그림 2.21] 유니폴러 구동 회로

2) 바이폴러 구동 회로

이 방식은 [그림 2.22]에서 보여 주는 바와 같이 모터의 각 권선의 양방향에 전류가 흐르도록 하기 위하여 2개의 H형 브리지로 구성되어 있고, 그림 중 (a)는 원리 회로도이고, (b)는 트랜지스터를 이용한 회로의 일례이다. 각 트랜지스터의 ON/OFF 제어의 시퀀스는 유니폴러 방식과 같으며, 회로에서 Sn과 Sn'는 동일 타이밍으로 ON/OFF된다.

이 구동방식에서는 회로가 복수이므로 비용이 많이 들고 저속으로 운전해야 하기 때문에 유니폴러 방식에 비해 큰 토크를 필요로 하는 경우에 사용된다.

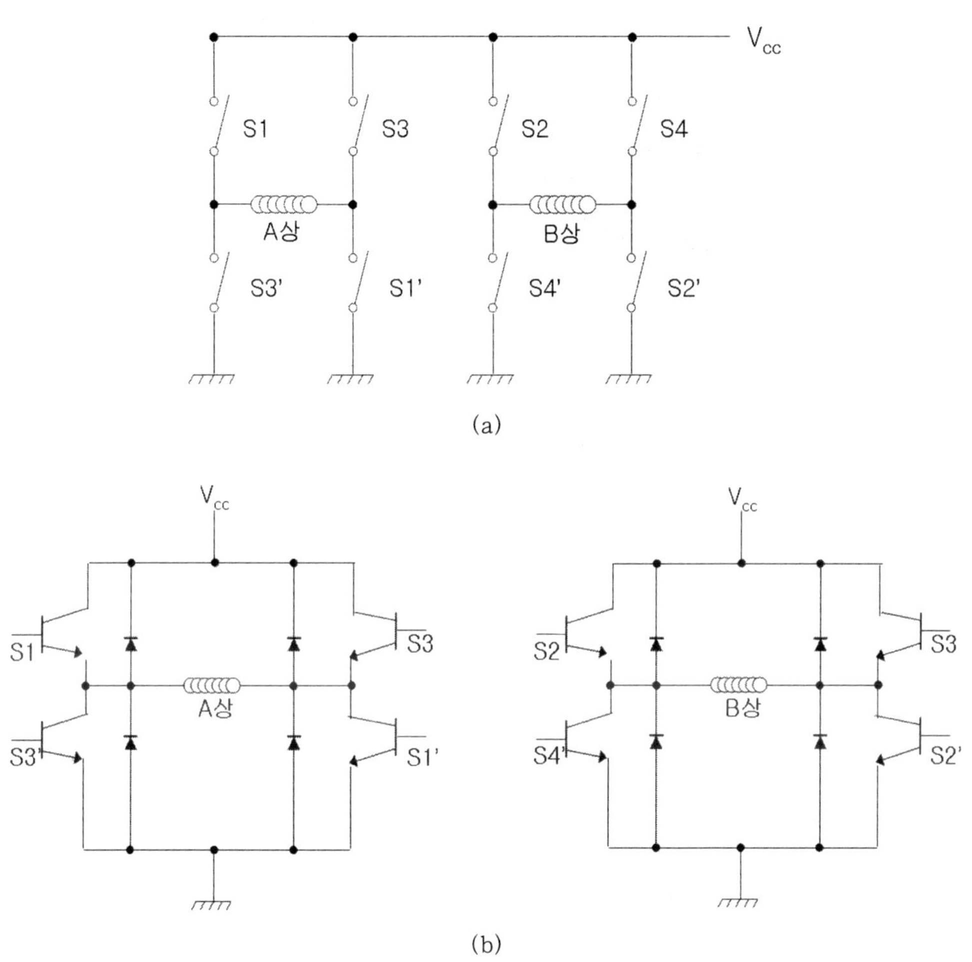

[그림 2.22] 바이폴러 구동 회로

2.4 모터 선정

[그림 2.23] 배틀 로봇

이 장에서는 모터를 선정하는 방법을 간단히 살펴본다. 처음 해야 할 일은 모터의 종류를 결정하는 것이다. 두 가지의 예를 들어 설명해 본다. 먼저 배틀 로봇을 만든다고 가정해 보자. 배틀 로봇의 구동부에 사용될 모터는 단순한 회전운동을 하며, 속도제어가 가능하여야 한다. 위치 제어는 필요치 않기 때문에 Step 모터나 Servo 모터는 적합지 않으며, 배틀 로봇 자체의 하중만 견디며 이동하기 때문에 소용량의 저렴한 일반 Brush DC 모터를 선정하는 것이 좋다. 모터의 종류를 선정한 후에는 배틀 로봇의 하중을 충분히 견딜 수 있는 토크를 계산하고 사용자가 원하는 속도를 결정하여 모터의 용량을 선택하면 된다.

다음에는, 공장에서 부품 조립을 하는 산업용 로봇의 관절에 들어갈 모터를 선정해 보기로 한다. 산업용 로봇은 스스로 부품을 조립하는 것을 목적으로 하여 작업자의 명령에 따라 정확히 임무를 수행하여야 한다. 그러므로 정확한 위치와 속도의 제어가 필요하며, 취급하는 물품의 무게가 고하중이기 때문에 큰 힘을 필요로 한다. 이에 적합한 모터는 Servo 모터이다. 이제 이러한 과정들에 대해서 좀 더 자세하게 설명해 보도록 하겠다.

2.4.1 모터 종류 선정

먼저 사용하고자 하는 곳에 알맞은 모터를 선정해야 한다. 모터 선정 시 고려사항은 아래와 같다.

① 회전운동인가?, 직선운동인가?
② 위치, 속도의 정확한 제어가 필요한가?

③ 큰 힘이 걸리는가?
④ 사용 환경이 큰 내구성을 필요로 하는가?
⑤ 여유 공간은 얼마나 되는가?
⑥ 공급되는 전원의 종류는 직류인가 교류인가?

[표 2.4]에서는 대표적인 모터들의 간단한 특징들을 요약하여 본다.

[표 2.4] 대표적인 모터의 특징

Brush DC 모터	• 일반적인 회전형 모터 • 급격한 가속성 • 큰 시동 토크 • 선형 비례 회전 특성 • 소음이나 수명의 문제
Brushless DC 모터	• 기계, 전기적인 노이즈 발생하지 않음 • 긴 수명 • Brush DC 모터에 비해 효율이 높으나 고가
Step 모터	• 펄스 수에 의해 회전을 제어 • 제어가 간단 • open loop 제어방식 • 속도와 위치제어 가능 • 토크가 약함 • Servo 모터에 비해 가격이 저가
Servo 모터	• 최고가 • 토크가 큼 • closed loop 제어방식으로 비교적 정확한 제어 • 속도와 위치제어 가능
리니어 모터	• 선형적인 움직임에 사용

2.4.2 부하 계산

모터의 용량은 보통 kw, HP(1HP = 0.75kw)으로 표현한다.

$$H = T \cdot w \qquad 식(1)$$

전력(H)은 토크(T)와 각속도(w)의 곱으로 나타낼 수 있다. 토크란 물체를 회전시키려 할 때 필요로 하는 힘, 즉 회전력을 말한다. 이는 모터 선정에 있어서 가장 중요한 인자중 하나로 어느 정도의 하중까지 견디며 움직일 수 있는지를 판단할 수 있다. 각속도란 회전 속도를 말하며, 단위 분당 회전속도인 rpm을 가지고 주로 표현하며, 아래와 같이 표현할 수 있다.

$$w = 2 \cdot \pi \cdot N/60 \qquad \text{식(2)}$$

토크와 각속도는 반비례 관계를 가지고 있다. 이 관계를 조절할 수 있는 것이 감속기인데 정해져 있는 모터의 용량에서 감속기를 장착하여 각속도를 1/2, 1/4, 1/8, …배로 하여 토크를 2, 4, 8, …배 할 수 있게 된다.

모터를 선정 하는데 있어서 용량이 큰 모터가 토크가 크고 각속도 또한 빠르다. 중량과 크기 또한 커지며 전기 소모도 심하기 때문에, 모터를 사용할 경우에 알맞은 모터를 선정하는 것이 중요하다. 모터의 종류와 업체마다 모터의 효율은 다르지만 보통 80% 정도의 효율이 나오는 것이 일반적이다.

물체를 동작시킬 때의 필요한 토크는 [그림 2.24]와 같이 가속시간과 등속운동시간에 따라서 다르다.

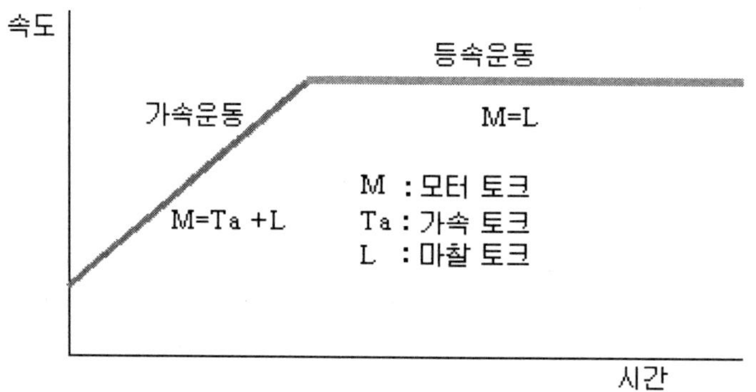

[그림 2.24] 물체를 움직이는데 필요한 토크

[그림 2.24]에서와 같이 가속운동 토크는 등속운동 토크보다 큰 것을 볼 수 있다. 선정하려는 모터의 토크가 최소 가속 운동 시 토크 이상이 되어야 한다.

일반적인 구동플랫폼에서의 토크를 구해보도록 한다. n개의 구동바퀴를 가지는 구동로

봇의 토크를 계산해 보겠다. 먼저 로봇의 중량 W, 원하는 최고속도 v, 바퀴의 지름 D, 가속하여야 하는 가속 구간 t를 알아야 한다. 그리고 원하는 속도를 내기 위한 모터의 회전속도 f를 구해야 한다.

$$f = v \div (\pi \cdot D) \qquad \text{식(3)}$$

$$J[\mathrm{kg \cdot cm^2}] = n \cdot W \cdot D \cdot D \div 4 \qquad \text{식(4)}$$

$$T_a[\mathrm{kg \cdot cm}] = J \cdot 2 \cdot \pi \cdot f \div (g \cdot t) \qquad \text{식(5)}$$

$$L[\mathrm{kg \cdot cm}] = \mu \cdot W \cdot D \div 4 \qquad \text{식(6)}$$

바퀴의 지름과 속도를 알고 있으므로 식(3)을 이용하여 회전속도 f를 구하며, 부하관성 모멘트 J와 가속 토크 T_a, 마찰 토크 L은 위 식들을 이용하여 계산할 수 있다. 위의 식에서 g는 $980\mathrm{cm/s^2}$을 사용한다.

식(6)에서 마찰계수 μ는 일반적으로 0.1을 넣어서 계산한다. 가속 운동 시 토크 T는 아래 식과 같이 나타낼 수 있으며,

$$T = T_a + L \qquad \text{식(7)}$$

여기에 안전율을 곱한 값이 선정할 모터의 토크값이 된다.
모터의 필요 회전수 N은 다음과 같이 구한다.

$$v = \pi \cdot D \cdot N \div 6000 \qquad \text{식(8)}$$

N(rpm), D(cm), v(m/s)

여기서 구한 회전수는 효율 100%일 때의 회전수이므로 보통 80% 정도의 효율로 하여 실제 회전수를 결정해야 한다.

다음 장에서 예를 들어 함께 모터를 선정해 보도록 한다.

2.4.3 모터 선정 예

[그림 2.25]와 같이 전/후로 움직이는 구동 플랫폼의 구동 모터를 선정해 보도록 한다. 먼저 모터의 종류를 선택한다. 전원의 종류는 배터리를 이용한 DC전압을 공급하며, 정확한 속도 및 위치의 제어는 필요치 않다. 이를 만족하는 Brush DC 모터를 선정하였고, 모터의 용량을 선정하기 위해 먼저 토크를 계산해 본다.

[그림 2.25] 구동 플랫폼

[표 2.5] 구동 플랫폼 조건

허용중량(W)	43kg
최고속도(v)	1.0m/s
바퀴의 지름(D)	10cm
가속구간(t)	1s

[표 2.5]는 구동 플랫폼의 조건을 보여주고 있다.

식(3)을 이용하여 계산한 결과 모터의 회전속도 f는 3.18rev/s이다.

식(4), (5), (6)을 이용하여 계산한 결과 부하관성모멘트 J는 1075kg·cm, 가속토크 T_a는 21.9kg·cm, 마찰 토크 L은 10.75kg·cm이다.

식(7)을 이용하여 가속 운동 시 필요한 토크 T는 32.65kg·cm가 된다.

여기에 안전율 1.5를 곱하면 선정할 모터의 필요 토크는 48.975kg·cm^{2}가 된다. 구동 플랫폼의 속도가 1.0m/s가 되기 위해서 모터의 회전속도는 식(8)을 이용하여 계산하면 191rpm이다.

이 값은 무부하시의 회전속도이므로 이 값에 1.2를 곱하여 부하가 걸렸을 때의 회전속도는 229.2rpm이다. 대략적인 모터의 용량 식(1)을 이용하여 계산하면 약 120W 정도 나오기 때문에 약간의 여유를 생각하여 150W급 모터에서 선정한다.

S 社에서 판매되고 있는 DC 24V 150W모터는 [표 2.6]과 같다. [표 2.7]를 보면 각각의 감속비에 따른 회전속도와 토크를 보여주고 있다. 감속비 12.5 : 1은 최고 회전속도를 만족하면서 충분한 토크를 낼 수 있음을 보여주고 있다. 그리하여 최종적으로 DC 24V 150W 감속비 12.5 : 1짜리 모터를 선정하였다. 감속기 부착이 어려운 경우에는 직접 기어나 풀리 등을 이용하여 감속비를 조정한다.

[표 2.6] DC 24V 150W 모터

전압	출력	무부하시		부하시			주파수	무게
		회전속도	전류	회전속도	토크	전류		
(V)	(W)	(RPM)	(A)	(RPM)	(kgf·cm)	(A)	(Hr)	(kg)
24	150	2950	1.2	2560	5.7	8.0	2000	2.8

[표 2.7] S 社 DC 24V 150W 모터 감속비

GEAR RATIO	3	3.6	5	6	7.5	9	10	12.5
rpm	1000	833	600	500	400	333	300	240
kg-cm	13.4	16.0	22.3	26.7	33.4	40.1	44.6	50.1

2.4.4 일상생활에서의 모터

일상생활에서 사용되는 모터를 살펴보면 다음과 같다.

[표 2.8] 한 가구당 모터의 사용 예

품목	수	품목	수	품목	수
환기 팬	2	온수 펌프	1	시계	4
선풍기	2	드라이어	1	레코드 플레이어	1
수도펌프	1	전동면도기	1	VTR	1
냉장고	1	가습기	1	DVD	1
에어컨	1	CD 플레이어	1	FDD	1
조리기기	3	카메라	1	프린터	1
세탁기	1	비디오 카메라	1	복합기	1
청소기	2	무선 장난감	2	FAX	1
건조기	1	전동 공구	2	자동차 부품	30

공기조절기, 환기팬, 수도, 건조기에 사용되어지는 모터는 모두 교류 전원을 그대로 이용하는 것으로 유도모터를 사용한다. 전자레인지, 오븐, 믹서 등은 유니버설 모터를 사용한다. 여기서 유니버설 모터는 DC 모터와 아주 유사한데, 다른 점은 DC 모터는 고정자가 영구자석인데 반해 유니버설 모터는 회전자, 고정자 모두 코일로 되어 있다.

따라서 극성이 바뀌면 고정자극성도 같이 바뀌기 때문에 교류에서도 사용이 가능하다. 시계는 Step 모터를 이용하여 정확하게 시간을 세분화하고 있다. 퍼스널 컴퓨터나 DVD에는 Step 모터와 Brushless DC 모터를 사용하고 있으며, 프린터 역시 Step 모터가 사용된다. 레코드 플레이어, VTR, CD플레이어와 같이 정보를 재현하는 기기에는 일정한 속도로 구동하는 Brushless DC 모터나 초음파 모터가 사용된다. 현대의 디지털 카메라의 렌즈에 사용되는 초음파 모터는 최근 많은 연구가 이루어지고 있는 분야이다.

[그림 2.26]에서 보여지는 것과 같이 모터는 우리 일상생활에 친숙하다.

[그림 2.26] 일상생활에서의 모터

2.4.5 로봇에서의 적용

이 장에서는 주요 모터인 DC 모터와 Servo 모터 그리고 Step 모터가 지능로봇과 산업용 로봇에서 어떠한 곳에 사용되는지 간단히 살펴보도록 한다.

Servo 모터는 [그림 2.27]에서 보이는 것과 같이 지능형 로봇과 산업용 로봇에서 가장 많이 사용되고 있는 모터이다. 지능형 로봇에서는 주로 서비스 로봇에서 많이 사용되며, 이족 보행 로봇에서는 손가락, 손목부터 시작하여 무릎 발목까지 사람으로 비유하면 모든 관절 부분을 Servo 모터로 제어한다. 우리나라 최초의 이족보행 로봇인 휴보는 41개의 Servo 모터를 사용하여 사람과 비슷한 움직임을 만들었다. 산업용 로봇에서도 대부분 Servo 모터를 사용한다.

[그림 2.27] Servo 모터의 적용 예

DC 모터의 경우는 험지를 극복할 바퀴를 회전시켜 이동하는 구동 모터로써 대부분 사용되고 있으며, 청소 로봇이나 도르래 원리를 이용하여 물건을 들어 올리는 것과 같이 회전운동이 필요한 곳에 많이 사용된다.

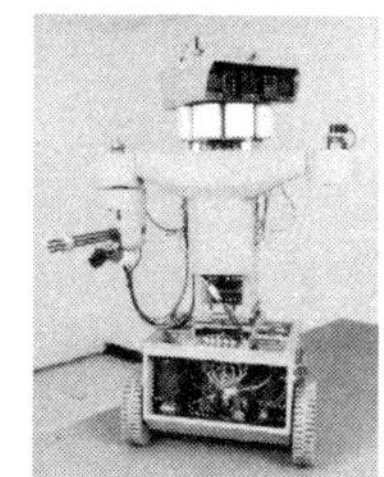

[그림 2.28] DC 모터의 적용 예

Step 모터는 한 Step 당 약 0.36°를 움직일 수 있으며, 오차 범위는 약 5%로 매우 작다. 이는 정교하고 정밀한 의료 로봇에 주로 사용되고 있다.

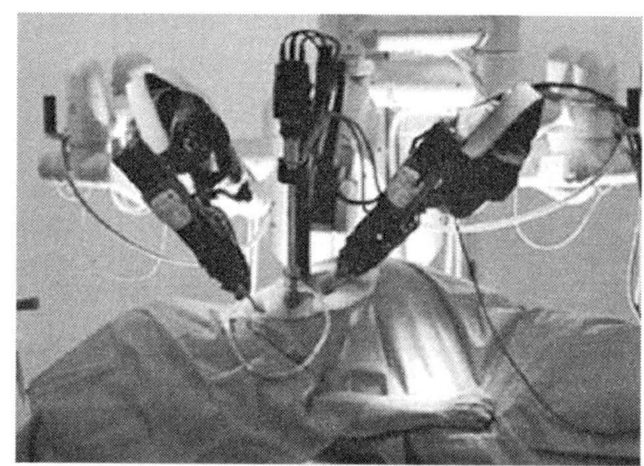

[그림 2.29] Step 모터의 적용 예

제3장

로봇 센서

제3장

로봇 센서

3.1 개요

3.1.1 센서의 정의

초음파 센서

접촉 센서

위치 센서

[그림 3.1] 여러 가지 센서

센서는 저항값, 정전용량값, 전류값, 기전력, 위상차를 측정하는 도구로서, 대부분 기전력과 위상차를 측정하는데 사용된다. 센서에 의해 측정된 기전력과 위상차는 증폭기를 거쳐 제어에 이용된다. 기전력이라 함은 단위 전하당 일의 양을 가리키며, 단위는 전위와 같은 V(볼트)를 사용한다. [그림 3.1]은 주변기기에서 쉽게 볼 수 있는 센서를 보여주고 있다.

도선 내부를 흐르는 전자는 도선을 구성하고 있는 원자들과의 상호 작용에서 에너지를 잃게 된다. 따라서 에너지가 전자에게 공급되지 않으면 전자는 폐회로 내에서 계속 운동할 수 없게 되므로 전자들이 계속 운동하려면 에너지의 공급이 필수적이다.

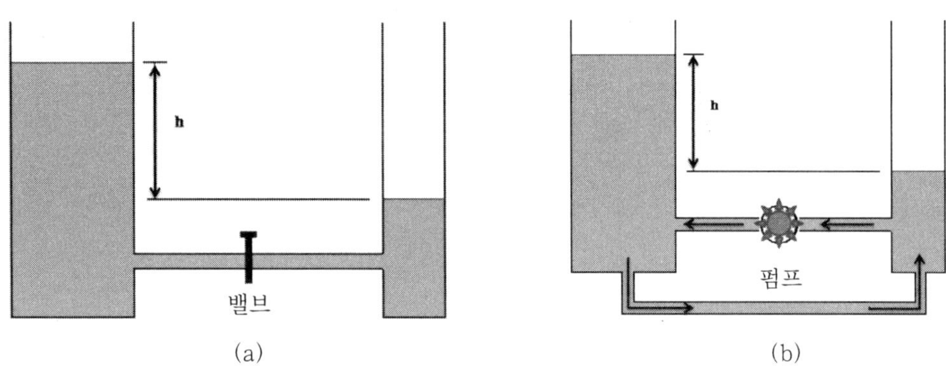

[그림 3.2] 기전력의 예, 좌(a), 우(b)

위 그림(a)와 같이 물의 높이가 다른 2개의 물통이 연결되어 있으면 물은 높은 곳에서 낮은 곳으로 흐르게 되는데, 양쪽의 높이가 같아지면 물의 흐름은 멈추게 된다. 이때 그림(b)와 같이 펌프를 연결하여 물을 되돌려 보내면 물의 높이차가 유지되면서 물은 계속 흐를 수 있게 된다. 이와 같은 방법으로 전위차를 유지시켜 회로에 전류가 계속 흐르게 하는 능력을 기전력이라 말할 수 있다.

센서는 쓰임과 목적에 따라 구분을 하는 것이 아니라, 상황에 맞게 유동적으로 변화시킬 수 있다. 거리를 측정하는 방법을 예로 들어 생각해보자. 우리는 위치인식 센서를 이용해 구간 사이의 길이를 측정하여 거리를 측정하는 가장 손쉬운 방법을 생각할 수 있고, 속도 센서를 이용하여 순간의 속도를 측정하고 적분하여 구간 사이의 거리를 구할 수도 있다. 이처럼 센서는 주어진 상황에 맞게 선택해야 한다.

3.1.2 센서의 요구 성능

센서는 항상 외부환경과 접해 있으며 경우에 따라서는 매우 가혹한 환경에 직접 노출되므로 어떠한 환경에서도 장시간 안정적으로 동작되어야 한다. 특히 온도 변동이나 습도, 수분에 의한 화학적 변화, 열적·기계적 스트레스, 빛이나 전자계의 영향 등을 받지 않고 동작되어야 한다.

센서가 그 기능을 충분히 발휘하기 위해서는 기본적으로 안정성, 신뢰성, 내구성, 긴 수명 등이 요구된다.

① 감도(感度)가 높을 것

- 감도는 센서의 출력을 의미하며, 센서가 출력하는 신호가 크면 클수록 다음 단

에서의 신호처리가 쉽다.

② 선형성이 우수할 것

- 선형성은 검출하고자 하는 물리량에 대해 선형적인 출력을 얻기 어려운 센서 소자가 많기 때문에 이 특성을 잘 파악하여 전기회로로써 미리 보정하여 선형적인 출력을 얻는다.

③ 특성의 편차가 적을 것

- 특성의 편차는 센서의 편차를 줄여서 한 번의 최적 조정만으로 계속하여 사용한다는 의미이다. 그러나 센서에 편차가 크면 안정된 출력을 얻기 위해 게인(gain)의 조정범위를 넓게 잡아 주어야 하는 단점이 있다.

④ 재현성, 안정성이 우수할 것

- 재현성과 안정성은 센서의 신뢰성과도 연관이 있으며, 장시간 반복하여 사용하여도 항상 동일한 상태의 입력신호에 대해 출력신호가 항상 안정된 값을 나타냄을 뜻한다.

⑤ 온도 드리프트(drift)가 적을 것

- 센서 그 자체가 가진 특성으로, 온도계수가 안정적이지 않아 편차가 심하면 측정환경(온도)을 맞춰주어야 한다.

⑥ 응답성이 빠를 것

- 응답성은 정보를 감지하여 전기신호로 변환, 출력을 내는 데까지의 시간이다. 제어계 전체의 정밀도나 신뢰성에 영향을 미치므로 빠른 것이 요구된다.

⑦ 호환성이 좋을 것

- 저항체나 열전대와 같이 호환성을 필요로 하는 센서에는 각각에 대한 기준치와 검증을 필요로 하므로 전기회로를 포함하여 관련 부분을 조정해 주어야 한다.

⑧ 소비전류가 적을 것

- 운전이나 보수유지에 드는 비용이 적어진다.

위와 같은 요구사항이 만족되면 각종 컨트롤러나 컴퓨터, 계측기 등으로의 입력이 용이하다.

3.2 로봇 센서의 종류

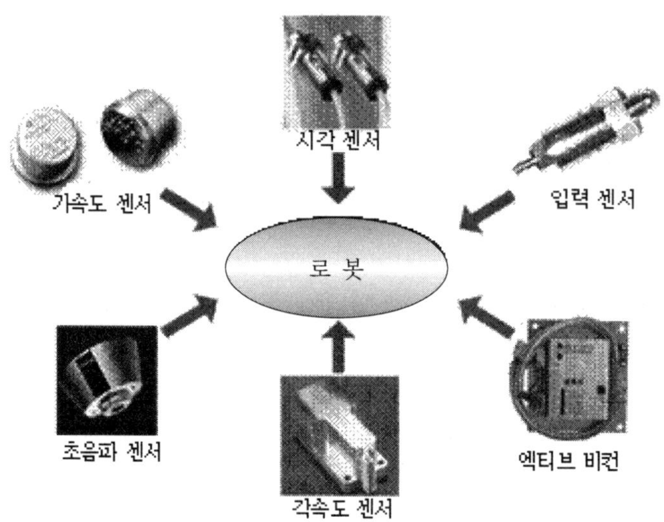

[그림 3.3] 네트워크 기반 센서기술

로봇 개발을 위해서는 [그림 3.3]과 같이 수많은 센서 기술이 결합되어야 한다. 로봇의 위치 파악을 위해 위치 센서, 가속도 센서와 각속도 센서 등을 이용한 위치 인식 시스템과 로봇의 충돌 회피, 장애물 감지 등을 위해 초음파 센서를 이용한 거리 측정 시스템이 필요하다. 또한 로봇의 시각 정보 획득을 위해 CCD나 CMOS 이미지 센서 등을 이용한 시각 인지 시스템이 필요하다. 그리고 로봇의 촉각 감지를 위하여 압력 센서나 힘 센서 등을 이용한 촉각 인지 시스템과 음성인식을 위한 청각 센서도 필요하다.

3.2.1 위치 센서

위치 센서는 회전각과 직선이동, 변위뿐만 아니라 운동의 측정에도 사용된다. 대부분의 경우 위치정보로부터, 속도정보 계산이 가능하다. 다음은 로봇에 쓰이는 일반적인 위치 센서들이다.

1) 퍼텐쇼미터(Potentiometer)

퍼텐쇼미터는 저항기를 통해 위치정보를 가변전압으로 변환한다. 일반적인 퍼텐쇼미터는 [그림 3.4]와 같으며, 세 개의 발을 가지고 있다. 구조를 살펴보면 양 사이드 발의

저항 값은 고정되어 있고, 샤프트를 돌림으로써 가운데와 양 사이드 사이의 저항 값이 변하는 구조이다. 저항기의 2번을 스위퍼(Sweeper)라 하며 스위퍼가 움직임으로 해서 1과 2사이, 그리고 2와 3사이의 저항 값이 변하게 된다. 퍼텐쇼미터의 이러한 전압 분배 성능 때문에 저항에 비례하는 출력은 다음과 같이 표현이 가능하다.

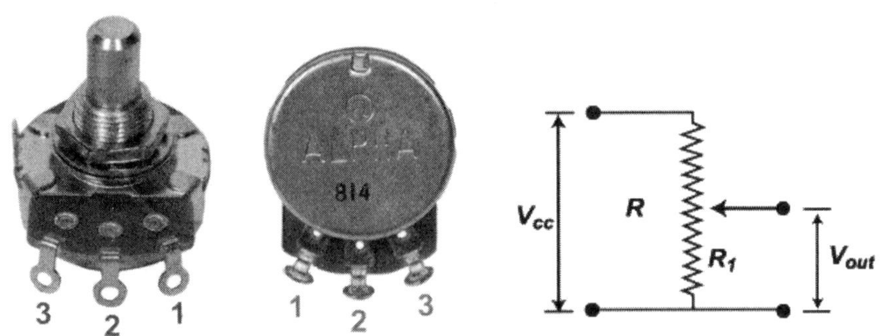

[그림 3.4] 위치 센서로서의 퍼텐쇼미터

퍼텐쇼미터는 종류에 따라서 회전과 직선으로 이동할 수 있으므로 회전과 직선의 운동을 측정할 수 있다. 회전형 퍼텐쇼미터는 여러 번 회전이 가능하므로 많은 횟수의 회전운동을 측정하는 데에도 사용이 가능하다.

일반적으로 관절과 링크의 위치를 나타내기 위하여 내부 피드백 센서에 사용되며, 단독으로 쓰이거나 엔코더와 같은 다른 센서와 함께 쓰이기도 한다. 이 경우, 엔코더는 관절과 링크의 현재 위치를 나타내는 반면에, 퍼텐쇼미터는 시작위치를 나타낸다. 따라서 센서의 조합으로 최소 입력 요구사항을 충족시키는 것이 가능해지며 또한 최대의 정확성을 가진다. 이것은 엔코더에서 보다 자세히 논의할 것이다. [그림 3.5]는 두 개의 전형적인 상용 퍼텐쇼미터를 나타내고 있다.

[그림 3.5] 상용 퍼텐쇼미터

2) 엔코더(Encoder)

엔코더는 기계적 이동량 또는 변위를 검출하여 전기적 신호로 변환시키는 광센서로서 회전축이 일회전함에 따라 발생하는 아날로그 신호를 내부 파형 정형회로에 의해 디지털 신호로 변환시켜 출력함으로써 자동 제어계의 위치, 속도, 각도 등을 검출하는 역할을 한다.

구조는 제품에 따라 다르지만 기본적인 구조는 동일하며, 크게 기구부, 수·발광부, 회로부로 나눌 수 있다. 기구부는 [그림 3.6]과 같이 샤프트(Shaft), 프레임(Frame), 베어링(Bearing) 등으로 구성되어 있고, 수·발광부는 발광소자, 디스크·마스크, 수광소자로 구성되어 있으며, 회로부는 수광소자로부터 출력되는 신호를 정형하는 회로로 구성되어 있다.

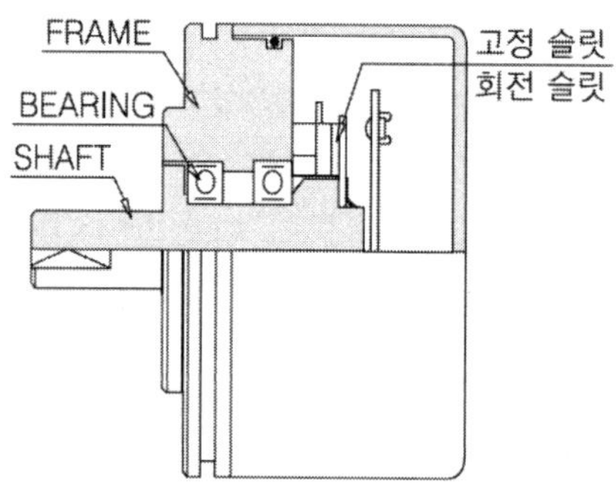

[그림 3.6] 엔코더의 기구부

엔코더는 코드형태에 따라 증분형(Incremental)과 절대형(Absolute)으로 구분된다.

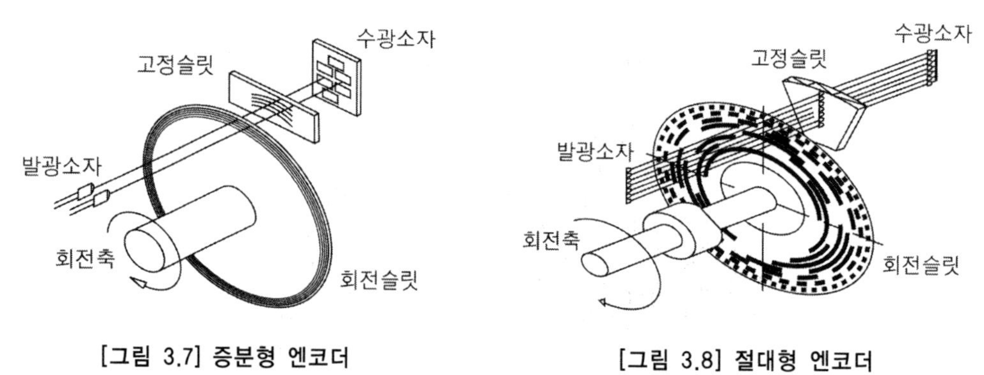

[그림 3.7] 증분형 엔코더 **[그림 3.8] 절대형 엔코더**

증분형 엔코더는 발광소자에서 나온 빛이 디스크의 회전슬릿과 고정슬릿을 통과하고,

통과한 빛에너지는 수광소자를 통해 전류로 변환되어 파형정형 회로와 출력회로를 거쳐서 위상이 1/4주기 다른 2개의 구형파 펄스로 출력된다. 회전축의 회전 변위량에 따라 구형파로 출력하는 방식이며, 외부 카운터(Counter)에서 출력 펄스 수를 계산하고, 카운터 수에 따라 회전 변위량을 검출한다. 임의의 회전축의 회전 변위량을 알기 위해서는 기준위치(원점)를 설정하여야 하며, 기준위치로부터 펄스수를 카운터로 누적 가산해야 한다. [그림 3.7]은 증분형 엔코더의 작동 원리를 도식화한 것이다. 엔코더의 출력회로에 별도의 회로를 추가하여 출력펄스를 2체배, 4체배하여 전기적인 분해능을 높일 수도 있다. 전원 정전 후, 복귀시에는 기준위치(원점)를 새로 찾아야 한다.

절대형 엔코더는 기본적인 원리는 증분형 인코더와 동일하지만, 증분형 엔코더가 위상이 다른 2개의 구형파 펄스로 출력되는 것과는 달리 출력되는 펄스를 디지털 코드화(Binary, BCD, Gray Code)하여 출력된다. 회전변위량을 2^n코드로 절대값을 병렬로 출력하며, 출력코드 비트 수가 많으면 분해능이 높아진다. 출력코드 비트수가 많으면 분해능이 높아지며, 출력코드를 직접 읽음으로써 회전위치를 검출하는 방식이다. [그림 3.8]은 절대형 엔코더의 작동 원리를 도식화한 것이다. 입력 회전축의 원점위치가 한번 결정되면 항상 원점위치를 좌표 원점으로한 회전각도가 디지털 코드로 출력된다. 전원 정전 후 복귀시에도 항상 절대 위치를 유지한다.

3) 선형 가변 미분형 변압기(LVDT : Linear Variable Differential Transformer)

선형 가변 미분형 변압기, 즉 변위 센서는 코어가 움직이는 거리에 따라 측정되고 이러한 변위의 결과로 가변 아날로그 전압이 출력되는 변압기이다. 일반적으로, 변압기는 전기적 에너지를 같은 형태의 에너지로 변환하는 장치이며 전압 대 전류의 비율로 변환한다. 손실이 없다면 전체 입력에너지는 전체 출력에너지와 같다. 변압기는 코일의 감긴 권선의 횟수에 의해 전압이 증가하고 감소하므로 상당전류는 전압에 반대로 변환되며 이는 두 코일의 권선수가 다르기 때문이다. 전기에너지는 코일을 통해 자속(Flux)을 생성하며 자속은 권선수에 비례하여 2차 코일에서 전압을 유도하게 된다. 2차 코일에 감긴 횟수가 클수록 전압은 더욱 커지나 전류는 더욱 작아지게 된다. 그러나 2차측의 유도된 전압은 자속의 세기에 따라 좌우된다. 만약 철심 코어가 없다면 자기력선(Flux Line)은 분산되고 자기장의 힘이 감소하게 된다. 철심 코어가 존재한다면 자기력선은 내부로 집중되어 자기장이 강해지며 유도전압도 강해진다. 이러한 방식으로 [그림 3.9]에서 나타낸 바와 같이 LVDT에서 가변전압을 생성하게 된다. LVDT의 출력은 코어의 입력위치에 따라서 정확히 선형적인 성격을 띠게 된다.

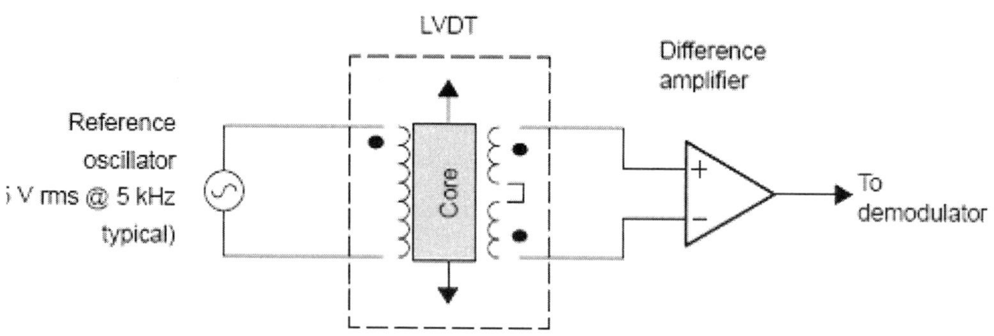

[그림 3.9] 선형 가변 미분형 변압기(LVDT)

이러한 특징을 가지고 있는 LVDT는 기준점으로부터 피측정물의 위치를 파악하는데 많이 사용되고 있으며 전자 마이크로메타의 측정 프로브(probe)로도 사용된다. 예를 들면 가공된 가공물의 가공오차 측정에 사용되고 있으며, 원형으로 가공된 가공물이 정확한 원형을 이루고 있는지에 대해서 측정을 할 때도 사용이 된다. 또한, 가공된 크기에 따라서 등급을 분류하거나 가공중인 제품의 실시간 가공정도의 판정 및 가공품의 기울기를 측정하는데 이용되고 있다.

아래 [그림 3.10]은 CELESCO 社의 소형 와이어식 LVDT 'PT-1A'이다. 이 변위 센서는 2~50in 범위를 가지며, 직류 0~10V, 0~5V의 출력 신호를 가진다. 또한, ±0.25%의 정확도를 가지고 있으며 전원은 직류 5~10V를 사용한다. 내구성이 강하고 신뢰성이 뛰어나며 소형이라는 장점 때문에 광범위하게 사용되는 센서이다.

[그림 3.10] 와이어식 LVDT(PT-1A)

4) 리졸버(Resolver)

리졸버는 회전운동(Angular Motion)의 측정에 사용되며 LVDT의 원리와 매우 비슷하다. 리졸버는 변압기의 일종이며, 1차 코일은 회전축에 연결되어 있고 슬립 링(Slip Ring)을 통해 교류 전류를 공급하는 변압기라고 할 수 있다.

[그림 3.11]은 리졸버의 개략도를 나타낸 것이다. 리졸버는 서로 90° 떨어진 두 개의 2차 코일을 가지고 있다. 회전자의 1차 코일이 한 2차측 코일과 평행할 때에는 코일에서 생성되는 전압은 최대가 되며 다른 2차측 코일은 수직위치에 오게 되며, 이 경우에 전압은 발생하지 않는다. 회전자가 회전함에 따라서 궁극적으로 첫 번째 1차측 코일에는 전압이 0으로 떨어지게 되는 반면에, 두 번째 코일에서는 최대전압이 발생하게 된다.

둘 사이에 모든 다른 각도에서는 1차측 코일과 2차측 코일간의 해당 각도에서의 sin, cos 함수값에 따라 비례적으로 전압이 발생한다. 리졸버의 출력은 아날로그이지만, 그것은 sin과 cos 값과 같고 후에 계산하기 위해 제거된다. 리졸버는 신뢰성이 높고, 강인, 정확하다.

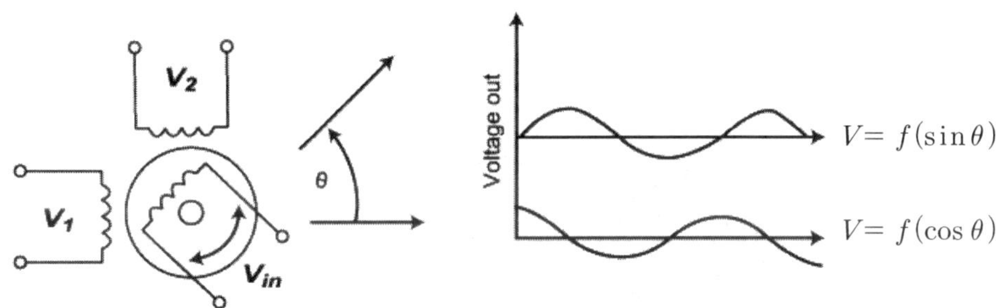

[그림 3.11] 리졸버의 개략도

5) 운행시간 변위 센서(Time-of-travel Displacement Sensor)

운행시간 변위 센서는 마그네틱 센서라고도 하며, 센서내의 펄스는 도체(Conductor)를 통하여 전달되고 이 도체는 자석에 도달함에 따라서 되돌아간다. 자석까지의 주행시간과 되돌아오는 시간은 주행속도를 알고 있다면 주행거리로 변환이 가능하다.

이동부를 자석이나 도체에 접촉하게 함으로써 변위가 측정 가능하게 된다. 센서의 간단한 구조를 [그림 3.12]에서 보여주고 있다. 긴 관의 한쪽 끝에서 발생한 신호는 자석에 도착하고 되돌아 올 때까지 전송된다. 신호가 전송되는 시간은 위치정보로 변환된다.

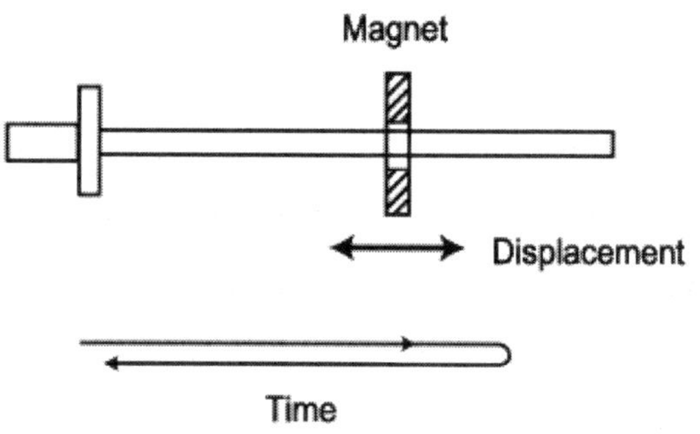

[그림 3.12] 운행시간 변위 센서의 개략도

아래 [그림 3.13]는 SANTEST 社의 운행시간 변위 센서 'GYcAT'이다. 콘트롤러 내장형으로서 GYcAT프로브는, GYFC콘트롤러와 거의 동등의 기능을 모두 프로브 헤드부에 수납해, DC24V 전원을 공급하는 것만으로 마그넷 위치에 비례한 고정밀도의 아날로그 신호를 얻을 수 있다. 출력 신호는 0~10V 또는 10~0V의 전압 출력이 표준이다. 옵션으로 4~20mA 또는 20~4mA의 전류 출력도 가능하며, 마그넷의 이상을 감지하는 경보기능을 표준으로 갖추고 있다.

[그림 3.13] 운행시간 변위 센서(GYcAT)

3.2.2 관성 측정 센서

로봇의 위치정보를 얻기 위해 사용되는 센서에는 기준점으로부터 이동한 거리, 방향을 이용하여 로봇의 위치를 추정하는 관성 센서와 초음파 센서를 이용하여 로봇의 위치를 파악하는 방법이 있다. 관성 측정 센서는 크게 가속도 센서와 각속도 센서로 나눌 수 있으며, 과거에는 단순히 크고 복잡한 기계장치로 인식됐으나 1990년대 이후 반도체 공정을 이용한 초소형 정밀가공 기술(Micro Electro Mechanical System : MEMS)이 발전하면서 초소형화와 대량 생산이 가능한 제품이 속속 개발되고 있다.

1) 가속도 센서

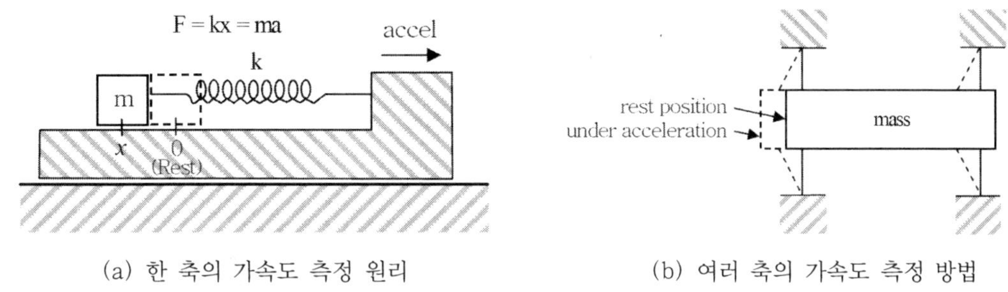

(a) 한 축의 가속도 측정 원리

(b) 여러 축의 가속도 측정 방법

[그림 3.14] 가속도 센서의 원리

가속도 센서는 로봇의 위치 자세를 알아내는데 유용하며 물리학의 여러 법칙을 사용한다. 하나의 예는 뉴턴의 제2법칙과 후크의 법칙을 이용하는 것이다. [그림 3.14(a)]의 질량-스프링 시스템에 대해 외부의 힘 F는 질량 m인 물체에 연결된 스프링이 늘어난 거리 x에 비례하므로 가속도 a는 a=kx/m으로 계산된다. 여러 축의 가속도를 측정하려면 [그림 3.14(b)]와 같은 구조로 확장하면 된다.

가속도는 한 번 적분하면 속도, 두 번 적분하면 위치가 계산되므로 두 방향의 가속도 센서를 이용하면 평면상에서 움직이는 물체에 장착해 자기 위치를 알아낼 수 있다. 가속도, 진동, 충격 등의 동적 힘을 감지하는 가속도 센서는 물체의 운동 상태를 순시적으로 감지할 수 있으므로 지능형 로봇의 제어에 필수적인 소자이다. 그러나 가속도 센서의 측정오차에는 드리프트성분이 있는데 이는 적분을 할수록 오차를 누적시켜 시간이 지날수록 커다란 오차를 가져오게 되어 순시적으로 사용하는 경우에 주로 쓰인다.

가속도 센서는 순간적인 충격 감지 기능을 가지고 있어 [그림 3.15]에서 보이는 것과 같이 그동안 자동차 에어백 등과 같은 대형기기에 사용되어 왔으며, 최근에는 MEMS를 적용하여 소형화, 저전력화 등을 구현하여 디지털 카메라의 손 떨림 방지 기능, 휴대폰 등과 같은 모바일 기기에서 대중적으로 사용되기 시작하였다.

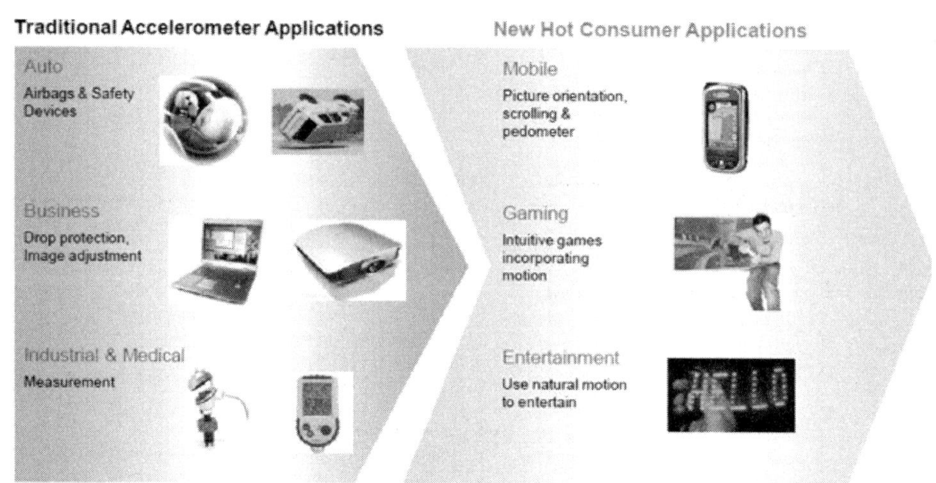

[그림 3.15] 가속도 센서의 쓰임

특히, iPhone이나 Wii와 같은 모바일 엔터테인먼트 부분에서의 가속도 센서의 활용은 단순한 하드웨어 보호기기가 아닌 하나의 입력장치로서의 역할을 충분히 해주고 있으며, 다양한 활용 어플리케이션을 생산해 내고 있다. iSuppli의 2009년 7월 보고서에 의하면 2008년에는 전 세계에서 출시된 휴대폰 11대 중 1대는 가속도 센서를 탑재하여 출시가 되었으며, 2009년에는 5대중 한대가, 2010년에는 전체 휴대폰 중 3분의 1이 채용한 것으로 보인다.

아래 [그림 3.16]은 RADIAN 社의 무선가속도 센서 'WVS-30'이다. ZIG-Bee 통신방식의 무선가속도 센서로서 0.5~500G의 폭넓은 센서용량을 가지고 있다. 또한, 실내에서 최대 50m, 실외에서 100m의 통신거리를 가지며, 실시간 또는 설정시간마다 측정한 데이터를 자동 저장시키는 기능을 가지고 있다. 회전체나 전선작업이 복잡한 곳, 또는 위험지역 등에서 간편하게 사용이 가능하다는 장점이 있으며, 전용 프로그램을 이용하여 주파수분석, 최고 RMS(Root Mean Square)값, 최소 RMS값, 속도, 변위 등의 측정이 가능하다. 실시간 저장시 2~3일의 배터리 수명을 보이며 설정시간 저장시 30일 이상 사용이 가능하다. 가속도 센서 신호를 적분하여 속도, 변위 표시가 가능하다.

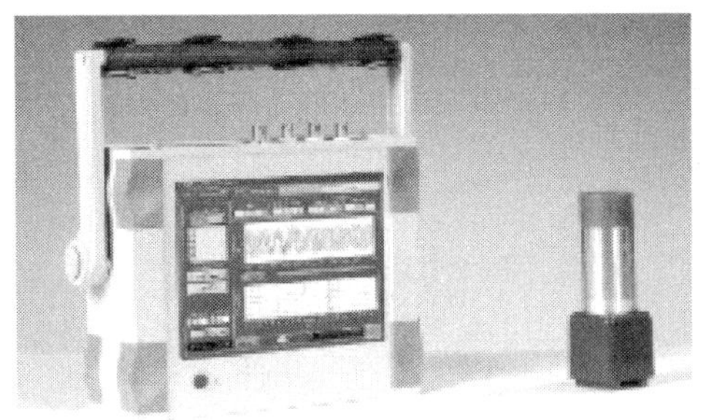

[그림 3.16] 무선 가속도 센서(WVS-30)

2) 각속도 센서

각속도 센서인 자이로스코프(Gyroscope)는 [그림 3.17]과 같이 가운데 있는 팽이가 어느 방향이든 자유롭게 회전할 수 있도록 수직고리와 수평 고리를 갖고 있다. 자이로스코프의 팽이가 회전하는 축에 힘을 가하면 본래의 회전축을 유지하려는 성질 때문에 힘과 직각인 방향으로 돌아가게 된다. 예를 들어 수평 고리를 한쪽으로 기울이면 수직 고리가 회전을 하고 수직 고리를 회전시키면 수평 고리가 기울어지는 세차운동을 하게 된다. 이때 수직 고리가 회전을 하는 방향이나, 수평 고리가 기울어지는 방향은 수직 고리 또는 수평 고리를 어느 쪽으로 움직였는지에 달려있다. 자이로스코프는 팽이가 회전을 하는 동안에는 넘어지지 않고, 지지대가 기울어지더라도 항상 처음에 설정한 회전축의 방향을 일정하게 유지하는 성질이 있어 로봇의 진행방향 추정에 사용될 수 있다. 하지만, 각속도 센서는 대부분 원점에서의 좌표 값을 미리 알아야 한다는 단점이 존재한다.

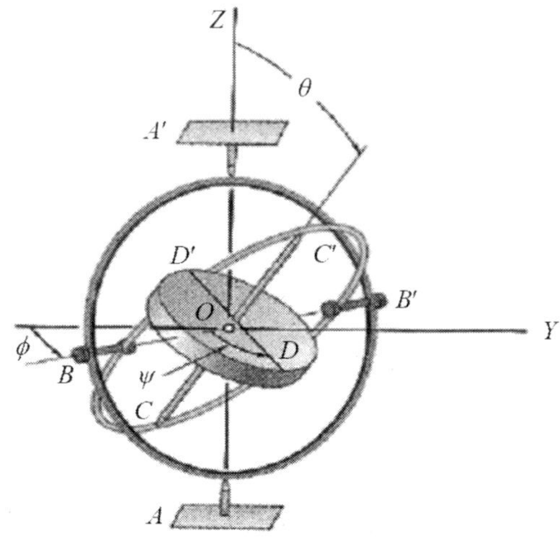

[그림 3.17] 각속도(자이로) 센서의 원리

아래 [그림 3.18]은 무라타사의 초소형 자이로 센서 'ENC-03RC'이다. 2.7~5.5V의 전압이 제공되며 최대 각속도는 ±300deg/sec이다. 또한 1.35V의 직류 출력값을 가지며 응답 속도는 50Hz를 보인다.

[그림 3.18] 초소형 자이로 센서(ENC-03RC)

3.2.3 거리 측정 센서

1) 초음파 센서

초음파 센서는 로봇의 위치 추정, 장애물 인식을 위해서 사용된다. 초음파 센서가 거리를 측정하는 방식은 보통 TOF(Time of Flight)방식이라고 하는데 이것은 초음파 시스템에서 초음파를 내보내고 대상물체에서 반사되어 되돌아오는 시간을 계산하여 거리를 계산하는 방식이다. 이러한 TOF방식은 초음파뿐만 아니라 레이저나 레이더의 기본 거리 계산방식이다. [그림 3.19]에서 보이듯 초음파 시스템은 초음파를 내보내는 부분과 받아들이는 부분으로 이루어진다.

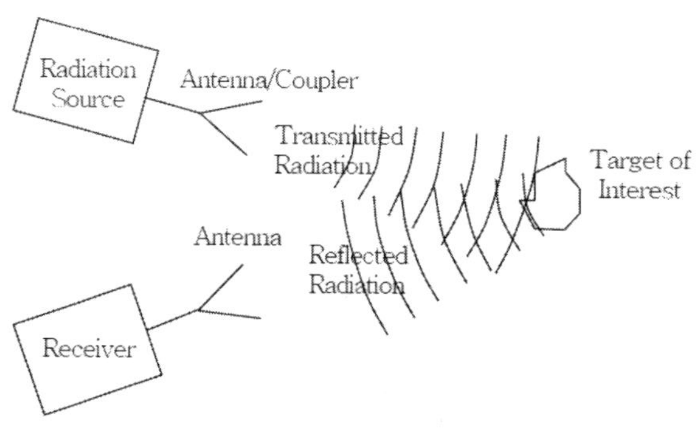

[그림 3.19] TOF의 원리

초음파를 내보낸 후 물체에서 반사되어 돌아오는 신호가 생기게 되는데 그것을 받아들여 물체와 초음파 시스템까지의 거리를 계산하는 것이다. 이는 거리 R, 초음파의 왕복시간 T, 그리고 초음파의 전파속도 v라고 하면 다음과 같이 간단한 식으로 계산할 수 있다.

$$R = vT/2 \qquad \text{식(1)}$$

또한 현재 온도에 따라서 그 거리 계산이 달라질 수 있다(20°C 대기압일 때).

$$v = 331.4 + 0.6 \times (\text{현재온도 °C}) \qquad \text{식(2)}$$

또한 습도와 먼지 등에 비례하여 전파의 크기가 감소하는 특징을 보인다. 또한 넓은 대역의 방사 영역을 가지기 때문에 주의해서 사용하여야 한다. 하지만 초음파 센서는 크기가 작고 가격이 저렴하기 때문에 이동 로봇에 널리 이용되고 있다. 초음파 센서는 [그림 3.20]과 같은 청소용 로봇에서 쉽게 찾아볼 수 있으며, 하나의 센서에 의한 탐지가 아닌 3개 이상의 센서가 사용되는 것이 일반적이다.

[그림 3.20] 초음파 센서가 사용되는 청소 로봇(Roomba, IRobot)

아래 [그림 3.21]은 SENSICK 社의 장거리 고성능 초음파 센서 'UM 30 : M30'이다. M30의 고정도를 가지고 있으며 장거리 검출이 가능하다. 검출거리는 30~6000mm까지 다양하며 M12 Connector type이다. 또한 0.36mm의 고정도 분해능을 가지고 있으며, 부하에 따라 4~20mA / 0~10V로 자동변환하여 출력한다.

[그림 3.21] 장거리 고성능 초음파 센서(UM30 : M30)

2) 근접 센서(Proximity Sensor)

근접 센서는 다른 사물에 접촉되기 이전에 근접하였는지 결정하는 데 사용된다. 무접촉검출(Noncontact Sensing)은 회전자(Rotor)의 속도 측정에서부터 로봇의 운행 측정까지 많은 상황에 매우 유용하다. 자성, 와전류, 홀 효과, 광학, 초음파, 유도성, 용량성과 같은 여러 형태의 근접 센서가 있다. 다음 내용은 근접 센서의 대표적인 예이다.

(1) 자기 근접 센서(Magnetic Proximity Sensor)

자기 근접 센서는 자성체를 가까이 할 때 기동된다. 회전자의 속도 측정(회전수)에 사용될 뿐만 아니라 회로의 점멸(On/Off)에도 쓰일 수 있다. 이 센서는 모터와 바퀴의 회전수를 계수하는 데도 사용되며 위치 센서로도 사용된다. 이동로봇을 생각할 때 로봇의 전체 변위는 로봇의 구동바퀴의 회전수를 계수하여 계산하고 바퀴의 원주를 곱하게 된다. 자기 근접 센서는 바퀴(또는 바퀴의 축)에 자석을 부착하여 바퀴의 회전을 추적하는 데 사용되고 섀시에도 고정된 경우도 있다. 예를 들면, 대부분의 장비들은 기계장치의 문을 열었을 때 신호를 발생하는 자기 근접 센서를 가지고 있으며, 따라서 제어기가 이동부나 회전부를 정지시킨다.

(2) 광학 근접 센서(Optical Proximity Sensor)

광학 근접 센서는 방사기(Emitter)라고 불리는 광원(센서의 외부 또는 내부)과 빛의 존재유무를 감지하는 수신기로 구성되어 있다. 일반적으로 수신기는 PD(Photo Transistor)이고, 방사기는 LD(Laser Diode)이다. 위의 두 조합이 광센서를 만들고 광학 엔코더를 포함하여 많은 분야에 응용된다. 근접 센서이므로 센서는 빛을 보내고 물체가 바로 곁에 없는 한 방사기에 의해 방사된 빛은 수신기가 수신하지 못한다. [그림 3.22]는 광학 근접 센서의 개략도이다.

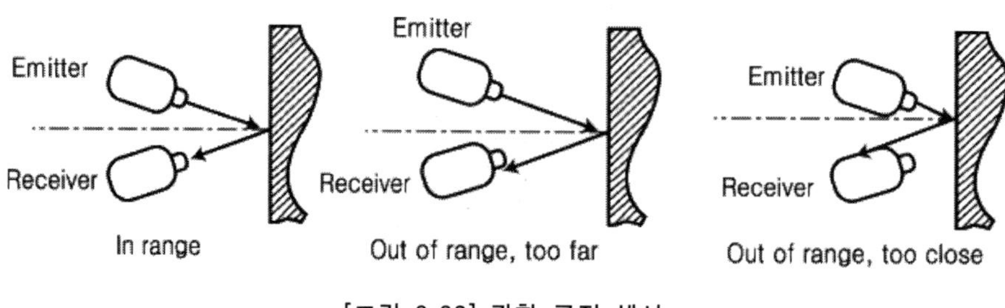

[그림 3.22] 광학 근접 센서

3.2.4 시각 센서

인간은 대부분의 정보를 시각을 통해 인식하고 있으며, 시각 센서는 로봇에서 환경인식과 인간과 상호작용하기 위해 중추적인 역할을 담당하고 있다. 시각 센서는 주로 CCD(Charge Coupled Devices) 또는 CMOS(Complemen-tary Metal Oxide Semiconductor) 카메라 모듈을 이용하여 실시간으로 영상을 취득하고, 고속영상처리 모듈을 이용하여 방대한 양의 영상 데이터를 실시간으로 처리를 한다.

시각 센서의 기본 원리는 빛의 에너지 단위인 광자(Photon)를 반도체 기술을 통해서 전기적 신호로 바꾸어주는 것이다. [그림 3.23]은 시각 센서의 개념을 설명하고 있다.

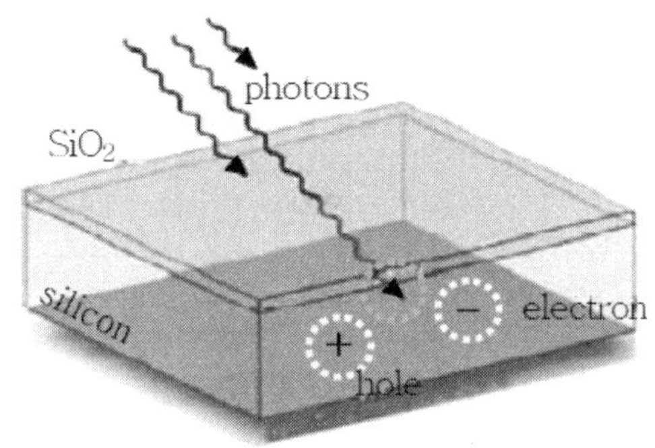

[그림 3.23] 시각 센서의 개념도

빛을 전기적 에너지로 바꾸는 효과를 광전효과(Photoelectric Effect)라 하는데 광자가 실리콘 격자 안의 에너지 레벨을 높여서 자유전자와 홀이 분리되어 전기적 신호가 생성되는 것을 뜻한다. 그렇기 때문에 실리콘의 크기가 클수록 효율이 좋다. 하지만 이러한 효과는 픽셀(Pixel)의 디자인에 따라서 광전 효과가 없는 곳에서 빛을 흡수하고 실리콘이 특정 주파수들에 대해서 빛을 반사하기 때문에 이를 고려하여 이미지 센서를 제작해야 한다.

현재 시각 센서는 신호를 형성하여 출력부까지 전송되는 방식에 따라 CCD와 CMOS의 기술로 나누어지는데 공통적으로 광자를 받아들여 전기 신호로 전환하는 수광부를 가지고 있다. [그림 3.24]에서 포토다이오드(Photodiode)와 포토게이트(Photogate)는 모두 전기적 신호를 생산하여 모으는 역할을 한다. 포토게이트는 포토다이오드보다 큰 채우기 공간(fill- factor)을 갖는다는 장점을 가지고 있다. 이는 앞서 언급했었던 픽셀의 몇 %가 광자에 반응하는가 하는 것이다. 하지만 이는 폴리 실리콘 게이트(Poly Silicon Gate)의 특성상 파란쪽의 스펙트럼에서 잘 반응하지 않는 단점이 있다.

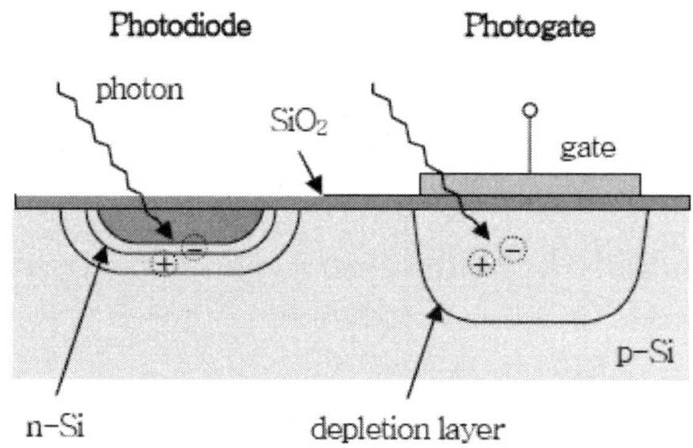

[그림 3.24] 전기적 신호의 생산과 모음

포토다이오드는 조금 더 복잡한 구조이고 따라서 채우기 공간이 적지만 파란쪽의 스펙트럼에서 잘 반응하는 장점이 있다. 이러한 기술들은 CCD와 CMOS에 각각 적용될 수 있으며, 포토다이오드나 포토게이트에 의해서 모아진 전기적 신호는 CMOS나 CCD의 기술을 통해서 측정된다.

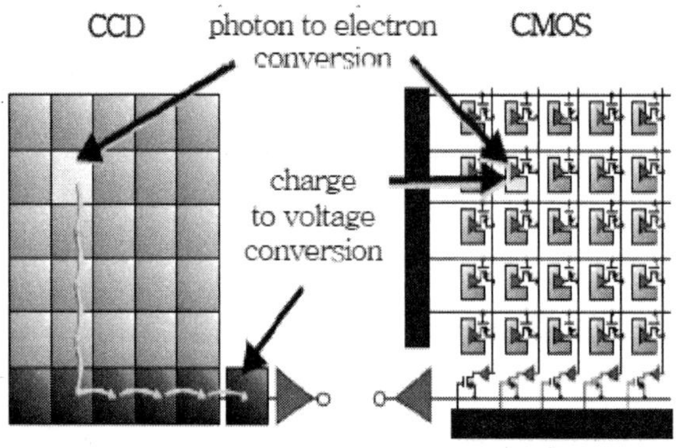

[그림 3.25] CCD와 CMOS

[그림 3.25]는 CCD와 CMOS의 개념을 도식화한 것이다.

1) CCD

위에서 언급한 포토게이트를 이용한 구조를 CCD로 볼 수 있으며, 빛에 의해 발생한 전자를 그대로 포토게이트를 이용해서 출력부까지 이동시키는 것이다. 광자에 의한 예민성(Sensitivity)을 높일 수 있지만 출력단에서 여러 픽셀을 전기적 신호로 바꾸기 때문에

고속 전송을 하기 어렵다는 단점을 가지고 있다. 또한, 전력소비가 크다는 이종의 동작전압을 가지고 있기 때문에 고화질을 요하는 디지털 카메라, 캠코더 등에 사용되고 있으나, 점차 그 범위를 CMOS에 내주고 있다.

2) CMOS

CMOS는 빛에 의해 발생한 전자를 각 화소 내에서 전압으로 변환한 후에 여러 CMOS 스위치를 통해 출력하는 것이다. 이것은 예민성이 낮고 복잡하지만 각각의 픽셀마다 전기적 신호로 바꾸는 트랜지스터가 있기 때문에 고속의 전송을 할 수가 있으며 디지털 출력으로 쉽게 변환할 수 있다. 또한 CCD에 비해 생산단가와 소비전력이 낮고, drive 회로와 통합이 용이하다는 장점이 있다. CMOS 집적회로 기술의 발전은 센서부, drive 회로 등의 개별 소자로 구현 가능했던 이미지 센서를 하나의 칩에 집적화가 가능하게 되어 시스템 비용을 낮출 수 있다. CMOS는 휴대폰, PC, 감시카메라 등 저가 저전력을 요하는 분야에 많이 사용되어 왔지만, 근래에는 기술의 발전으로 CCD가 차지하고 있었던 고화질 분야에서도 많이 사용이 되고 있다.

지능 로봇은 시각 센서를 통한 영상데이터로부터 주변 물체의 존재유무, 크기, 위치, 색깔 등의 정보를 분석하여 개개인을 식별하는 기술 및 사람의 동작분석을 할 수 있으리라 기대되고 있으며 많은 연구가 수반되고 있다.

[표 3.1] CCD VS CMOS

구분	CCD	CMOS
구조	광전변환 반도체 + 전하 결합 소자	광전변환 반도체 + CMOS 소자
원리	빛에너지로 발생된 전하를 축적 후 전송	빛에너지로 발생된 전하를 반도체 스위치로 읽어냄
장점	화질이 우수 (노이즈가 적고 피사체 구분이 용이함)	회로의 고집적화
	감도가 좋음	대량 생산의 용이성
	Dynamic range가 넓음	주변 IC와 1chip화 가능
	저조도 특성이 우수	저소비 전력(CCD의 1/10)
		저가격
		빠른 영상 처리 속도

<table>
<tr><th>구분</th><th>CCD</th><th>CMOS</th></tr>
<tr><td rowspan="5">단점</td><td>고가격</td><td>노이즈 특성 발생</td></tr>
<tr><td>주변회로의 복잡성과 추가전원부 설계필요 (전원라인이 2개 이상 필요)</td><td>낮은 감도</td></tr>
<tr><td>주변 IC와 1chip화 하기 어려움</td><td>Dynamic range가 좁음</td></tr>
<tr><td>전력 소모가 큼</td><td></td></tr>
<tr><td>영상 처리 속도가 다소 느림</td><td></td></tr>
<tr><td rowspan="2">활용분야</td><td>고화질 디지털 입력 기기</td><td rowspan="2">저품질 저가격 디지털 입력 기기</td></tr>
<tr><td>고화소 고품질 지향 제품</td></tr>
</table>

[그림 3.26]은 시각 센서를 이용한 군사 로봇으로서 시각 센서를 이용해 물건을 인식하고 지시사항을 이행할 수 있도록 되어 있다.

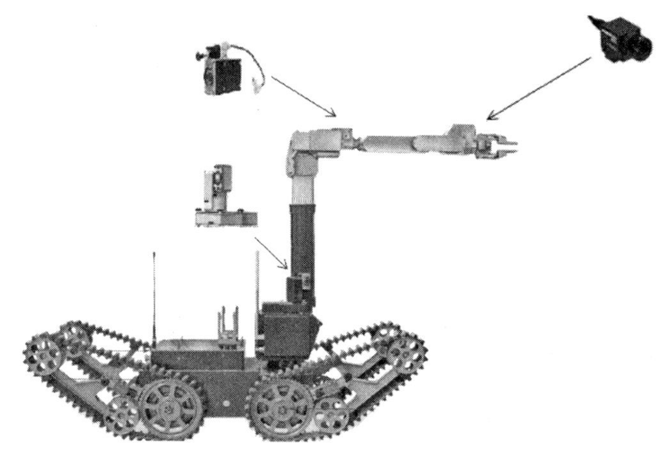

[그림 3.26] 시각 센서를 이용한 군사 로봇(Telemax)

3.2.5 촉각 센서

인간 친화적 지능형 로봇을 위해서는 악수 동작과 같이 로봇과 인간의 능동적 교감을 할 수 있는 상황에서 외부의 접촉 자극을 수용할 수 있는 촉각 센서의 역할이 매우 중요하다. 인간의 손가락 표면에는 다양한 종류의 많은 수의 촉각 센서가 존재한다. 이와 같은 인간의 고도한 촉각 인지 기능을 로봇에게 부여하기 위해서는 매우 정교한 극소형의 촉각 센서가 다수 필요한데 아직 다양성과 정교성이 부족한 것이 현실이다. 촉각 센서는 물체와 로봇이 접촉 되었을 때 접촉 부위를 검지하는 접촉 센서, 접촉 센서와 더불어 접촉

부위의 압력 또는 힘을 감지하는 압력 센서, 물체를 잡았을 경우 물체의 미끄러짐을 감지하는 미끄러짐 센서, 접촉 부위나 주위의 온도를 감지하는 온도 센서 등으로 구분된다. 물체 접촉에 대한 정보 처리를 위한 네트워크 기반의 촉각 인지 시스템의 개발은 지능형 로봇뿐만 아니라 향후 혈관 내의 미세 수술 또는 외과의 미세 절개 수술 등의 원격 의료 진단 및 시술부문, 장애우 등을 위한 재활 의료 분야에도 적용이 가능할 것으로 기대된다.

1) 압력 센서

압력 센서는 MEMS 기술로 제작된 소자 중에서 가장 산업적 응용이 활발한 소자이다.

압력 센서는 압력을 감지하는 원리에 따라 압저항(Piezo Re-sistive)형, 정전용량(Capacitive)형, 공진(Resonant)형 등으로 나뉜다. 그 중 압저항 방식의 FSR 센서는 [그림 3.27]과 같이 필름형태로 구현되어 널리 쓰이고 있다.

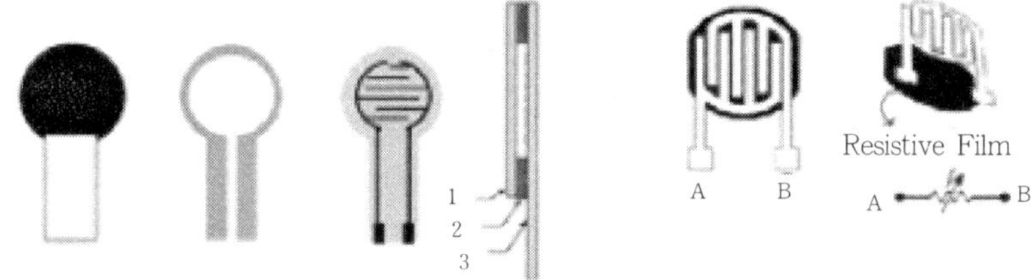

[그림 3.27] FSR 센서

FSR은 초기에 음악 연주자들이 건반을 부드럽게 혹은 강하게 누를 때 전기적 반응에 의해 그 음을 발생시키는 전자 피아노를 개발하기 위해 개발되었는데 그 기술이 발달하여 전기적, 기계적 장치의 누르는 힘을 조절하기 위해 민감도가 어느 정도 최적화되었다. FSR의 정의는 센서 표면에 힘을 증가시킬 때 감소하는 저항이 발생하는 중합체의 필름(Polymer Film) 장치라고 할 수 있다. 전도성의 고무와 비교해 볼 때 전기적 이력현상이 거의 없고 가격이 저가이다. 피에조 필름(Piezo Film)과 비교해보면 FSR이 진동과 열에 훨씬 더 영향이 적다. 가격 면에서는 피에조 필름이 가장 고가이다. 향후 FSR을 응용한 장치로써 산업, 의공학, 로보틱스 등 다양한 장치를 제공할 수 있다.

아래 [그림 3.28]은 INTERLINK ELECTRONICS 社의 길이형 FSR 센서이다. 609.6 × 6.3 mm의 활성 영역을 가지고 있으며 측정 가능 힘의 범위는 0.1~100kgf이다. 0.1~10bar의 압력 범위를 가지며, 영하 30°C에서 영상 70°C까지의 온도 허용 범위를 가진다. 장치 상승 시간은 1~2m/sec이다.

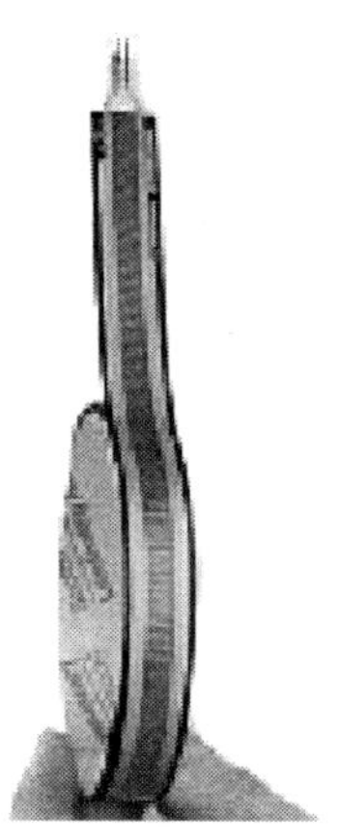

[그림 3.28] 길이형 FSR 센서

2) 접촉 센서

접촉 센서(Touch Sensor)는 물리적인 접촉에 의해 만들어진 신호를 보내는 장치이다. 접촉 센서의 가장 간단한 형태는 접촉에 의해 켜지거나 꺼지는 마이크로 스위치이다. 마이크로 스위치는 다른 감도와 운동의 범위로도 설치가 가능하다. 예를 들면, 이동 로봇이 운행 중에 장애물에 다다르면 적당한 위치에 배치된 마이크로 스위치는 제어기에 신호를 보낸다. 더욱 진보된 접촉 센서는 부가적인 정보를 보낼 수도 있다. 예를 들면 접촉 센서(Tactile Sensor)로 쓰이는 힘 센서는 접촉정보를 보낼 뿐만 아니라 접촉력을 검출할 수 있다. 대부분의 촉각 센서는 접촉 유무를 검출하는 기능뿐만 아니라 접촉물체에 대한 부가적인 정보까지도 제공할 수 있는 접촉 센서의 조합이라 말할 수 있다.

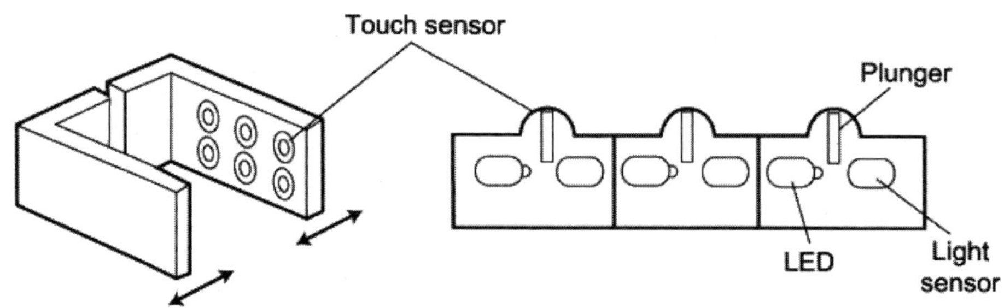

[그림 3.29] 촉각 센서의 배열

접촉 센서는 [그림 3.29]와 같은 형태로 배치한다. 이 설계방식에서는 촉각 센서의 양면에 6개의 접촉 센서를 배열하는데 각 접촉 센서는 플런저(Plunger)와 LED, 그리고 광

센서로 구성되어 있다. 접촉 센서는 닫히고 플런저는 안팎으로 움직임에 따라서 LED에서 비추는 빛이 차단된다. 광센서의 출력은 플런저의 변위에 비례하게 된다. 여기서 알 수 있듯이 접촉 센서는 사실상 변위 센서와 같다. 이와 마찬가지로, 마이크로 스위치에서 LVDT, 압력 센서, 자기 센서 등 다른 종류의 변위 센서들도 이 같은 목적으로 사용 가능하다.

3) 미끄러짐 센서

로봇이 가진 센서로서 물체를 잡았을 경우 물체의 미끄러짐을 검지하는 센서를 말한다. 우리는 물건을 손으로 잡았을 때 표면의 매끄러움에 따라 힘을 주기도 빼기도 한다. 이와 같은 작업을 실시할 수 있도록 미끄러짐 센서를 로봇에 사용하여 물건이 로봇에서 떨어지려는 것을 막을 수 있다. 접촉 센서와 함께 사용되어 사람의 손과 같은 역할을 하는 분야에 연구가 진행되고 있다.

3.2.6 청각 센서

청각 센서는 주로 사람의 음성인식을 위한 센서를 말하며 음파가 공기를 통하여 센서에 도달하면 센서에서 진동판을 이용하여 음파를 감지하게 된다. 음파를 감지하는 방식에 따라 역학적(Dynamic)방식, 콘덴서(Condenser)방식, 압전(Piezoelectric)방식 등으로 나누어진다. 사람은 귀를 두개 가지고 있어 가장 효과적으로 음원의 내용을 파악할 수 있으며, 또한 음원의 방향을 개략적으로 파악할 수 있다. 청각 센서는 마이크로폰과 그것을 이용한 마이크로프로세서로 흔히 이루어진다. 마이크로프로세서에서는 음원을 파악하기 위한 신호처리를 하거나 음성을 인식하는 모듈이 탑재되어 있다. 하지만 음성인식의 경우 마이크로프로세서에 탑재된 모듈에서는 기본적인 몇 가지의 단어밖에 인식하지 못하며 인식률도 높지 않다. 음원을 파악하기 위해서는 기본적으로 두 가지 이상의 마이크로폰이 필요하다. 지능형 로봇에 사용되는 마이크로폰은 소형이고 저전력이기 때문에 역학적 방식은 지양하고 콘덴서 방식이나 압전방식 등을 사용한다. 이들을 구현하기 해서 Silicon MEMS 기술을 이용하여 생산하게 된다. 최근에 마이크로폰의 기술동향은 휴대폰 등이 소형화되고 있기 때문에 조그만 공간에서도 이상적으로 동작하도록 설계하고 있으며, MEMS 기술에 의한 마이크로폰은 전기를 이용한 콘덴서형 마이크로폰에 비해 10배나 작게 구현할 수 있다. 그리고 여러 개의 마이크로폰을 사용한 여러 가지 환경에 적합하게 변형하여 사용할 수 있도록 설계된다. 즉, 마이크로폰의 이득을 증가시켜 주는 출력단을 가지고 있는 마이크로폰 등이 설계되고 있다.

청각 센서와 더불어 청각시스템에서 중요한 것은 음성인식 기술이다. 음성인식 기술은 사람이 명령하는 음성을 인식하여 명령에 따라 움직이게 하는 기술로서 여러 가지 잡음 중에서 사람이 명령하는 음성만을 추출하여 인식하는 기술이다. 현재까지의 기술로는 인간의 청각과 비교하여 구조와 성능의 보완이 필요하다.

3.2.7 RFID

RFID(Radio Frequency Identification)란 태그(Tag)에 부착된 IC칩에 ID와 정보를 내장하고 무선주파수의 전파를 이용하여 판독/해독하는 시스템을 뜻한다. RFID는 전파를 이용하므로 비접촉식으로 최대 7~10m까지 원격판독이 가능하며, 또한 장애물에 영향을 받지 않는 장점이 있다. 21세기 유비쿼터스 세상의 핵심기술로 물류, 보안, 상품인식 등 생활과 산업 모든 분야에 접목이 가능하다. RFID시스템의 기본 하드웨어로는 "리더 + 안테나 + 태그"로 구성된다. 태그에 사용목적에 맞는 정보를 저장하고, 적용대상에 부착한 후 판독기를 통하여 정보를 인식하고 처리하는 기술이다. [그림 3.30]은 RFID의 구성요소 및 흐름을 보여준다.

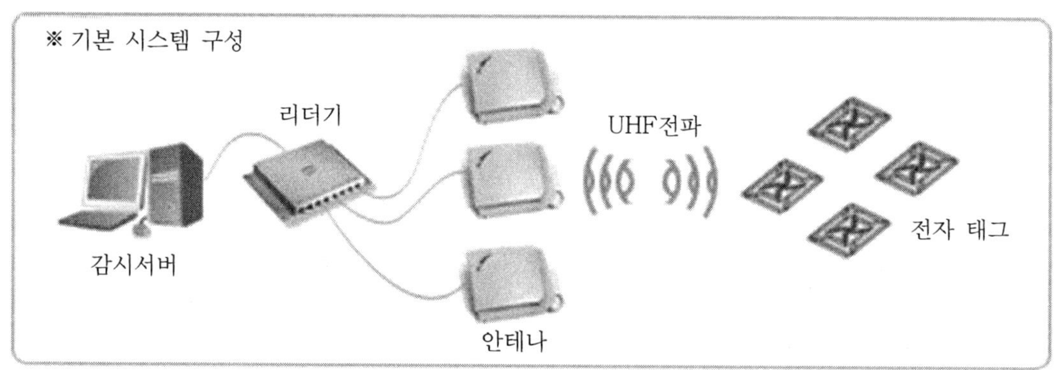

[그림 3.30] RFID 구성 및 흐름

RFID 태그는 고유한 식별 정보를 저장하고 있고, 리더는 전원을 태그에 공급하고 태그의 정보를 데이터베이스로 전송하는 역할을 하며, 데이터베이스는 식별하는 모든 태그의 정보를 저장하고 있다. 태그는 전원 유·무에 따라 능동형 태그와 수동형 태그로 나눌 수 있는데, 능동형 태그는 자체 내에 전원을 가지고 있으며 스스로 전파를 내기 때문에 통신거리가 1~10m 정도로 장거리 인식이 가능하다. 또한 센서를 내장하고 있어 자발적으로 그 변화를 감지할 수 있어 센서 네트워크로서의 용도로도 사용될 수 있다. 반면 수동형 태그는 자체 내에 전원을 포함하고 있지 않아 리더로부터 나오는 전파를 기반으로 동작

하는 태그이다. 태그에 있는 안테나는 리더로부터 받은 전파의 일부에 태그마다 저장하고 있는 고유 식별 ID를 전파에 얹혀 반환한다.

3.2.8 GPS(Global Positioning System)

GPS(Global Positioning System)는 미 국방성에서 개발한 것으로 위성을 이용하여 위치, 속도 및 시간 측정 서비스를 제공하는 시스템이다. GPS는 3차원 위치, 고도 및 시간의 정확한 측정을 할 수 있고, 24시간 연속적으로 서비스를 제공할 수 있으며, 기상조건, 간섭 및 방해에 강하고, 전 세계적인 공통 좌표계를 사용한다는 특징이 있다. 사용자는 종래의 전파항법 시스템과 마찬가지로 전용의 수신기를 설치하는 것만으로 정확한 위치를 알 수 있다.

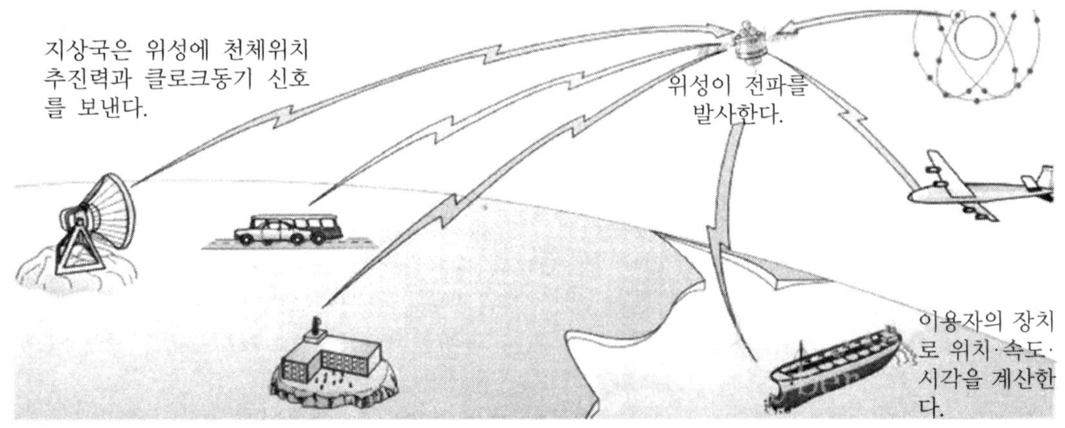

[그림 3.31] GPS의 구성

[그림 3.31]은 GPS의 구성을 도식화한 것이며, 지구의 주위를 선회하는 6개의 궤도면에 24개의 인공위성(고도 20,200km, 경사각 55도, 주기 12시간)과 5개소의 감시국 그리고 제어국으로 구성된다. 위성은 사용자가 최소한 5개의 위성으로부터 신호를 수신할 수 있도록 배치되어 있으며, 각각의 위성은 2개의 L밴드 주파수, L1(1,575.42MHz) 및 L2(1,227.6MHz)를 송신한다. L1은 P코드(Precise code) 및 C/A코드(Coarse/Acquisition code)를 반송하며, L2는 P코드를 반송한다. 이들 코드에 항법 데이터가 중첩되며, L1과 L2에 의해 반송된다.

원래 군사 목적으로 개발된 GPS 위성은 두 종류의 신호가 발사되고 있다. 즉 표준 측위 서비스(SPS : Standard Positioning System)와 정밀 측위 서비스(PPS : Precise Positioning

System)로 나누어지는데, SPS는 민간 부문에 이용할 수 있도록 개방한 서비스이며, PPS는 주로 군사 부문의 용도에 사용된다. SPS는 앞서 언급한 선박뿐만 아니라 항공기, 자동차 내비게이션 시스템과 같이 자동차에도 탑재됨에 따라 지금까지 실현할 수 없었던 새로운 응용분야의 실현이 가능하게 되었다.

GPS 수신기는 크게 고주파부, 신호처리부, 마이크로 컴퓨터부로 나눌 수 있으며, 각각의 특징은 다음과 같다. 고주파부는 안테나로 수신한 1.2GHz 및 1.5GHz의 신호를 취급하기 쉬운 낮은 주파수로 변환한다. 다음의 신호 처리부에서는 스펙트럼 확산을 원래대로 복원시키는 역환산을 하여 위성으로부터 보내져 오는 메시지와 의사거리를 얻는다. 마이크로 컴퓨터부에서는 신호 처리부로부터 얻어진 메시지와 의사거리에서 현재 위치를 구하는 연산을 한다.

GPS에 의한 측위는 동시에 3개 또는 4개의 위성으로부터의 의사거리가 필요하게 된다. 각각의 위성에는 다른 PRN 코드가 할당되어 있는데, 이것은 수신기에서 수신하는 위성의 수와 같은 정도의 신호처리부를 가질 필요가 있다는 말이다. 가장 단순한 수신기로는 신호처리 회로가 하나 뿐인 1채널 수신기가 있으며, 기본적으로 1채널 수신기는 수신해야 할 위성의 PRN 코드를 순차 전환시켜 포착하여 각 위성에 대한 의사거리를 구한다. 회로가 아주 간단하고 소비전력도 적다는 등의 특징이 있으나, 각 위성에 대한 의사거리의 동시성 확보가 곤란하여 고속으로 이동하는 경우에 정보를 얻지 못한 가능성이 있다. 2채널부터 4채널 수신기에서는 하나의 채널을 가장 감도가 높은 위성 전용으로 사용하고, 남은 채널을 시분할 하여 나머지 위성을 포착한다. 1채널 수신기보다는 복잡하게 되지만, 멀티채널 수신기보다는 간단하며, 소형으로 되는 특징이 있다. 5채널 이상의 수신기로 되면 신호처리 회로를 각각의 위성 전용으로 사용한다. 측위에는 4개의 위성으로 충분하지만 다음에 이용할 수 있는 위성을 포착하기 위해 5번째 이후의 채널이 사용된다. 채널수가 많을수록 자유로이 위성을 조합할 수 있어 확도가 높은 측위가 가능하다.

3.2.9 기타

위에 설명한 센서 이외에도 기본 센서를 응용한 다양한 센서들이 있다. 광 센서를 이용한 광전관, 광전자 증배관, 광전도 셀(CDS 등), 포토 다이오드, 초천 센서포트트랜지스터 등이 있으며, 압력 센서의 응용으로는 다이어그램, 벨로스, 스트레인 게이지, 압전소자, 감압 폴리머 등이 있다. 또한, 자기센서의 응용으로는 코일, 트랜스, 홀소자, 자기저항소자, 조셉슨, 자석 등이 있으며, 초음파 센서의 응용으로는 압전 진동자형 초음파 센서가 있다.

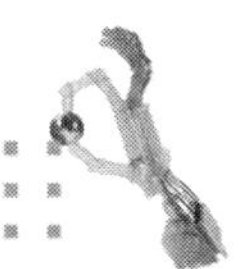

 3.3 센서의 응용

3.3.1 Robot Kit

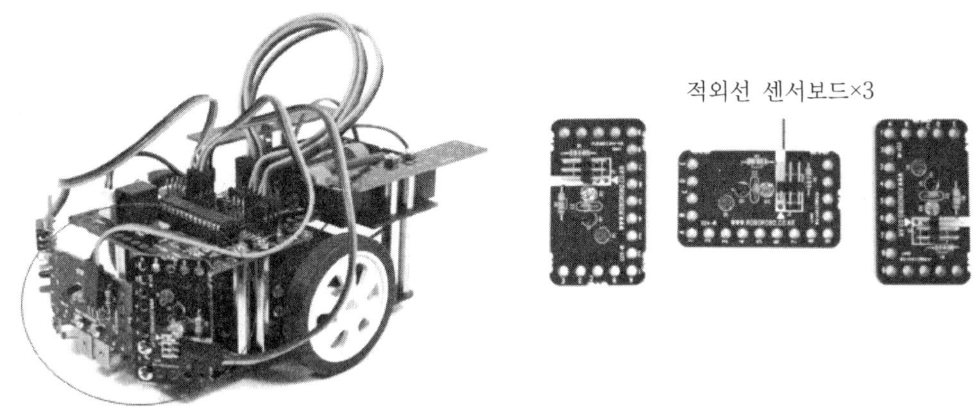

[그림 3.32] Robot Kit

[그림 3.32]는 RoboRobo 社의 Robot Kit를 이용해 만든 로봇이다. 3개의 적외선 센서를 이용하여 벽에 부딪히지 않고 주행할 수 있게 하였는데, 로봇에 부착된 3개의 적외선 센서가 장애물을 감지하여 방향을 전환하도록 프로그래밍하였다.

3.3.2 청소 로봇

[그림 3.33] 청소 로봇(iCLEBO)

[그림 3.33]은 YUJINROBOT 社의 iCLEBO이며, 전방, 좌측, 우측 3개의 적외선 센서를 이용해 장애물을 피해 다니는 로봇에 진공청소기의 기능을 더하여 자율주행이 가능한

청소 로봇이다. 로봇의 측면에 7개의 적외선 감지 센서가 로봇의 외형에 약 51° 간격으로 설치되어 있어서 실내에 놓여있는 가구를 피해 다닐 수 있으며, 이외에도 4개의 바닥 센서가 있어서 방바닥의 장애물을 피해 청소를 할 수 있다.

3.3.3 애완견 로봇

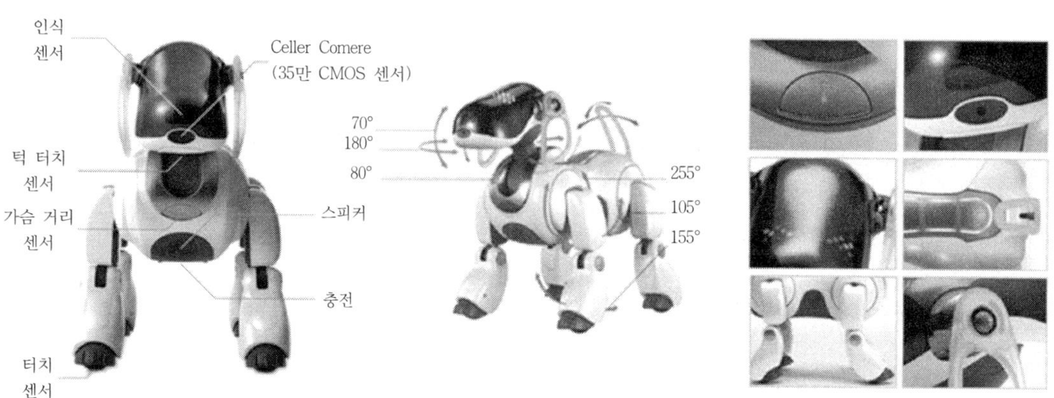

[그림 3.34] 애완견 로봇(아이보 ERS-7M3)

[그림 3.34]는 애완견 로봇으로 SONY 社의 아이보 ERS-7M3라는 애완견 로봇이다. 아이보는 사람과 커뮤니케이션을 할 수 있는 애완견 로봇으로 다양한 프로그래밍을 통해 춤추기도 한다. 주변 사물을 인식할 수 있는 35만 화소의 CMOS 센서를 갖추고 있으며 주인 얼굴을 등록하면 센서로 찍어서 저장하면 등록한 사람을 주인으로 인식하기도 하고, 주변환경을 등록하면 인식하고 배우는 기능을 갖고 있다. 턱 아래에는 터치 센서가 부착되어 있어 감지가 되었을 다양한 반응을 보인다. 또한 가슴부근에는 거리 센서가 부착되어 있고, 발바닥의 터치 센서와 함께 이용하여 자신의 위치를 파악한다.

3.3.4 자동차

자동차에는 이미 압력 센서, 가속도 센서, 자이로 센서 등 많은 종류의 센서가 사용되고 있으며, 향후 차세대 전장시스템의 등장에 따라 고성능, 고신뢰, 다기능, 저가격화된 센서에 대한 요구가 증가하고 있다. 미래형 자동차의 등장에 따라 엔진, 구동에서부터 차량진단 및 모니터링, 안전, 편의, 보안 등에 이르기까지 다양한 분야에서 자동차의 전자제어화가 이루어지고 있고, 차량용 센서는 전장화가 이루어지고 있다.

[그림 3.35] 자동차 센서

최근 자동차 활용성 및 효율성, 환경문제 등을 이유로 연비제어, 안전성 등을 상황에 맞게 섬세하게 조절해야 하는 일이 많아지고 있는데 이는 기존 기계식 센서제어 방식으로는 한계가 있어 지능형 센서가 부각되고 있다. 지능형 센서는 자동차의 여러 부문에서 사용되고 있는데, 운전자가 안전벨트를 맸는지 확인하는 안전벨트 센서부터 타이어 압력이 낮을 경우 운전자에게 상황을 알려주는 타이어 압력 센서, 배기가스 량을 측정하는 배기가스 센서, 노면에 따라 차량축의 높이를 조절하는 서스펜션 조절 센서 등 다양하다. 특히 각 센서는 용도에 따라 연동되어 이전 기계식 차량에서는 제공하지 않는 고도화된 기능을 제공한다. 예를 들면 충돌 상황이 발생했을 때 충돌감지 센서가 에어백 센서에 충돌에 따른 작동 신호를 보내면 에어백 센서는 충돌 수준을 감안해 에어백을 사용할 것인지 말 것인지, 사용한다면 얼마나 팽창해야 하는지를 결정한다. 중력 센서(G센서)는 전자기기에 탑재되어 중력이 어느 방향으로 작용하는지를 탐지하고 그 상황에 맞춰 기기 사용자 편의를 돕는 부품이다. 중력 센서가 휴대전화에 탑재되면 기기를 세로로 길게 들고 있을 때는 세로로 긴 화면을 가로로 길게 들고 있을 때는 화면을 자동으로 90도 회전시켜 넓은 화면을 보여 줄 수 있게 된다. 또한 동영상을 시청할 때는 사용자가 기기를 들고 있는 방향에 따라 화면을 회전시켜 사용자가 편하게 영상을 시청하도록 한다. 휴대전화나 MP4 재생기 등 IT 가전에 주요 적용되던 이 부품은 최근에는 자동차용 운행기록장치(블랙박스)에도 탑재되어 차량 충돌 시 충돌 방향을 기록한다. 1980년대에는 자동차 1대 당 평균 센서 수가 42개였지만, 2010에는 160개를 넘어섰다.

[표 3.2] 차량용 센서의 적용 현황

구분	제품명	적용 시스템	측정대상	측정범위[kPa]	Type
Low Pressure 센서	MAP 센서	엔진 컨트롤	흡기관	10~115	Absolute
	EPS	엔진 컨트롤	대기압 측정	80~110	Absolute
	FTPS	엔진 컨트롤	연료탱크 증발가스 압력	±6	Differential
	Boost 센서	엔진 컨트롤	Boost 압력 측정(Diesel)	50~300	Absolute
	EGR 센서	엔진 컨트롤	배기가스 순환 모니터링	10~115	Absolute
	Pressure 센서	연료전지	Air, Water, Hydrogen	10~300	Absolute
	Differential 센서	연료전지	수소가스 재순환로 양단압력 차이 측정	±30	Differential
	DPF 센서	디젤 시스템	DPF 양단압력 측정	±50	Differential
	타이어 압력 센서	TPMS	Tire 압력 측정	10~500	Absolute
High Pressure 센서	Air-con 센서	Air-con제어	냉매 압력	30~50	Absolute Gauge
	Brake 센서	ABS	ABS 유압 압력	200	
	Oil Pressure 센서	유압제어	미션오일 압력 외 .	50	
	Fuel Pressure 센서	Diesel	Common rail 연료압력 측정	1,800	
Acoeleration 센서	Misfire용 센서	엔진 컨트롤	차체 진동	±5	Surface Bulk
	충돌 센서	Air bag	Front/Rear	±150	
			Lateral	±100	
			Center	±50	
	ABS용 센서	ABS	가속도	±1~±2	
	Tilt 센서	ECS, TMS	차체 기울기	±1~±2	
	Suspension용 센서	ECS	차체 진동	±1~±2	
	CDC용 센서	CDC	차체 진동	±2	
				±13	
	Angular rate 센서	TCS, VDC	Yaw, Roll, Pitch	180°/s~360°/s	
	Crankshaft 포지션 센서	엔진제어	#1 cylinder 검출	0~4,000rpm	Hall IC
	Crankshaft 포지션 센서	엔진제어	엔진 회전수 검출	0~9,000rpm	Hall IC
	Throttle 포지션 센서	엔진제어	T/Valve 개도 검출	0~96°	Petentiometer Hall IC
	온도 센서	엔진제어	온도 측정	-50~200℃	NTC
	O_2 센서	엔진제어	공연비 측정	$\lambda=1$	세라믹
	speed 센서	엔진제어	A/T 제어용	0~9,000rpm	Hall IC
	Knock 센서	엔진제어	엔진 노킹 검출	30g, 24kHz	압전식

[표 3.3] 응용분야에 따른 차량용 센서

응용분야	센 서
엔진 및 변속기 : 엔진제어 시스템은 엔진 구동력 및 가속성을 극대화시키고, 연료 소비율을 극대화하며, 최근의 환경 규제 추세에 따라 배기가스의 유독성을 극소화시키고, 안락한 운행을 위한 엔진소음 및 진동을 저감시키는 것이 목적	압력 센서 : 엔진룸 내의 서지탱크에 장착되어 압력을 측정하여 ECU에 전달하고, 엔진제어장치는 맵 센서 신호와 엔진 회전수를 이용하여 공기 흡입량 측정하여 엔진분사되는 연료의 양을 결정
	유량 센서 : 측정된 공기량을 ECU에 전달하여 엔진제어장치가 전송된 정보에 대응하는 연료를 분사하도록 인젝트를 제어
	가속도 센서 : 출력신호를 처리하여 자동차의 가속도, 진동, 충격 등의 동적 힘을 측정
	온도 센서 : 엔진오일의 열화를 감시하고 엔진의 온도를 ECU에 전달하여 주행중 적정온도를 지속적으로 유지하게 함
	자이로 센서 : 차체의 각도가 수평을 잃으면 감지하여 미끄럼방지장치(DTSC)에 전달
	조향각 센서 : 주행중인 차량의 핸들 각도를 계산하여 정보를 ECU에 전달하여 주행중의 안전성을 보장해주며, 스핀 혹은 언더 스티어 등의 위험 상황을 미리 감지하여 방지해줌
친환경 : 센서를 이용하여 자동차의 배기가스 및 매연을 감지/방지하여 환경친화성을 제고	배기가스 센서 : 배기가사를 감지하여 ECU에 전달
	매연감지 센서 : 매연을 감지하여 전달함으로써 매연발생을 방지
	산소 센서 : 배기가스 중 함유된 산소의 양을 측정하여 ECU에 전달함으로써 주행 시 일정한 이론 공연비를 유지하도록 피드백 해줌
편의성 : 최근 고급차종을 중심으로 각종 편의를 위한 시스템이 증가	빛감지 센서 : 야간주행 중 상대차선 차량의 빛을 감지
	적외선 센서 : 야간운전에서도 물체의 식별을 할 수 있음
	우적 센서 : 비가 올 경우 자동으로 와이퍼가 작동하도록 해줌
	이미지 센서 : 피사체 정보를 검지하여 영상신호로 변환
실내환경 : 자동차를 운전하는데 있어 쾌적한 환경속에서 쉽고 편리하게 운전하려는 욕구 증대	온도/습도 센서 : 자동차 실내의 온도와 습도를 감지
	가스 센서 : 이산화탄소 및 유해가스를 감지
	Air Quality 센서 : 공기오염도가 높은 지역을 지나갈 때 별도의 스위치 조작을 않더라도 외부공기 유입을 자동으로 차단하는 장치
텔레매틱스 : IT기술과의 접목을 통해 도로상황과 지리정보를 쉽게 파악	위성항법장치(GPS) : 위도 · 경도 · 고도의 위치뿐만 아니라 3차원의 속도정보와 함께 정확한 시간까지 얻을 수 있음
	내비게이션 : 자동차에 사용하도록 고안된 범지구위성항법 시스템으로 지리정보를 제공
	무선통신 : 자동차간 신호를 담당하는 무선통신
예방/안전 : 타 차량이나 장애물을 사전에 검지하고, 차선 이탈여부를 경고하여 충돌을 예방하고 충돌 시에 에어백 작동을 통해 피해를 최소화함	충돌방지 센서 : 타 차량이나 장애물을 사전에 감지하여 경고해줌
	이미지 센서 : 전후방 감시 및 차선 이탈여부를 경고
	초음파 센서 : 초음파를 이용하여 상대차량의 속도나 거리를 측정
	레이저 레이더 센서 : 충돌방지를 위해 77GHz 대역의 고주파를 이용한 레이더 센서가 사용
	에어백 센서 : 승객의 상태를 파악하기 위한 승객근접/거동 센서, 무게 센서, 시트위치 센서 등이 있음
	TPMS : 타이어 내부에 센서를 부착해 타이어의 온도 및 공기압을 실시간으로 감시하여 이상여부를 운전자에게 경고

응용분야	센 서
조향/현가장치 : 자동차의 조향장치와 현가장치에 사용되는 센서는 주행중에 도로상태에 따라 자동차에 가해지는 외부환경에 대한 정보를 제공하여 노면에서 받은 충격을 완화하고 운전자가 편안하고 안락한 상태에서 운전할 수 있도록 도와줌	가속도 센서 : 출력신호를 처리하여 자동차의 가속도, 진동, 충격 등의 동적 힘을 측정
	차고 센서 : 전자제어서스펜션(ECS)의 핵심요소로 현재의 차고 높이를 측정해 목표차고보다 낮으면 저장탱크의 압축공기를 공기 스프링에 공급해 차체를 상승시키고, 목표차고보다 높으면 압축공기를 대기로 방출시켜 차고를 낮추어 항상 일정한 높이를 유지
	조향각 센서 : 주행중인 차량의 핸들각도를 계산하여 그 정보를 ECU에 전달하여 주행중의 안전성 보장
	각속도 센서 : 주행중인 차량의 바퀴 회전수를 계산하여 속도표시
	토크 센서 : 회전바퀴의 토크를 측정

<자료> EIC, 자동차용 센서산업 동향, 2006.2를 재구성

 3.4 계측기

3.4.1 TESTER

테스터의 주기능은 전압, 전류, 저항의 측정이다. 부가 기능으로 건전지의 잔량을 측정하거나, 콘덴서, TR 등을 측정할 수도 있다. 직류 전류 및 전압, 교류전류 및 전압, 저항값, 도통, 콘덴서 용량, Coil Inductance, Transistor 특성 등을 측정할 수 있다.

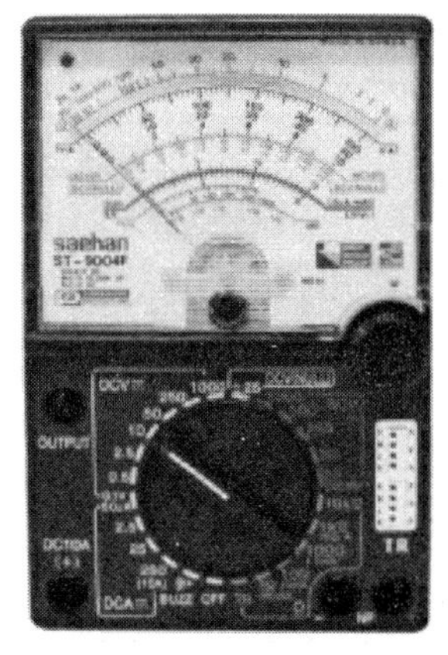

[그림 3.36] 테스터기

테스터는 아날로그 테스터기와 디지털 테스터기로 분류 할 수 있는데, 아날로그는 [그림 3.36]에서 보는 것과 같이 분침을 가지고 있으며, 디지털 테스터기는 분침대신 화면에

숫자를 표시해준다. 테스터기의 사용 시 주의 사항은 다음과 같다. 직류를 측정할 때는 플러스마이너스를 역으로 측정하면 안된다. 디지털인 경우는 극성이 역으로 표시 되겠지만 아날로그 방식은 바늘이 역방향으로 이동하게 되고 경우에 따라서는 바늘이 휘어지거나 고장날 수 있기 때문이다. 저항의 측정은 저항기에 전류를 흘려서 측정하기 때문에 건전지 잔량이 얼마 남지 않으면 측정오차가 커지거나 측정할 수 없게 된다. 그러나 전압이나 전류는 건전지가 없어도 측정 할 수 있다. 단, 디지털 방식은 테스터의 건전지가 전부 소비되면 작동되지 않는다. 사용하지 않을 때는 OFF 위치로 하거나 OFF 위치가 없는 테스터라면 저항측정영역 외에 다른 영역으로 돌려놓고 보관하는 것이 좋다.

3.4.2 LCR METER

LCR METER는 L(inductance), C(Condenser), R(Resistor)의 각 값의 측정이 가능한 것이다. 측정 범위는 L이 1uH~200H, C가 0.1pF~200uF, R이 0.01Ω~20MΩ 정도이다. [그림 3.37]은 KOKUYO ELECTRIC 社의 LCR METER의 실제 모습과 측정 매개 변수 및 범위에 관련된 그림이다.

KC-605	측정매개 변수 및 범위		
	인덕턴스	L	160.nH~0.7500MH
	용량	C	0.08pF~0.087F
	저항	R	0.01m~199.99M
	임피던스	|Z|	0.01m~199.99M
	출입	|Y|	5.00nS~100.00S
	소실 요소	D	0.0001~9.9999
	품질	Q	0.1~1999.9
	등가 직렬 저항	Rs	0.01m~199.99M
	등가 병렬 저항	RP	0.01m~199.99M
	컨덕턴스	G	5.000nS~100.00S
	유도저항	X	0.01m~199.99M

[그림 3.37] LCR METER(KC-605)

3.4.3 주파수 카운터(Frequence Counter)

발진 주파수를 세는 측정기이다. 소형이지만 5Hz부터 50MHz까지의 주파수를 측정할 수 있으며, 휴대용도 있다. [그림 3.38]은 YOKOGAYA 社의 주파수 카운터의 실제 모습과 사양이다.

TA520	측정 해상도	내부 지터	샘플링 속도	샘플링 모드	측정 기능	샘플 크기
	25ps	100psrms	43MS/s	타임 스탬프 모드	기간 펄스폭 AB의 간격	512000

[그림 3.38] 주파수 카운터(TA520)

3.4.4 오실로스코프(Oscilloscope)

시간에 따른 입력전압의 변화를 화면에 출력하는 장치이다. 전기진동이나 펄스처럼 시간적 변화가 빠른 신호를 관측한다. 보통 브라운관에 녹색점으로 영상을 나타내지만, 요즘에는 액정화면을 사용하는 전자식도 있다. [그림 3.39]는 YOKOGAYA 社의 디지털 오실로스코프의 실제 모습과 사양이다.

DL 9000 Series	Model	주파수 대역	샘플링 속도	입력채널	메모리 용량
	DL9040	500MHz	5GS/s	4	2.5MW
	DL9040L	500MHz	5GS/s	4	6.25MW
	DL9140	1GHz	5GS/s	4	2.5MW
	DL9140L	1GHz	5GS/s	4	6.25MW
	DL9240	1.5GHz	10GS/s	4	2.5MW
	DL9240L	1.5GHz	10GS/s	4	6.25MW

[그림 3.39] 오실로스코프(DL 9000 Series)

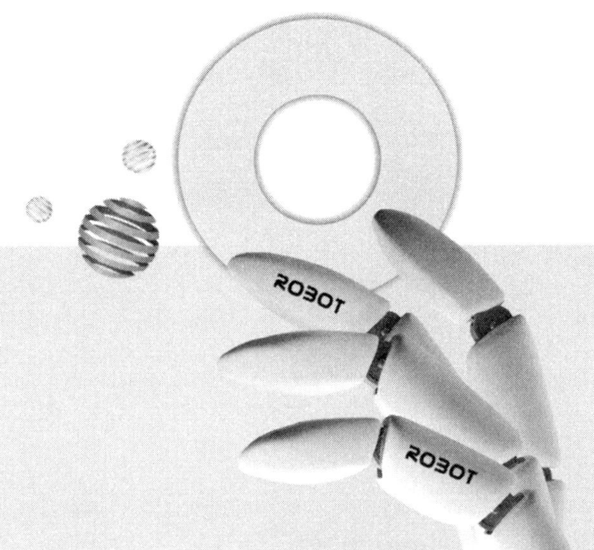

제4장

제 어

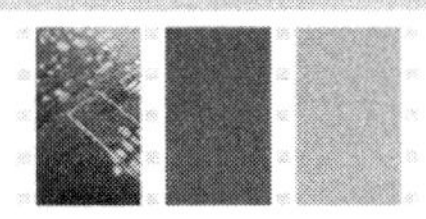

제4장

제 어(Control)

4.1 제어 시스템 분류

제어는 크게 수동 제어와 자동 제어로 나눌 수 있다. 수동 제어는 사람의 오감(五感)을 활용하여 수동으로 일정한 값을 유지하거나 일정량을 관리, 통제하기 위해 사람이 직접 제어 대상을 통제하는 것이다. 따라서 이 장에서는 자동 제어를 중심으로 이해하기 쉽게 다루고자 한다.

자동 제어를 다시 분류하면 아래 [표 4.1]과 같이 분류될 수 있다.

[표 4.1] 자동 제어 분류

구 분	1단계 분류
목표값의 시간적 성질에 따라	정치 제어(Fixed Command Control)
	추종 제어(Follow-up Control)
	비율 제어(Proportion Control)
	프로그램 제어(Program Control)
제어 대상 및 제어량의 성질에 따라	프로세스 제어(Process Control)
	서보 기구(Servomechanism)
	자동 조정(Automatic Regulation)
제어방식에 따라	순서 제어(Sequence Control)
	시한 제어(Time Control)
	조건 제어(Limit Control)
	Feed Back Control
	Feed Forward Control

4.1.1 목표값의 성질에 의한 분류

1) 정치 제어(Constant-value Control)

정치 제어는 목표 값이 일정한 자동 제어. 정전압 제어계가 해당된다. 일례로 진자조속기를 갖춘 증기기관의 속도를 일정하게 유지하기 위한 제어가 해당된다. 부하가 적어지면, 회전이 빨라져 톱니바퀴로 결합되어 있는 속도조절기의 회전도 빨라지므로 그 결과, 진자는 원심력이 증가하여 열리기 때문에 슬리브가 올라가 밸브를 닫음으로 들어오는 증기가 적어져 회전이 느려진다. 반대로 부하가 무거워지면 회전이 느려져 진자가 내려가므로 밸브를 열어 증기의 공급량을 늘려 회전이 빨라지도록 작동한다. 이와 같이 증기기관은 자기 자신의 속도를 일정하게 하도록 조절하는 것이다.

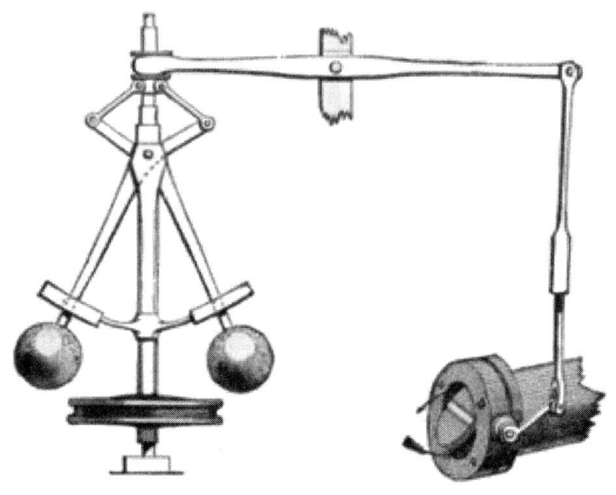

[그림 4.1] 진자조속기

2) 추종 제어(Follow-up Control)

추종 제어는 제어 대상의 상태를 자동적으로 원하는 최적 상태가 되도록 하는 제어를 의미한다. 일례로 비행기 착륙 시에 레이더를 자동으로 추종시켜 최적의 착륙조건으로 제어하는 경우가 해당된다. 이를 자동추미(自動追尾)라고도 한다.

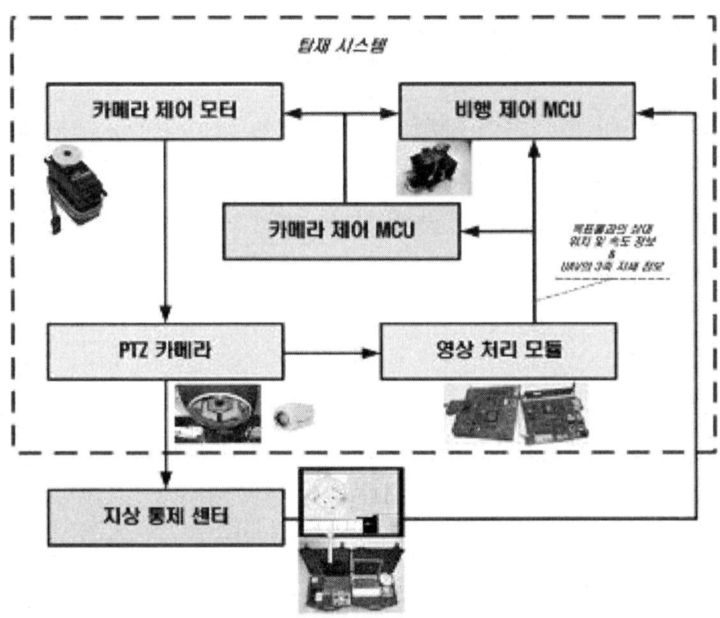

[그림 4.2] 비행기의 추종 제어 구성도

3) 비율 제어(Ratio Control)

비율 제어는 일정한 비율로 유지시키는 제어를 의미한다. 예를 들어 암모니아 합성장치에 있어서 수소와 질소가스의 혼합비율을 일정하게 유지키는 제어를 말할 수 있다. 따라서 유량 조절기에서 자동조절 밸브가 미세 조정되어 작동된다.

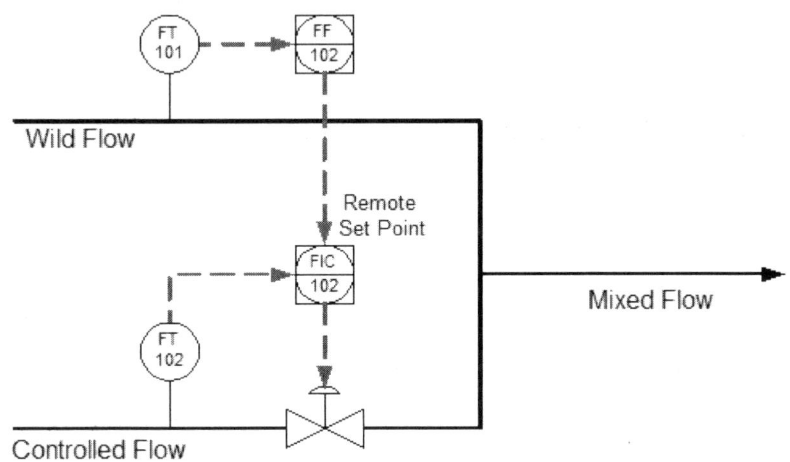

[그림 4.3] 비율 제어 예(혼합공정)

4) 프로그램 제어(Program Control)

프로그램 제어에는 시한 프로그램 제어와 순서 프로그램 제어로 구분될 수 있다. 예를 들면 철강공업의 열처리공정 등과 같이 미리 정해진 온도의 관계를 알고 있을 때 아래 [그림 4.4]와 같이 일정온도까지 승온 및 유지 등 여러 단계로 온도와 시간의 관계를 가지고 제어하는 경우를 프로그램 제어라고 말한다.

① 시한 프로그램 제어
[그림 4.4(a)]와 같이 명령처리부의 프로그램 설정부에 작업의 내용, 순서가 미리 프로그램되어 이것을 타이머(Timer)에서 발생하는 신호에 의해 차례로 진행는 경우를 시한 제어라고 한다. 예를 들면 교통신호기가 이에 속한다.

② 순서 프로그램 제어
[그림 4.4(b)]와 같이 앞의 제어종료를 신호로서 받아들여 이것에 의해서 다음에 해야 되는 제어의 단계로 진행하는 것을 순서 프로그램 제어라고 한다. 예를 들면 자동판매기가 여기에 속한다.

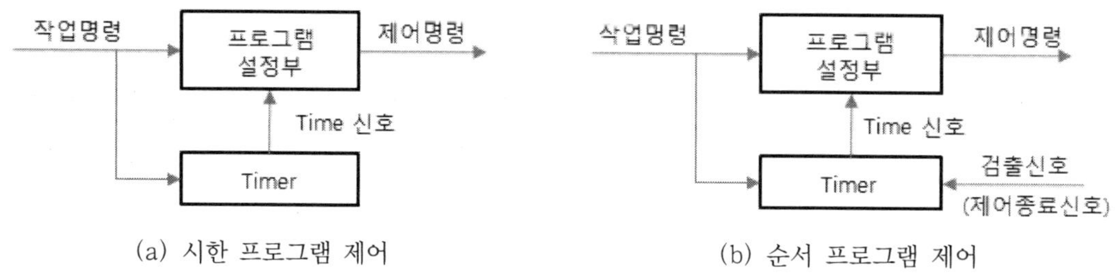

[그림 4.4] 프로그램 제어

4.1.2 제어 대상/제어량의 성질에 의한 분류

1) 프로세스 제어(Process Control)

프로세스 제어는 제조업체에서 널리 사용되고 있는 제어방식이다. 플랜트산업인 경우에도 여러 가지 공정들이 단일 프로세스 제어방식을 통해서 단일 공정의 시작과 끝을 제어하게 된다. 원자재 투입부터 혼합 그리고 최종품질이 완료되는 시점까지를 단일 공정으로 구분하여 제어한다. 특히 자동화되어 있는 경우는 단위 공정별로 제어하고 다음 공정에서 제어가 이뤄지는 형태이다. [그림 4.5]는 각각의 장치별로 별도의 컨트롤러가 있

어 장치를 제어한다. 이때 전체 컨트롤러에서는 장치A, 장치B, 장치C의 흐름을 제어한다.

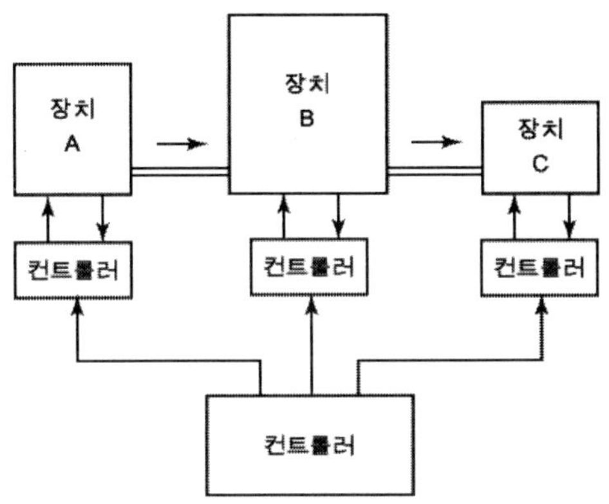

[그림 4.5] 프로세스 제어 예

2) 서보 기구(Servo Mechanism)

제어 대상이 되는 장치의 입력이 임의로 변화할 때, 출력을 미리 설정한 목표 값에 이르도록 자동적으로 제어하는 장치를 의미한다. 서보 기구는 제2차 세계대전 중 군사적인 필요성에 의해 급속히 발전하였다. 예로서 병기의 자동조준, 공작기계의 제어, 자동평형계기 등이 이에 해당한다. 자동 제어 분야에서는 비교적 초기단계에 개발된 기술이며, 이것이 다른 제어분야의 프로세스 제어에도 영향을 끼쳐, 간혹 자동 제어계를 서보계, 자동제어이론을 서보이론이라고도 한다. [그림 4.6]은 간단한 서보 기구를 활용한 간단한 로봇 시스템의 제어 개념도를 보여주고 있다. 제어기의 신호에 따라 서보밸브가 작동하여 로봇의 매니퓰레이터를 작동시킨다. 이때 회전각을 검출하는 리졸버(Resolver)와 회전각 속도를 검출하는 타코메터(Tachometer)를 활용하여 로봇을 제어한다.

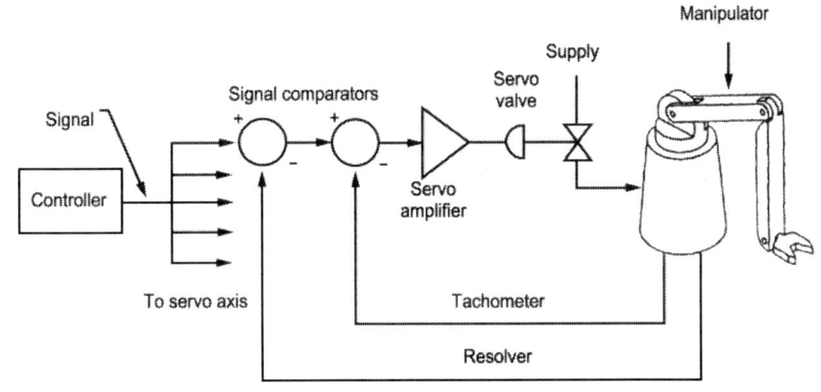

[그림 4.6] 서보 기구를 사용한 간단한 로봇 시스템

3) 자동 조정(Automatic Regulation)

자동 조정은 주로 전압, 전류, 회전속도, 회전력 등의 양을 자동 제어하는 것을 의미한다. 예로서 원동기의 속도조절, 전동기의 속도조절, 발전기의 전압조정, 자동주파수 제어 등이 해당되며 정치 제어라고도 한다. [그림 4.7]은 자동전압 조정기의 제동회로이다. 전력계통의 부하변동에 따라 발전기의 출력변화가 있을 때 발전기 전압을 일정하게 유지하도록 여자기의 여자전류를 자동으로 조정하는 장치이다. 발전기전압과 목표치와의 편차를 검출하는 검출부, 편차를 증폭하는 증폭부, 제어계를 안정시키는 제동회로로 구성된다.

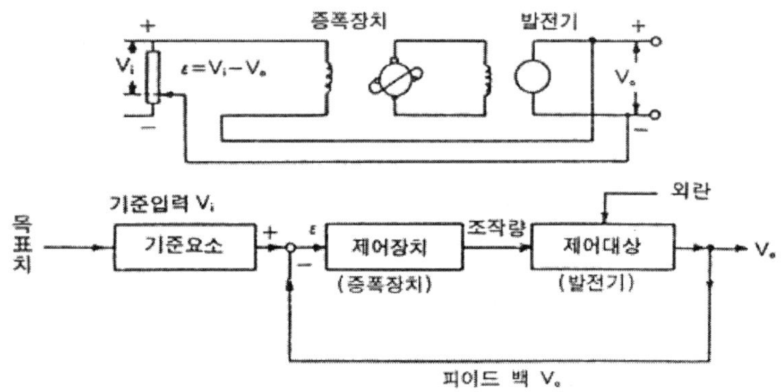

[그림 4.7] 자동전압 조정기의 제동회로

4.1.3 제어방식에 의한 분류

제어방식에 따라서 개회로 제어(Open-loop Control)와 폐회로 제어(Closed-loop Control)로 크게 나눌 수 있으며 다음과 같은 차이가 있다.

개회로 제어(Open-loop Control)

개회로 제어는 출력 제어를 할 때에 입력만을 고려하고 출력은 전혀 고려하지 않는 제어방식을 의미한다. 즉, 제어 동작이 출력과 전혀 관계가 없는 간단한 제어계이기 때문에 많이 사용하지만, 오차가 발생할 수 있고, 이 오차를 수정할 수 없는 단점이 있다. 여기에는 순차 제어, 시한 제어, 조건 제어로 구분된다.

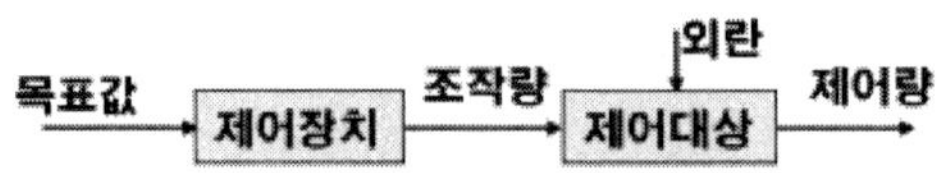

[그림 4.8] 개회로 제어 시스템 개념도

폐회로 제어(Closed–loop Control System)

폐회로 제어계란 정확하고 신뢰성 있는 제어를 실현하기 위해 제어계의 출력 값이 항상 목표값과 일치하는 가를 비교하여 일치하지 않을 때 오차를 수정하도록 하는 귀한경로를 가지고 있는 정확하고 신뢰성 있는 제어이다. 대부분의 정밀한 자동 제어는 폐회로 제어인 피드백 제어(Feedback Control) 또는 피드 포워드 제어(Feed Forward Control)를 택하여 제어하게 되며 제어 대상 및 조건 등 여러 가지 제어환경을 고려하여 최적 제어를 구현하기 위함이다.

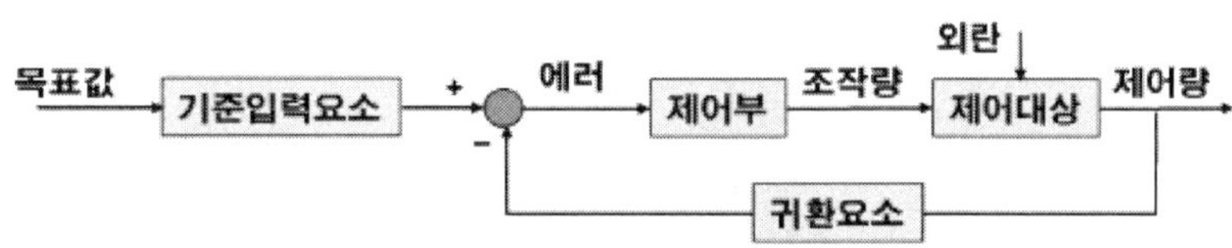

[그림 4.9] 폐회로 제어 블록선도 예

개회로 제어와 폐회로 제어를 여러 가지 측면에서 비교하면 [표 4.2]와 같은 특징들이 있다.

[표 4.2] Open–loop Control과 Closed–loop Control 비교

구 분	Open Loop Control	Closed Loop Control
취급정보	디지털 정보("0" 또는 "1")	아날로그 신호(연속정보)
제어성	정성적 제어	정량적 제어
회로구성	개회로이다.	반드시 폐회로이다.
외부에서의 명령	입력명령(제어명령)	출력명령(제어명령)
제어동작	불연속동작, 개개의 빠른 응답	연속동작(PID 동작), 완만한 응답
검출	제어대상의 상태(ON, OFF)	제어대상의 연속적 동태량
적용 예	전동기 제어, 컨베이어 시동, 엘리베이터 제어, 전용기계 제어 등	온도 제어, 유량 제어, 압력 제어, 액위 제어, 농도 제어, 혼합 제어 등

1) 순차 제어(Sequence Control)

시퀀스 제어(순서 제어)란 미리 정해진 순서에 따라 제어의 각 단계를 점차로 진행해 나가는 제어라 정의하고 있으며, 불연속적인 작업을 행하는 공정 제어 등에 널리 이용된다. 시퀀스 제어라고도 한다. 피드백 제어(feedback control)와는 달리 보상동작적인 작용을 가지지 않는 개회로이다. 제어신호는 아날로그가 아니라 디지털신호이다.

예로서 전기세탁기·전기밥솥·자동판매기·자동엘리베이터 등 일상생활에 응용될 뿐만 아니라 컨베이어, 트랜스퍼 머신, 발전소의 기동정지 원격조작, 자동운전, 자동공작기 등 공장의 자동화 시스템에 폭넓게 이용되며, 조업관리, 즉 공장 스케줄 제어의 일환으로서도 매우 중요한 일면을 차지한다.

2) 시한 제어(Time Control)

[그림 4.10] 시한 제어기(Timer-특정 사양)

시한 제어는 검출기를 사용하지 않고 시간의 경과에 따라 작업의 각 단계를 진행시켜 나가는 제어를 의미한다. 예로서 세탁기, 교통신호기, 네온사인의 점등과 소등이 해당된다.

3) 조건 제어(Limited Condition Control)

조건 제어는 입력조건에 상응된 여러 가지 패턴제어를 실행하는 것을 조건 제어라 한다. 일례로 엘리베이터 제어 등이 있다.

4) Feed Back Control

피드백 제어는 폐회로 제어로서 힘, 토크(Torque), 속도, 위치, 열량, 온도, 전자력, 광량 등의 물리량이 지령치(설정치)와 같은 값이 되도록 지령치와 실제치(결과치)를 항상 비교하여 제어한다. 따라서 프로세스 공업 등에서 유체와 같이 물리량을 제어하는데 효과적이며 연속 정보 및 아날로그 정보를 제어한다. [그림 4.11]은 피드백 제어의 일례의 블록선도이다. 목표치를 설정하면 제어대상에서 결과치를 피드백 받아서 비교기에서 목표치와 결과치의 차이를 계산하여 증감여부에 따라 다시 제어한다. 결과적으로 목표치에 도달할 때까지 이와 같은 피드백 제어를 반복하게 된다.

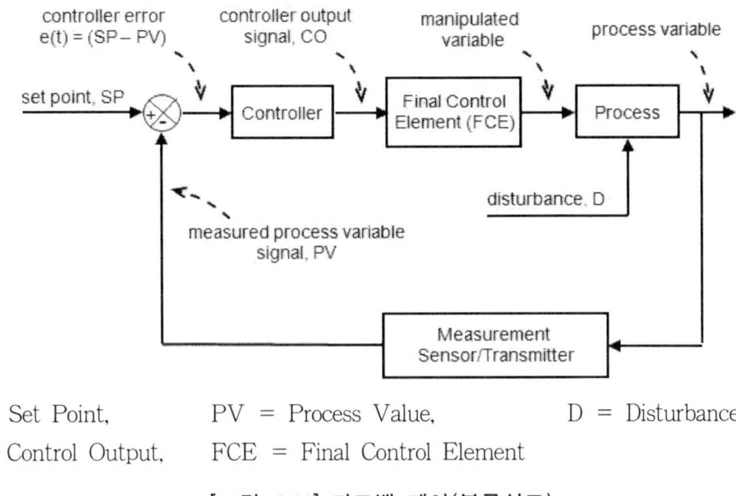

* SP = Set Point, PV = Process Value, D = Disturbance
CO = Control Output, FCE = Final Control Element

[그림 4.11] 피드백 제어(블록선도)

5) Feed Forward Control

피드포워드 제어는 폐회로 제어로서 프로세스 제어의 급속한 발달에 힘입어 외란 및 부하변동에 따른 프로세스 제어계에 대한 영향 및 동특성(Dynamic Characteristic)을 분석하여 최적 경제운전에 대한 요구가 높아졌다. 이를 위해서 제어계의 설계, 해석에 새로운 개념이 속속 도입되고 있다. 이 중의 하나가 피드포워드 제어이며, 피드백 제어방식의 제어성능이 크게 향상되었다. 피드백 제어는 일어난 결과를 가지고 조절하는데 반하여 피드포워드 제어는 일어나려고 하는 원인을 검출하여 미연에 방지하도록 하는 제어방식으로 일종의 예측제어이다. 따라서 이를 위해서는 프로세스의 동특성 해석이 필수적이다.

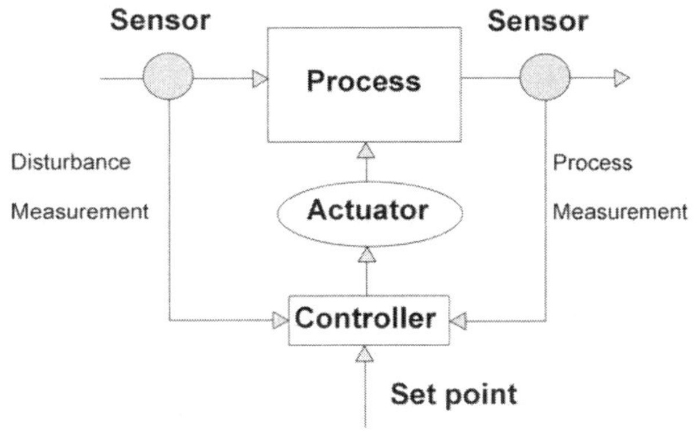

[그림 4.12] 피드포워드 제어(실시간 제어 폐수처리 시스템 예)

상기 [그림 4.12]는 일반적인 폐수처리 제어 시스템을 보여주고 있다. 여기에서 센서들은 우량계(Rain Gauge), 수위계(Water Level Gauge), 유량계(Flow Gauge), 생물학적 오염도나 생물량 또는 영양분을 측정할 수 있는 품질게이지(Quality Gauge) 등이 이에 속한다. 반면 펌프, 댐, 밸브, 약품투입 장치 등이 액추에이터로 사용된다.

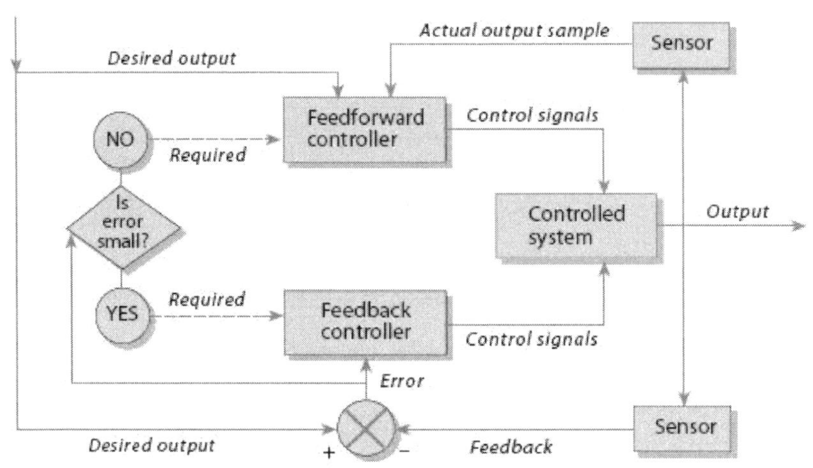

[그림 4.13] 피드포워드 제어(항공제어 예)

[그림 4.13]은 피드백 제어와 피드포워드 제어간의 차이를 이해할 수 있는 블록선도이다. 피드백 제어는 작은 실수(Error)를 허용할 수 있는 반면에 피드포워드 제어는 일체의 실수를 허용하지 않는 시스템으로 피드백 제어보다 훨씬 제어성이 우수하며 정밀한 제어가 요구되는 제어환경에 반드시 필요한 시스템이다. 항공기의 착륙 시에 보다 안정적인 착륙을 위해서 자동화된 시스템을 적용하고 있다. 항공기의 경우 실시간으로 착륙 제어 시스템은 고도, 속도 등을 감지하여 안정적이며 정확한 착륙을 의도하고 있다.

 4.2 제어 시스템의 구성

4.2.1 산업용 로봇의 제어구조

산업용 로봇에 적용되는 제어기는 [그림 4.14]와 같은 기본적인 필수구조를 가지고 있다. 중요 부분으로는 MMI(Man Machine Interface), MCK(Motion Control Kernel) PLC(Programmable Logic Control)의 3가지로 나눌 수 있으며 제어기 관련 여러 가지

제어구조에 대하여 설명하고자 한다.

1) MMI(Man Machine Interface)

MMI는 로봇 제어기 소프트웨어 구조 중 최상위계층으로 로봇을 운용하는 사용자의 명령 및 모니터링 정보를 메뉴방식에 의해 입출력하는 모듈(Module)이다. 가장 간단한 형태는 TP(Teaching Pendant)로 사용자가 들고 다니면서 로봇의 상태 모니터링 및 교시 프로그램 조작을 할 수 있는 장치이다.

소형 PC를 사용한 Portable TP에 Windows를 응용하여 GUI(Graphic User Interface)를 제공하는 제품도 나오고 있다.

최근 자동화 시스템의 다양성 및 복합성 증가 등으로 로봇의 사용자 제어프로그램이 점점 복잡해져가고 있다. 이에 따라 별도의 PC상에서 3차원 그래픽 시뮬레이션으로 사용자 프로그램을 검증하는 OLP(Off-Line Programming) Tool이 필요하게 된다. 이러한 OLP 프로그램은 TP 기능을 포함하여 매우 다양한 기능을 가지게 되어 가상적으로 로봇과 주변장치를 시뮬레이션 할 수 있으며, 로봇 제어기와 통신으로 연결되어 사용할 수 있다.

제어기가 별도의 PC와 고속통신에 의해 연결될 수도 있는데, 이 통신을 통해 제어기의 모든 데이터를 주고받을 수 있는 PC용 라이브러리를 제공하게 되면 제어기는 개방성을 갖게 되어 PC상에서 사용자가 원하는 형태의 제어 및 모니터링 화면을 구성할 수 있다.

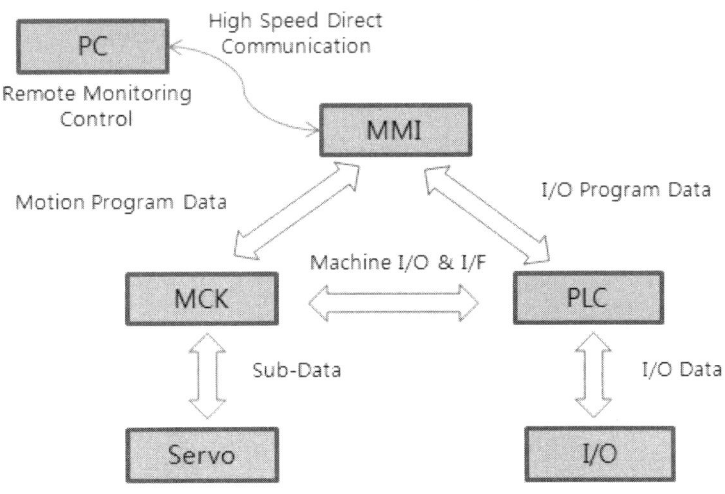

[그림 4.14] 제어기 기능블록 및 연결도

2) 제어운용모듈

(1) 해석기(Interpreter)

로봇은 인간과 마찬가지로 자신의 언어를 가지고 있다. 로봇은 지령언어로 표현된 사용자 프로그램을 해석하여 동작하게 된다. 일반적으로 CNC 제어장치를 적용하는 수치제어 로봇은 형상가공 등에 적합하고 표준화된 G코드 형식의 언어를 사용하고 있으며, 조립/핸들링 및 용접 등에 적용되는 다관절 형태의 로봇은 기본적인 컴퓨터 언어형태를 가지고 있다. 대표적인 회사마다 특정의 언어를 사용하여 해당 로봇을 제어하고 있기도 한다. 특성화된 프로그래밍 언어처럼 자체적으로 조건연산 및 변수조작 등의 기능을 가지고 있어 익숙한 사용자는 매우 다양한 프로그램을 작성할 수 있다. 또한 멀티태스크 프로그래밍 기능을 보유하고 있어 로봇구동을 하면서 주변장치의 시퀀스 제어뿐만 아니라 상위 PC와의 통신도 용이하기 때문에 사용자가 직접적으로 개방형 인터페이스 제어구조를 구성할 수 있다.

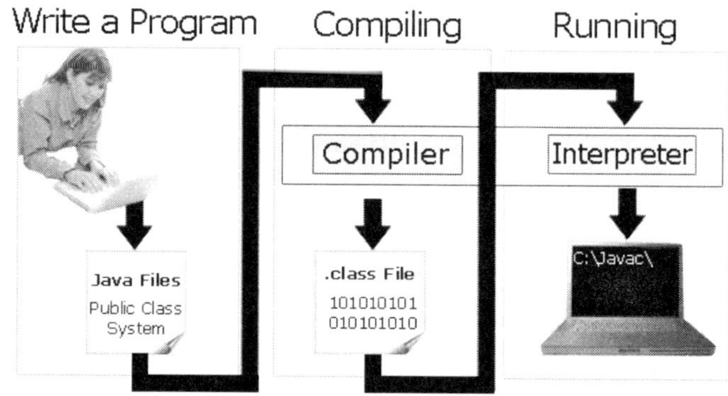

[그림 4.15] 해석기의 적용 예

(2) I/O(Input/Output) Manager

로봇 제어기는 기본적으로 모션 제어를 중심으로 설계된 관계로 많은 수의 디지털 입출력포트를 지원하지 않는 것이 보통이나 최근에는 로봇 제어기 하나로 자동화시스템의 주변장치를 제어하는 목표로 지원 포트를 증가시킨 제품도 많다. 또한 최근에는 주변장치의 입출력 인터페이스 방식이 Device Net 등의 필드버스(Fieldbus)를 사용하는 경우가 많아 필드버스 인터페이스 기능이 요구되는 경우도 많다.

일반적으로 많은 수의 입출력 시퀀스 프로그램을 로봇 프로그래밍 언어 자체적으로 수행할 수도 있으나, 일부 제작사에서는 CNC의 제어구조처럼 시퀀스 전용으로 PLC 프로그래밍 표준을 별도로 채택하여 [그림 4.16]과 같이 모듈로 로봇 제어기를 구성하는 사례도 있다.

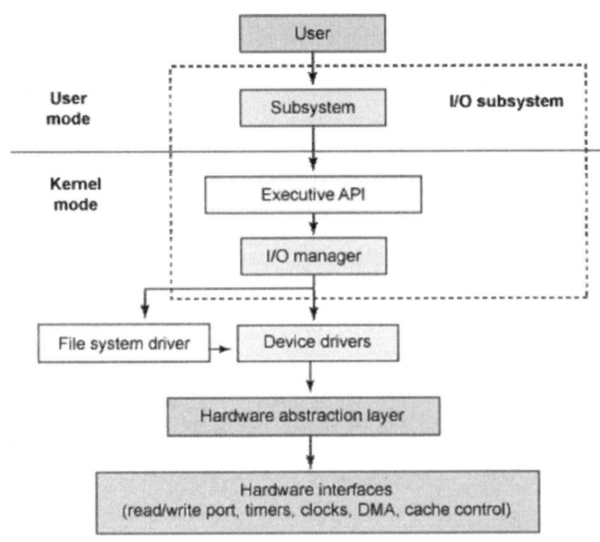

[그림 4.16] System 내에서의 I/O Manager

(3) O/S(Operation System)

로봇 제어기의 OS 구성은 크게 두 종류로 나눌 수 있다.

① PC기반 제어 구조방식

PC기반 제어 구조방식은 실시간 OS를 포팅(Porting)하여 사용하는 방식으로 소프트웨어 제어기라고도 한다. 이 방식에서는 GUI나 통신과 같은 상위 계층을 담당하고, 빠른 처리를 요구하는 모션 제어 및 시퀀스처리를 담당하는 실시간 커널(Real Time Kernel)이 있다.

[그림 4.17] PC기반 제어 구조

② 임베디드 제어 구조방식

임베디드(Embedded) 시스템은 컴퓨터의 하드웨어와 소프트웨어가 조합되어 특정한 목적을 수행하는 시스템을 의미하며, 마이크로프로세서/컨트롤러를 내장(embedded)하여 원래 제작자가 의도한 특정한 기능만을 수행하는 장치입니다. 임베디드 시스템의 특징인 소형, 경량, 저전력 소비성 때문에 특정한 기능에 부합하는 최적화 설계가 가능하며, 안정적이고 신뢰도가 높으며 실시간 구동이 가능한 장점이 있습니다. 그리고 대부분의 임베디드 시스템은 작은 크기의 메모리, 상대적으로 느린 프로세서 등을 탑재하므로 생산비용도 절감할 수 있습니다.

임베디드 시스템의 응용분야는 아래와 같이 대단히 광범하며 [그림 4.18]은 임베디드 제어구조의 예를 보여주고 있다.

정보가전 : 세탁기, 오디오, 인터넷 냉장고, HDTV 등
제어분야 : 공장자동화, 가정자동화, 로봇 제어, 공정 제어 등
네트워크기기 : 교환기, Router, 공유기, 홈 게이트웨이 등
게임기기 : 가정용 게임기(PS2, Xbox), 지능형 장난감 등
항공/군용 : 비행기, 우주선, 로켓, 야전 이동단말(GPS, GIS)
물류/금융 : ATM, RFID, 물류단말, 영업단말 등
차량/교통 : 자동차, ITS 등
사무, 의료 : 전화기, 프린터, Heart pacer, 수술 로봇, 증강현실장비

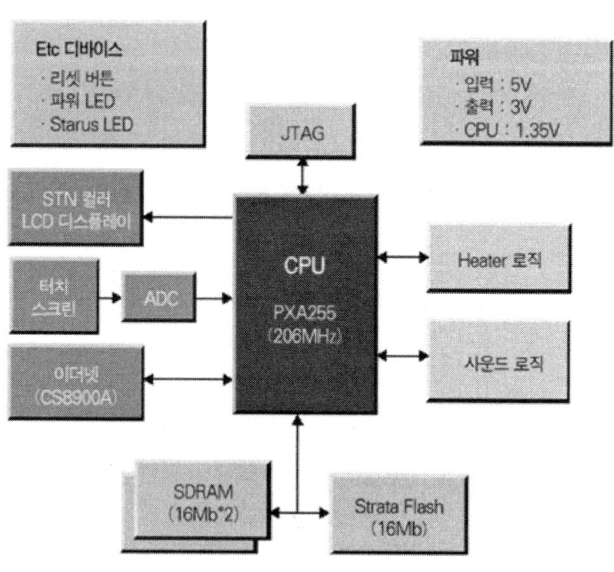

[그림 4.18] 임베디드 소프트웨어 구조

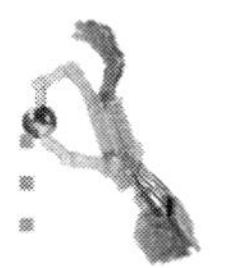

(4) 외부통신 인터페이스

제어기가 다른 외부기기와의 통신이 얼마나 표준화되고 원활한가에 따라 개발성의 여부가 결정된다. 최근에는 제어기의 사업성 결정에 외부기기와의 통신이 매우 중요한 기능으로 간주되고 있다.

통신 기능을 분류한다면 제어기의 상위계층 주로 PC, 하위 디바이스(Device) 계층과의 통신인 필드버스로 구분할 수 있다.

최근 생산자동화 시스템이 복잡해지고 생산효율이 제품경쟁력과 직결되어 있다. 따라서 제조현장에 산재되어 있는 시스템설계의 로봇 제어기를 분산제어의 구조에서 하나의 노드(Node)로 구성하여 로봇 제어기는 로봇을 제어하는 데 전담할 수 있도록 설계하게 되는 것이 보통이다. 적당한 규모의 시스템인 경우에는 로봇 제어기가 주변장치까지 제어하는 경우도 차츰 증가하고 있다.

이러한 경우에는 하위 디바이스 계층과의 필드버스 통신이 요구되며, 최근에는 표준화 및 배선을 위해 필수적인 기능으로 요구되고 있다.

3) 기구학 모듈

로봇 제어기는 일반적인 모션 제어기와 달리 해당 로봇의 기구학(Kinematics)모듈이 중요한 부분을 차지한다. 로봇 제작사가 만든 로봇의 기구학적인 특징을 해당 제작사의 제어기에 심어야 하기 때문이다. 일반적으로 역기구학은 비선형이 되는데, 이를 실시간으로 연산할 수 있고 샘플링 주기보다 짧은 시간에 계산 가능하도록 하여 모션명령버퍼에 계속 채워지도록 해야 한다.

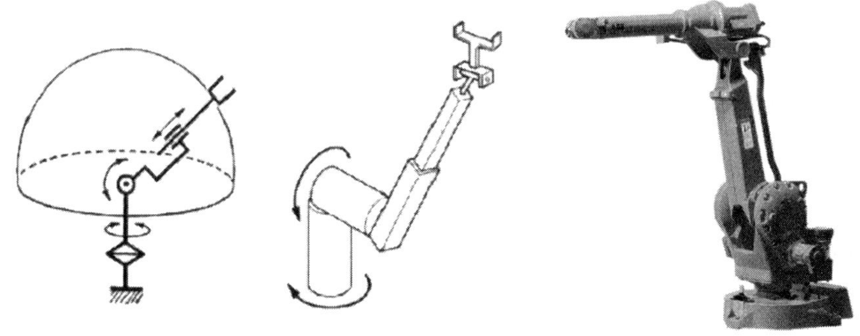

[그림 4.19] 기구학적 모듈 예(산업용 로봇)

4) 보간 모듈

보간 모듈에서는 로봇이 원하는 제어궤적을 원활하게 움직일 수 있도록 모터의 회전속도 및 가감속 연산을 하게 된다. 제어기는 보간 연산의 실시간 부담을 덜고, 연속되는 이동 모션을 부드럽게 연결하기 위해서 메모리를 이용한 보간 연산버퍼를 운영하게 되는 것이 보통이다.

로봇을 연속궤적을 추종 제어하는 경우에는 보간 성능이 로봇 제어기 성능의 60% 이상을 결정한다고 할 수 있을 만큼 중요한 부분이다.

유연성이 있는 엔드이펙터(End-effector)를 가진 로봇에서는 낮은 주파수의 진동이 문제될 수 있지만 적절한 가감속 방법으로 진동억제를 할 수 있다. 가감속을 하는 시점에 따라서 보간 전 가감속과 보간 후 가감속으로 구분할 수 있는데, 보간 전 가감속은 원하는 궤적 평면상에서 직접 가감속을 한 후 역기구학을 풀어 각축으로 이동명령을 분배하는 방식이며, 보간 후 가감속은 먼저 역기구학을 연산한 후 각축으로 분배된 축별 독립궤적을 가감속하는 방법을 말한다. 보간 전 가감속은 궤적오차를 줄일 수는 있으나, 속도나 가속도 제한 등의 고려해야할 사항이 많고 연산량이 늘어나게 된다. 특수한 경로 보간방식으로는 몇 개의 위치지정으로 유연한 곡선을 생성하는 스프라인(Spline) 보간, 가속하다가 감속해야 하는 미소한 구간이동 명령이 연속될 때 속도 감소가 일어나지 않으면서 로봇을 이동하게 하는 Look-ahead 보간방식 등이 있다.

5) 모션 제어 소프트웨어(S/W)

모션 제어 소프트웨어는 보간모듈에서 생성된 각 관절의 목표치를 가지고 실시간으로 추종 제어를 하는 모듈이다. 일반적으로 주제어 운용모듈의 계산 부담을 경감시키고 다축 모션 제어나 보정에 필요한 실시간 신호를 처리하기 위해 주제어 CPU와 별도의 CPU나 DSP를 사용하는 경우가 많다. PC 기반의 소프트웨어 제어방식에서는 PC 내부의 CPU가 주제어 및 모션 제어까지 모두 담당하게 된다.

서보 모션 제어 기법은, 보통의 경우는 비례-미분 귀환제어를 사용하고 로봇기구의 수직축 무게를 보상하기 위한 중력보상을 사용하는 것이 일반적이다. 다관절 로봇은 각 관절의 기구학적 위치에 따라 각축의 모터에 인가되는 부하관성에 다른 축의 영향도 포함된 비선형 변화를 하게 된다. 따라서 로봇이 선형 제어능력에 비하여 빠른 속도로 움직이는 경우에는 상당히 복잡한 수식의 비선형 다축 동력학제어가 실시간으로 연산될 수 있어야 한다. 그러나 계산의 복잡성 때문에 실시간성을 만족하기가 쉽지 않고, 모델링 오차로 인해 제어 성능향상이 매우 어렵다. 실제 산업용 로봇 제어의 경우에는 서보 제어

샘플링보다 동력학 보상제어 샘플링을 길게 하는 멀티샘플링을 채택하고, 매 샘플링 순간 발생하는 추종오차에 대해서는 강인한 고이득 선형제어를 하게 된다.

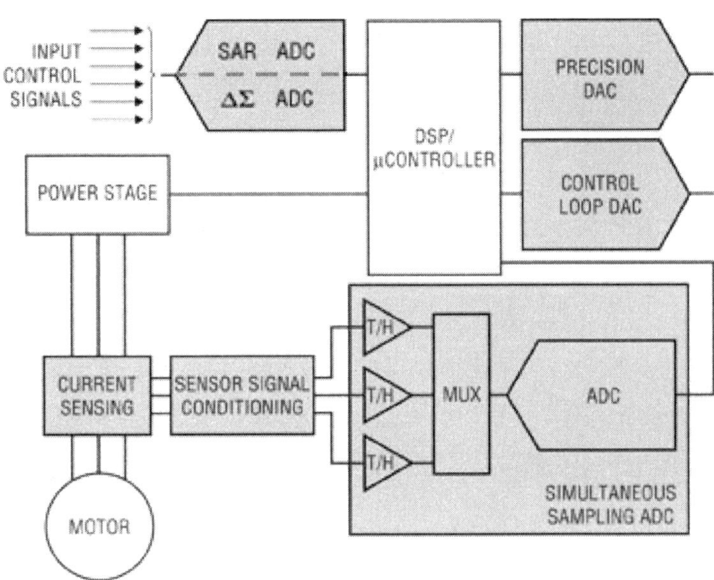

[그림 4.20] Motion Control 예

6) 모션 제어 펌웨어(F/W)

모션 제어 Firmware는 모션 제어 소프트웨어와 각축의 서보 드라이브를 연결해주는 하드웨어 및 소프트웨어를 말한다. 로봇 제어기는 일반적으로 로봇기구 제작사에서 세트로 함께 공급하기 때문에 임베디드(Embedded) 형태의 제어기 구조로 설계되어 있어 서보 드라이브의 영역구분이 확실치 않은 경우가 많다.

현재까지는 대부분 주제어 보드와 다축 서보제어보드 사이를 PC의 병렬버스를 사용하며, 다축 서보제어보드와 서보앰프 사이는 PWM 신호에 의해 연결되는 방식을 사용하는 경우가 주종으로 다축 동시데이터 운용 및 원가적인 측면에서 매우 유리한 방식이다.

그러나 최근 자동화제어기의 개방화 추세에 따라 다양한 형태의 로봇기구 구조의 제어장치 개발에 신속히 대응하고, 주변장치의 제어축 및 입출력도 함께 제어할 수 있는 실시간 서보제어 직렬통신방식을 채택하는 제작사들이 늘어나고 있다. 향후 전체적인 추세는 이더넷(Ethernet) 기반의 실시간 통신방식으로 표준화될 것으로 예상되고 있다.

7) I/O 제어 펌웨어(F/W)

산업용 로봇의 경우 자체적으로는 약 100개 이하의 I/O 포트(Port)만 있으면 충분하나, 시스템의 주변 디바이스들을 로봇이 제어한다면 더욱 많은 포트가 필요하게 된다. 또한 많은 I/O 포트의 시퀀스 제어 프로그램을 지원하기 위해서 로봇언어는 각 I/O의 명칭을 지정하여 프로그램할 수 있는 Named I/O 기능 등을 지원하거나 국제표준인 IEC-61131을 지원하기도 한다. 최근에는 시스템의 주변장치 디바이스들 중 필드버스 연결 방식을 가진 제품이 많이 출시되었다. 따라서 제어기가 이러한 필드버스를 지원하는 것이 필요한 경우가 늘어나고 있다.

주로 Device Net, Profibus가 주종을 이루고 있으며 장비에 설치된 PLC의 필드버스인 CC Link 연결을 로봇 제어기가 지원해야 하는 경우도 있다. 그 밖의 제어기는 고속 I/O라는 특수한 I/O가 필요하게 되는데, 일반적으로 로봇 1대에 32포트 이하가 필요하며, 로봇의 이동위치를 센서 입력 시 즉각 보정하기 위한 센서 입출력으로 사용하기도 한다.

8) 모터/서보 Drive

로봇 제어에 사용되는 모터는 주로 AC서보 모터, 리니어 모터 등이 있다. 모터 설계기술의 발전에 따라 소형화되면서도 고(高)토크를 얻을 수 있어 고속동작이 가능해 졌고 코깅 토크(Cogging Torque)를 줄이고 고분해능의 엔코더를 장착함에 따라 더욱 정밀한 제어도 가능하게 되었다. 서보 드라이브 또한 고속 DSP(Digital Signal Processor) 및 제어 ASIC을 채택하여 500Hz 이상의 속도제어 대역폭을 달성함으로써 고속/고정밀 제어기술을 뒷받침해주고 있다. 더욱이 모터 엔코더가 17bit에서 24bit까지 지원되는 고분해능 추세에 따라 서보 드라이브도 모션 제어 모듈과의 실시간 고분해능 위치데이터 전송을 위해 컴퓨터 병렬 버스에 의한 방식이나 실시간 필드버스를 지원해야 하는 것이 필수이다.

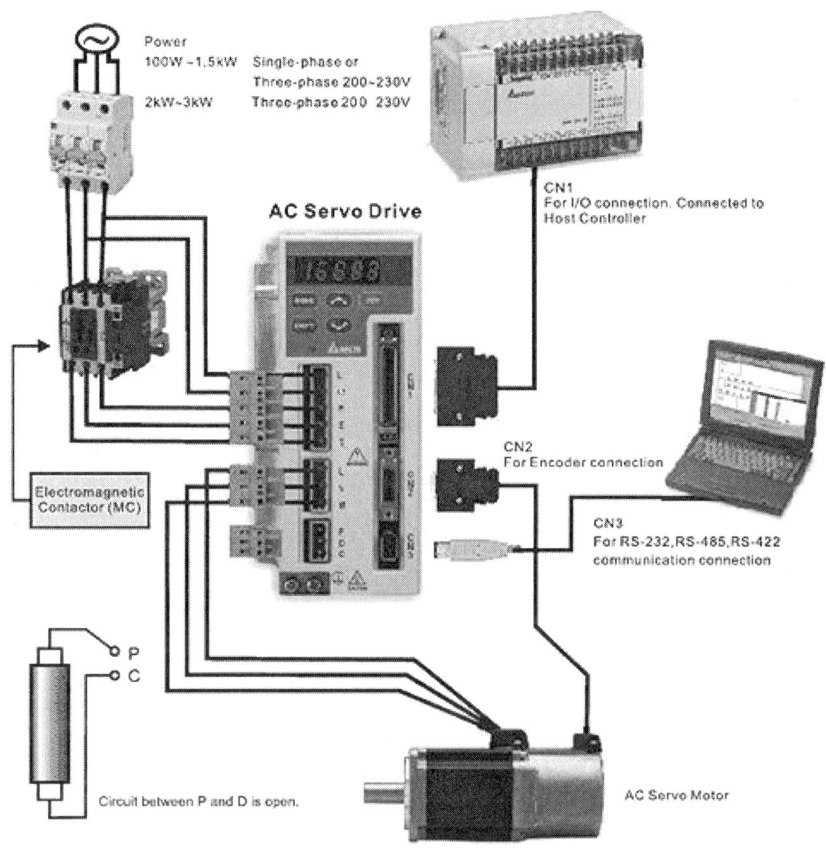

[그림 4.21] 서보 드라이브 구성 예

4.2.2 로봇 제어장치의 형태별 분류

1) 단축로봇 제어기

로봇 제어기 중 가장 간단한 것으로 염가이며, 컴팩트(Compact)한 형태의 모션 제어기라 할 수 있다. 비동기 다축확장의 형태도 있으며 간단한 자동화에 많이 적용되어 있다. 서보 드라이브의 고속 DSP(Digital Signal Processor) 적용에 의한 완전 디지털화에 따라 하드웨어의 별도의 변경 없이 소프트웨어의 추가로 탄생한 것이 단축서보라 할 수 있다. 즉, 간이형 모션 인터프리터, 보간기능, I/O기능 외에도 기억위치 포인트 저장, 사용자 프로그램의 작성 등을 지원하는 구조의 제어기 형태이다. 최근에는 Device Net 등의 필드버스에 의한 상위제어기(PC 또는 PLC 등) 인터페이스를 구비한 단축 제어기들이 출시되고 있다.

2) 다축로봇 제어기

(1) 독립형 제어기

독립형 다축제어기는 로봇 제어기의 주제어부만을 별도 모듈로 만든 것으로, 자체적으로 통신기능, 로봇운용언어, 보간 및 제어 기능 등을 보유하고 있다.

일반적으로 모니터링 및 설치운용을 담당하는 상위 PC와는 RS-232나 이더넷으로 연결되고, 로봇 및 장비의 축제어 서보 드라이브와는 실시간 필드버스로 연결된다. 주변장치의 I/O 또한 이 실시간 필드버스의 노드에 연결될 수도 있으며, 별도의 일반 필드버스를 옵션으로 지원하는 경우도 있다.

독립형 다축제어기 하나는 일반적으로 2축에서 24축 정도까지 제어가 가능하며, 상위 PC의 가동 여부에 상관없이 독립적으로 동작할 수 있는 구조이다. 간이형 MMI로 티칭 펜던트(Teaching Pendent)를 지원하게 되며, 사용자 프로그램의 외부기억장치 저장과 다운로드를 위해 일반적으로 USB를 지원하게 된다.

(2) PLC에 의한 위치제어

PLC는 기본적으로 디지털 입출력 시퀀스 제어장치이나, 최근 특수모듈의 기능이 매우 다양화되어 공정 프로세서 제어뿐만 아니라 모션 제어 기능도 보유하고 있다. PLC의 모션 모듈은 PLC를 기본적으로 사용하는 장비 셀에서 서보 모션 제어가 필요한 경우 경제적으로 사용할 수 있다.

PLC 모션 제어모듈은 내부적으로 CPU와 메모리가 있어 로봇의 운동학적 연산 및 교시점, 로봇 파라미터 등의 정보를 저장할 수 있다. 또한 서보 드라이브와는 위치펄스 방식이나 필드버스 등으로 연결하게 된다.

3) 임베디드 로봇 제어기

일반적으로 로봇 제어기는 로봇제작사에서 로봇과 함께 공급하기 때문에 앞에서 설명한 독립형 제어기와 서보 드라이브 및 전장배선 등을 하나의 제어박스에 내장한 형태를 제어기라 볼 수 있다.

로봇은 한 모델이 개발되고 나면 다양한 자동화분야에 적용할 수가 있어 메카트로닉스 제품 중 지속적인 양산성을 가지는 것 중의 하나이다. 로봇제작사에서는 제어모듈 전용화로 개발기간을 줄이고, 재료비 절감 및 소형화 등을 목적으로 설계하게 된다. 최근 로봇 산업이 다품종 소량산업 특징으로 변화됨에 따라 선진 로봇제작사들도 오랜 개발기간이 소요되는 제어기 개발의 효율화를 위해 모듈의 표준화 및 개방화를 모색하고 있다.

4) CNC

CNC 제어장치는 기본적으로는 부품 형상가공 공정의 자동화에 적용된다고 볼 수 있으며, 넓은 개념으로는 사용자 프로그램의 지시에 따라 메커니즘의 모션 컨트롤을 행하는 제어장치를 총칭한다고 볼 수 있다. CNC가 응용되는 분야는 다음과 같이 분류된다. 주축이 스핀들 모터이면 형상가공 공작기계, 레이저 발진기가 장착되면 레이저 절단기, 그리고 조립 그리퍼(Gripper)가 장착되면 부품조립장비 등으로 분류할 수 있다. 부품 형상가공의 정밀성, 생산성 및 신뢰성 등 여러 가지 조건을 맞추기 위해서는 위치결정 제어뿐만 아니라, 고속이면서 정밀한 모션 궤적계획, 다양한 형상가공 모션 제어를 위한 복합기능 등의 부가적인 기능들이 필요하다.

5) PC기반 제어기

PC기반 제어기는 로봇 모션 제어보드를 PC 버스 슬롯에 장착하는 제어기로, PC에서 사용자가 제어보드 운용프로그램을 작성할 수 있도록 C 언어 라이브러리(Library)를 제공한다. 또한 MMI, 주변장치 시퀀스 제어, 통신 등의 기능도 PC에서 사용자가 응용프로그램을 개발하여 사용하게 된다.

4.2.3 지능형 로봇의 제어구조

1) 지능형 로봇 제어기의 구조

지능형 로봇은 우리가 생활하는 공간 내에서 힘들고 어려운 일들을 대신하거나 도와줄 수 있는 가정용 서비스 로봇으로 개발되고 있다. 종류로는 개인용 로봇, 교육용 로봇, 오락용 로봇, 감성 로봇 등이 개발되고 있고, 홈서비스 로봇은 가정에서 사람을 대신하여 작업해 주는 로봇으로 청소 로봇, 경비 로봇, 가정 관리 로봇, 애완동물 관리 로봇 등이 있다.

아래 [그림 4.22]는 로봇 제어기의 구조를 개념적으로 보여주고 있다.

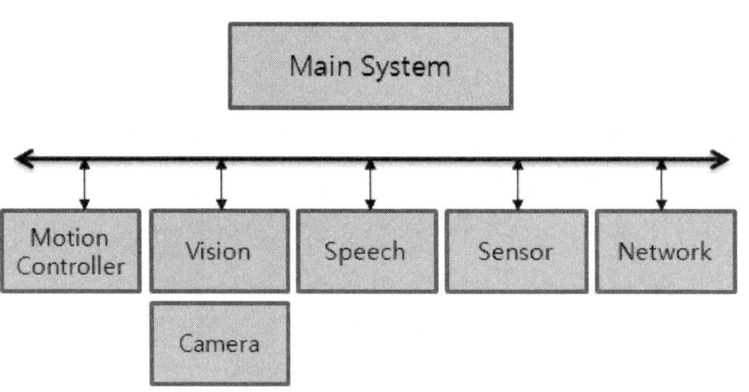

[그림 4.22] 지능형 로봇 제어기의 구조(개념도)

(1) 메인 시스템

메인 시스템(Main System)은 모션 제어(Motion Control), 비전 제어(Vision System), 음성 제어(Speech System), 네트워크 시스템(Network System) 등의 서브 시스템과 정보를 교환하여 로봇 전체의 기능을 관리 조정한다. 효율적인 관리조정을 위하여 지능 알고리즘을 이용하여 작업계획, 위치파악, 학습, 추론, 환경인식 등의 기능을 수행한다. 또한 메인 시스템은 사용자가 로봇과 상호작용할 수 있는 기능을 제공한다. 사용자가 직접 프로그래밍하거나, 기보드, 모니터 등의 입출력장치를 이용하여 로봇과 상호작용할 수도 있고, 또는 자율 상호작용 소프트웨어에 의해서 메인 시스템이 비전 시스템, 음성 시스템, 센서 시스템 정보를 바탕으로 사용자가 로봇과 편리하게 상호작용하도록 할 수도 있다.

메인 시스템은 로봇 제어기 전체의 진단기능도 수행하여 문제가 발생할 때 스스로 해결하거나 에러 메시지를 사용자에게 통보하고, 사람과 로봇이 같은 공간에 있을 때 야기될 수 있는 안전사고를 사전 방지하는 기능도 수행한다.

모션 시스템은 로봇주행이나 물체조작과 같이 실제 로봇동작을 제어하는 역할을 수행한다. 따라서 모션 시스템은 동작제어를 위해서 1ms에서 8ms 정도의 짧은 샘플링 시간 동안 여러 가지 작업을 수행해야 하며, 메인 시스템과 샘플링 시간 동안 필요한 정보를 교환하기 위해 공유 메모리 방식을 사용한다. 또한 모션 시스템은 모터의 현재 위치와 속도정보를 포함하는 모터 상태정보와 모터에 전류를 공급하여 구동시키는 서보제어기 상태정보를 메인 시스템에 전달하여 메인 시스템이 로봇동작을 관리 조정할 수 있도록 한다. 메인 시스템에서 모션 시스템으로 전달되는 정보는 로봇동작을 위한 위치명령과 제어알고리즘 관련 파라미터(Parameter), 전원차단 시 안전을 위한 모터정지 명령 등이다.

(2) 비전 시스템

비전 시스템(Vision System)은 카메라(Camera)에 들어오는 영상을 이용하여 원하는 정보를 추출하는 기능을 수행한다. 메인 시스템에서 작업계획, 위치파악, 학습, 추론, 환경인식 등의 지능적인 작업을 수행하기 위해 필요로 하는 정보 대부분은 비전 시스템에서 제공하게 된다.

비전 시스템의 샘플링 시간은 모션시스템에 비해 길지만 메인 시스템이 필요로 하는 정보를 실시간으로 제공하려면 2차원의 입력영상을 대상으로 매우 복잡한 연산을 제한된 시간 내에 수행해야 하며, 부가적으로 조명변화 등 외부여건 변화에 관계없이 입력영상에서 원하는 정보를 추출하여야 하기 때문에 비전 시스템은 다른 서브 시스템에 비해 월등히 앞서는 계산능력을 필요로 한다.

한 예로 현재 반도체 장비에 사용되는 고속정밀 머신 비전 시스템은 필요한 계산을 제한된 시간 내에 수행하기 위하여 고성능의 DSP를 병렬로 사용하고 있다.

(3) 음성 시스템

음성 시스템(Speech System)은 주로 사용자와 로봇의 편리한 상호작용을 위해 사용자 음성을 이용하여 로봇이 사용자 의도를 파악하도록 하는 기능을 수행한다. 비전 시스템에 비해서 처리해야 할 정보량은 많지 않지만 지능형 로봇의 일반 환경에서 사용자 의도를 파악하려면 아직 추가적으로 여러 가지 기술을 더 개발해야 할 필요가 있다. 음성 시스템은 음성에 의한 의도파악 기능 이외에도 사용자의 건강상태 점검 등의 기능을 수행할 수도 있다.

(4) 센서 시스템

센서 시스템(Sensor System)은 초음파나 레이저와 같은 센서를 이용하여 원거리 정보를 얻어내거나 근접 센서 및 접촉 센서를 이용하여 근거리 정보를 얻어낼 수 있다. 또한 촉각 센서나 후각 센서를 이용하여 이와 관련된 정보를 추출할 수도 있다.

(5) 네트워크 시스템

네트워크 시스템(Network System)은 로봇이 외부기기와 정보를 교환할 수 있도록 다양한 통신기능을 제공한다. 한 예로 무인 정찰로봇의 경우 정찰 중에 취득된 정보를 관리센터로 송수신하여 활용하는 경우가 있다.

2) 네트워크기반 로봇의 분류

(1) 독립형 로봇

네트워크와는 전혀 무관하게 독립적으로 운영되는 특화된 기능을 내장한다. 로봇의 구동을 위한 제어 시스템, 다양한 센서 및 신호처리 시스템, 콘텐츠 제공을 위한 소프트웨어 및 중앙제어 시스템을 모두 탑재하고 있어 가격이 비싸고 기능이 제한적이다. 엔터테인먼트 로봇이나 퍼스널 로봇의 경우 기능과 동작특성의 개선이 매우 어렵기 때문에 높은 가격에도 불구하고 활용기간이 길지 않다.

(2) 소결합(疎結合, Loosely-coupled)용 네트워크기반 로봇

인터넷 접속을 통해 실행되는 소프트웨어를 다운로드 받거나 인터넷에서 필요한 정보를 제공받아 사용자에게 전달할 수 있는 형태의 네트워크 활용이 제한적인 로봇을 말한다. 원격지에서 핸드폰이나 PDA와 같은 이동통신 단말기를 통해 제어될 수 있고 제한된 정보를 이동통신 단말기에 제공할 수 있다. 이 경우에는 로봇 스스로가 인터넷을 통해 개선된 서비스 콘텐츠를 받아들여 스스로의 기능과 동작특성을 개선할 수 있고, 인터넷에서 사용자가 필요로 하는 정보를 수집하여 제공할 수 있다는 관점에서 한 단계 발전된 로봇이다.

이 로봇은 구동을 위한 제어 시스템, 다양한 센서 및 신호처리 시스템, 콘텐츠 제공을 위한 소프트웨어 및 중앙제어 시스템이 모두 탑재하고 있지만 네트워크 활용을 통해 정보를 제공하거나 공유할 수 있다는 장점이 있다.

(3) 밀결합(密結合, Tightly-coupled) 네트워크기반 로봇

로봇 자체에는 로봇구동을 위한 제어기, 센서 인터페이스 및 무선통신 인터페이스만을 장착하고 대부분의 신호처리와 상위수준의 제어 및 인공지능기능을 네트워크에 연결된 다수의 컴퓨터를 활용하여 처리할 수 있는 로봇을 말한다. 이 로봇은 내부에 대용량 연산능력을 갖춘 컴퓨터가 필요 없이 로봇의 가격을 낮출 수 있고, 필요한 로봇 플랫폼을 활용하여 서로 다른 다양한 서비스를 제공할 수 있는 장점이 있다.

대용량의 센서 데이터들이 유·무선 통신망을 통해 전송되기 때문에 대용량 데이터의 실시간 전송을 위한 네트워크 기술, 환경변화에 대응할 수 있는 로봇 핵심기술, 필요한 제어 및 인공지능 서비스를 제공할 수 있는 분산형 고성능 서버 시스템 기술을 필요로 한다.

이러한 로봇의 경우에는 저가격의 로봇을 구입하고 핸드폰에서와 같은 저렴한

콘텐츠 사용료만을 제공함으로써 유용한 서비스를 제공받을 수 있어 다양한 정보를 얻을 수 있다.

(4) 센서 네트워크기반 로봇

환경 속에서 내장된 센서 네트워크를 활용할 수 있는 네트워크기반 로봇이다. 네트워크의 이용이 활성화되면 생활공간 속에 설치된 센서 네트워크와 연계하여 로봇과 환경에 대한 정보를 추출, 활용할 수 있어 로봇의 제어 및 인공지능 기능에 대한 신뢰성을 더욱 높일 수 있어 다양한 분양에 적용할 수 있다.

3) 네트워크기반 로봇의 구조

네트워크기반 로봇의 기본적인 구조는 공공안내 도우미 로봇 및 청소 로봇과 하드웨어는 유사하다. 단 사용자에게 보다 많은 서비스를 제공하기 위한 정보네크워크 기능이 보강되어 있으며, 또한 내장된 하드웨어의 사양이 고사양, 저가격으로 구성되어 있다.

[그림 4.23] 네트워크기반 로봇의 기본 구조

내장형 하드웨어

URC(Ubiquitous Robotic Companion) 로봇에 내장되는 하드웨어 모듈을 총칭하는 것으로 로봇의 전체기능을 관리하며, 로봇 내부의 네트워크와 무선 LAN 기반의 외부 액세스 네트워크를 연동하는 유무선 네트워크 허브 기능을 가진다. 로봇 내부의 주요 기능모듈은 대용량의 데이터 이동이 필요한 음원추적 및 음성인식을 위한 오디오 인터페이스, 비전 인터페이스 그리고 수 마이크로초(ms) 이내의 실시간 응답시간을 요구하는 제어 통신망 기반의 센서 및 액추에이터(Actuator) 모듈로 구성된다.

[그림 4.24] 가정용 서비스 URC 로봇 예(KT)

4) 지능형 로봇 제어모듈(Main Control Module)

(1) 기반지식

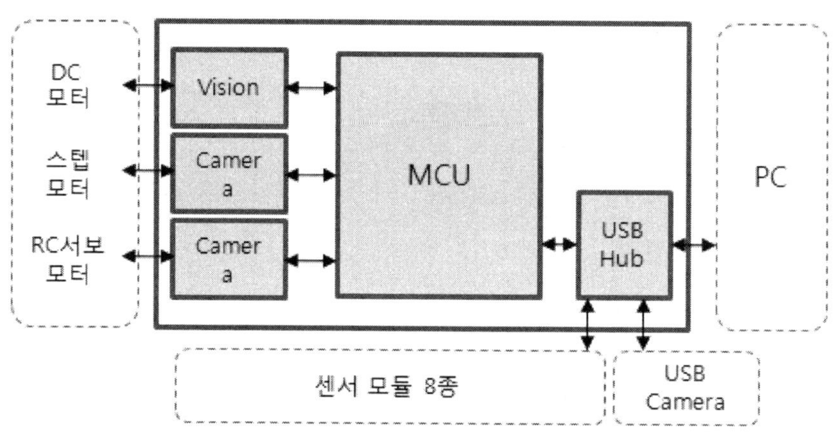

[그림 4.25] 제어모듈 블록도(ED7271-15)

① 임베디드(Embedded) 프로세서

로봇의 고속연산처리를 위한 중앙제어 시스템으로는 인텔 PXA27x와 모토로라의 ARM926EJ의 연산제어장치를 사용한다. 이밖에 다수의 중앙제어 시스템이 출시되어 있으며 이 연산제어장치를 사용하는 경우도 있다.

중앙제어 시스템은 로봇의 동작요소시간을 증대하기 위해 저전력 프로세서 및 무선단말을 응용으로 하는 멀티미디어 처리가 기본으로 내장되어 있고, 로봇 내부 인터페이스 버스인 USB 1.1 또는 2.0 호스트와 슬레이트를 기본

으로 지원하고 있다. 고해상도 CMOS/CCD 비디오 센서 인터페이스와 LCD 컨트롤러를 추가적으로 부착하지 않도록 설계되어 있어 하드웨어에 대한 공간을 최소한으로 줄일 수 있다.

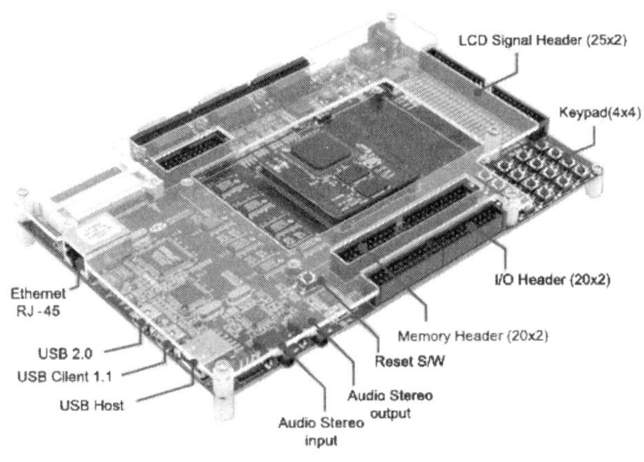

[그림 4.26] Embedded Solution Board(Intel PXA27x)

② 센서신호전달

장애물의 유무 및 거리판단뿐만 아니라 각종 주변 환경의 필요한 데이터를 수집하여 정보를 저장함으로써 로봇의 움직임을 원활히 할 수 있도록 한다.

③ 모터 제어

제어모듈의 가장 핵심기술인 DC 모터 제어, Step 모터 제어, 서보 모터 제어기술이 포함되어 있다. 속도, 가/감속제어 및 거리위치 제어를 할 수 있다.

 4.3 로봇 제어용 제어기/프로그램

4.3.1 로봇 제어기

주로 많이 사용하고 있는 로봇 제어용 제어기가 별도로 있는 것은 아니다. 이미 개발되어 있는 제어기들을 제어하고자 하는 대상과 개발자가 사용하기 용이한 제어기를 사용하는 것이 보통이다. 따라서 이 장에서 설명하는 제어기는 현재 범용으로 사용 중인 제어기 중에 몇 가지만 설명하고자 한다.

1) MCU

마이크로프로세서(Microprocessor, 간단히 "μP"라고 표기함)는 컴퓨터의 중앙처리장치(Central Processing Unit:CPU)를 단일 IC(Integrated Circuit) 칩에 집적시켜 만든 반도체 소자로서, 1971년에 미국의 Intel사에 의하여 세계 최초로 만들어졌으며 오늘날은 이를 흔히 MPU(Micro Processor Unit)라고 부르기도 한다.

즉, 마이크로프로세서는 CPU의 여러 형태중에서 1개의 소자로 만들어진 종류이므로, 모든 마이크로프로세서는 CPU이지만 모든 CPU가 곧 마이크로프로세서인 것은 아니다. 그러나, 이를 MPU라고 부를 때는 이것이 곧 마이크로프로세서를 의미한다. 이것은 일반 컴퓨터의 중앙처리장치에서 주기억장치를 제외한 연산장치, 제어장치 및 각종 레지스터들을 단지 1개의 IC 소자에 집적시킨 것이므로 연산, 제어, 판단, 기억, 계시 프로그램에 의한 처리 등의 기본적인 처리기능은 일반 중 대형 컴퓨터의 CPU에 비하여 별로 다를 바가 없다.

보통 넓은 의미에서 마이크로프로세서라고 하면 범용 마이크로프로세서(MPU)는 물론이고 마이크로콘트롤러(MCU)나 RISC 프로세서, DSP 등 CPU의 기능을 포함하는 단일 반도체 소자를 모두 지칭하는 포괄적인 개념이 된다.

Microchip 社의 주요 대표 제어기는 아래와 같이 분류된다.

- 8-bit PIC Microcontrollers
- 16-bit PIC MCUs & dsPIC DSCs
- 32-bit PIC Microcontrollers

상기 관련하여 상세정보는 Microchip 社 홈페이지 www.microchipdirect.com에서 확인할 수 있다.

교육용 로봇이나 기타 로봇에 One Chip 형태로 쉽게 사용할 수 있는 범용화된 제어칩을 소개하고자 한다. AVR은 Alf(Bogen) Vergard(Wollen) RISC 제어기의 약자로 ATEML 社에서 제작된 RISC 구조의 MCU이다. RISC 구조는 1 Cycle에 1 Instruction이 수행되는 고속의 MCU이며, ISP(In System Programming)이라는 기능을 통해 매우 저렴하게 개발환경을 구축할 수 있다. AVR은 RISC타입이며, Harvard Architecture의 특징으로 C 언어에서 우수한 성능을 발휘할 수 있으며, 다양한 각종 컴파일러가 무료로 제공된다는 점과, 이밖에 ADC, PWM, SPI 등등의 고기능을 손쉽게 구현할 수 있다는 장점이 있다.

AVR 마이크로컨트롤러의 종류는 크게 분류하면 아래와 같다.

- AVR 8-bit RISC
- AVR32 32-bit MCU
- AT91SAM 32-bit ARM-Based Microcontrollers
- AT91CAP Microcontrollers
- DIOPSIS(ARM + DSP)
- 8051 Architecture
- FPSLIC(AVR with FRGA)
- MARC4 4-bit Architecture
- MCU Wireless

상기 관련하여 자세한 정보는 ATMEL 社 홈페이지 www.atmel.com을 참고할 수 있으며 구현하고자 하는 제어환경에 부합되는 MCU를 활용이 가능하다. 이를 위해서 AVR 마이크로프로세서를 이용하여 개발할 경우 개발 툴에는 AVR Studio, CodeVisionAVR 등이 있다.

2) PLC

PLC(Programmable Logic Controller)란 종래에 사용하던 제어반 내의 릴레이, 타이머, 카운터 등의 릴레이 제어기능을 IC(Integrated Circuit), 트랜지스터 등의 반도체 소자로 대체시켜, 기본적인 시퀀스 제어 기능에 수치 연산 기능을 추가하여 프로그램 제어가 가능하도록 하며 프로그램의 시작과 끝을 순환(Scan)하면서 로직(Logic)을 수행할 수 있는 제어 장치이다. PLC는 초기에는 PC(Programmable Controller)로 불렸으나 개인용 컴퓨터의 약자인 PC(Personal Computer)와 혼동되므로 1978년 미국 전기 공업화 규격에서 PLC(Programmable Logic Controller)로 명명하고 "디지털 또는 아날로그 입출력 모듈을 통하여 로직, 시퀀싱, 타이밍, 카운팅, 연산과 같은 특수한 기능을 수행하기 위하여 포로그램이 가능한 메모리를 사용하고 여러 종류의 기계나 프로세서를 제어하는 디지털 동작의 전자 장치"로 정의하고 있다.

이러한 PLC의 역할은 시퀀스 제어, PID(Proportional Integral Differen-tial) 제어, 아날로그 제어, 위치 제어 등이다. 대부분의 PLC는 접점의 AND, OR연산과 Timer/Counter 연산 등의 기본 연산 기능과, Shift, Master Control, Subroutine, 데이터 연산 등의 응용 연산 기능을 갖고 있다.

[표 4.3] PLC의 적용분야

적용 산업분야	제 어
식료	컨베이어 출고 제어, 생산라인 자동 제어 등
제철, 제강	작업장 하역 제어, 원료수송 제어, 압연라인 제어, 하역운반 제어 등
섬유, 화학	원료수입/출하 제어, 직조 염색라인 제어 등
자동차	전송라인 제어, 자동조립라인 제어, 도장라인 제어, 용접기 제어 등
기계	산업용 로봇 제어, 공작기계 제어, 송/배수펌프 제어 등
상하수도	정수장 제어, 하수처리 제어, 송/배수펌프 제어 등
물류	자동창고 제어, 하역설비 제어, 반송라인 제어 등
공장 설비	압축기 제어, 냉동기 제어 등
공해방지	쓰레기 소각로 자동 제어, 공해 방지기 제어 등

(1) PLC의 분류

PLC는 일반적으로 크기에 따라 분류할 수 있으며, 또한 형태에 따라서도 분류할 수 있다. 크기에 따라서 소형, 중형, 대형으로 분류할 수 있고, 형태에 따라서 블록타입과 모듈타입으로 분류한다.

① 크기에 의한 분류

PLC는 크기에 있어서 매우 다양한 종류를 가지고 있다. 보통 PLC는 3가지의 크기로 나눠진다.

a) 소형 PLC 범위 : 128개의 입, 출력점과 2k Word 메모리까지
b) 중형 PLC 범위 : 2048개의 입, 출력점과 32k Word 메모리까지
c) 대형 PLC 범위 : 16,000개의 입, 출력점과 2M Word 메모리까지

따라서 적용하고자 하는 환경에 적합한 사양을 결정 시 향후 추가될 접점을 고려하여 다소 여유 있는 크기(용량)로 결정하여 PLC 크기를 선정하는 것이 바람직하다.

② 형태에 의한 분류

PLC는 형태에 따라서 블록타입, 모듈타입으로 분류된다.

a) 블록형식(Block Type)

비교적 소형의 자동화기기에 사용되는 PLC로서 하나의 케이스 안에 설치되어 있다. 즉, 전원장치부, CPU부, 메모리부, 입력 및 출력접점부의 모든 기능이 직접되어 있어 취급이 간단하고 저가이다. 그러나 입출력 점수가 제한되고 확장 유닛을 장착하여 입출력 점수를 늘릴 수 있으나

한계가 있다. 또한 PLC간의 통신과 아날로그 신호의 처리, 위치결정과 같은 고도의 기능을 발휘하기 어려우며, 로직의 스텝의 양도 제한적이고, 상위 컴퓨터와의 작업정보의 전송이나 작업지시 정보의 교환 등이 제한된다.

b) 모듈형식(Built-in Type)
모듈형식의 PLC는 베이스유닛에 전원 유닛과 CPU유닛을 기본으로 설치하고 자동화 대상의 기능에 따라 입력 유닛, 특수기능 유닛 등 필요한 유닛을 베이스에 추가하여 사용한다. 입출력 점수의 변경이 요구될 시는 필요한 기능의 입출력장치를 추가시킬 수 있다. 또한 CPU의 기능이 향상되고 고속처리 및 대용량 데이터의 처리가 가능하며 PLC 간의 통신이나 상위 컴퓨터와 연결하여 대단위의 자동화가 가능하며 컴퓨터 통신을 이용하여 수주에서 생산 판매에 이르는 전 과정을 자동화하는 총합화 생산시스템을 구성할 수 있다. 유닛은 입력, 출력, 입/출력 혼용, 통신, 고속 카운터, PID 제어, 아날로그 입력, 아날로그 출력, 위치 결정 유닛 등이 있다.

4.3.2 프로그램(Program)

로봇을 제어하기 위한 프로그램 언어는 다양하다. 그 중에서도 일반적으로 많이 사용하고 있는 프로그램을 몇 가지만 소개하고자 한다. 그 중에서도 가장 많이 사용되는 프로그램은 C 언어, LabVIEW가 있으며 국내 특정 회사의 교육용 로봇에는 ROGIC 등이 있다.

1) C 언어

C 언어는 특정 컴퓨터 기종만을 위해 작성한 언어가 아니기 때문에 사용하는 하드웨어에 관계없이 어느 기종에서나 사용할 수 있는 이식성이 강한 언어이며, 사용자 중심의 언어로 누구나 쉽게 사용할 수 있도록 개발되었고 발전해 왔다. 이식성이란 특정 시스템에서 작성된 C 프로그램이라 하더라도 극히 일부를 수정하거나 전혀 수정하지 않아도 다른 시스템에서 실행이 가능함을 의미한다. 만일 수정이 필요한 경우 주프로그램에 수반되는 헤더 파일의 몇 가지 엔트리만 바꾸면 된다. 또한 Unix 운영체제가 C로 만들어진 점을 생각하면 중대형 컴퓨터 환경이 곧 C의 환경인 것이다.

C 언어의 특징은 "이식성, 다양성, 유연성, 혼합성"으로 함축할 수 있다.

① 이식성

다른 프로그램 언어보다 높은 호환성을 가지고 있고 C 언어의 표준함수로만 작성된 프로그램은 어떤 기종의 컴퓨터에서도 정상적으로 실행될 수 있다. 한 시스템에서 C 언어로 작성된 프로그램은 약간의 수정 혹은 수정 없이 다른 시스템에서 실행할 수 있다.

② 다양성

과학 계산용 프로그램뿐만 아리라 FA(공장 자동화), OA(사무 자동화), GUI (Graphics User Interface), 시스템 프로그램(System Program), 응용 프로그램(Application Program) 등과 같이 컴퓨터의 모든 분야에서 사용할 수 있도록 설계된 효율적인 프로그램 언어이다. 운영 체계(UNIX)는 물론 많은 프로그램과 소프트웨어가 C 언어로 작성되어 있다.

③ 유연성

소프트에서의 부품화를 실현할 수 있다는 것이다. 소프트웨어의 부품화란 새로운 프로그램을 개발하기 위해 이미 작성된 프로개름 모듈들을 그대로 사용하는 것을 의미한다. 고급 언어(Visual C++, 사람들이 쉽게 이해할 수 있는 언어)와 Assembly 언어의 중간 형태이다.

④ 혼합성

다른 프로그램 언어와 함께 혼합되어 사용될 수 있는 혼합 프로그램을 개발하는 프로그램의 혼합성을 극대화 시키는데 사용된다.

C 언어의 장점을 몇 가지 소개하면 아래와 같다.

첫째, Interpreter Type의 BASIC 언어와는 달리 Compile 언어이므로 일단 Compile(컴퓨터가 이해할 수 있는 언어로 변환)되고 나면 실행이 빠르다.

둘째, 모듈화된 프로그램으로 독립된 작은 함수로 작성한 것이다. 표준 삼수와 사용자 정의 함수가 있으며 프로그램을 모듈화 시키면 프로그램의 부품화(이식성 향상)가 가능하고, 디버깅(Debugging)이 쉬워지고, 프로그램의 유지와 보수가 간단해진다. 프로그램이 간결해지고 호환성도 높고 처음부터 무리하게 큰 프로그램을 작성하는 어려움을 덜어준다.

셋째, 다양한 연산자가 있다. C 언어는 다름 프로그램 언어에 비해 대단히 많은 연산자가 있다. 연산자가 많다는 것은 프로그래머 자신이 원하는 표현식(산술식, 논리식, 연산식)을 구체적으로 표현할 수 있다는 것을 의미한다.

넷째, Pre-Processor 기능이 있다. #define, #undef, #include, #if, ifndef, #elif, #else,

#endif, #line 등이 있으며 매크로(Macro)의 기능, 파일을 포함하는 기능, 내부코드(In-line Code) 생성 기능을 위하여 사용되는데 판독성과 이식성을 높여주는 역할을 한다.

다섯째, 동적인 메모리 관리(Dynamic Memory Management)가 가능하다. 메모리를 효율적으로 운영할 수 있도록 언어 차원에서 메모리를 능동적이며 동적으로 관리한다.

여섯째, 간결하고 효율적인 구조를 갖고 있으며, 매우 함축적 표현을 할 수 있다.

2) LabVIEW

LabVIEW는 공학 전반에 걸친 복잡한 문제를 다룰 수 있도록 National Instrument(NI)에서 개발하였다. 공학적인 해석에 의해 설계된 다양한 제어 변수를 실제 시스템에 적용하기 전에 조절하고 시뮬레이션(Simulation)에 의하여 테스트가 가능하도록 한 프로그램이다. 모든 엔지니어링 분야에 적용할 수 있도록 응용 범위를 넓혔다.

텍스트 기반의 프로그램 언어와는 달리 LabVIEW는 그래픽 프로그램 언어 기반의 소프트웨어이고 G 언어라고 불리기도 한다. LabVIEW가 그래픽 프로그램이라고 불리는 이유는 C나 Fortran 등에서 이용하는 텍스트 형태의 코드를 작성하지 않고 블록다이어그램(Block Diagram)이라고 불리는 윈도우 창 위에 필요한 여러 함수 블록들을 가져와 연결하여 마치 블록을 쌓고 해당 블록을 선으로 연결하는 듯한 그림 형태로 프로그램을 만들어 실행 결과를 프런트패널(Front Panel)을 통해 바로 확인할 수 있다. 또한 National Instrument 社에서는 각종 Application에 특화된 여러 종류의 Toolkit을 제공한다. 복잡한 수학 계산이나 신호처리(Signal Processing), 데이터 수집(Data Acquisition), 모션 제어(Motion Control), 비전(Vision) 등에 이르는 다양한 함수를 이용할 수 있다.

LabVIEW와 관련한 상세 자료는 National Instrument 社의 공식 홈페이지 http://www.ni.com/labview/를 참고할 수 있다.

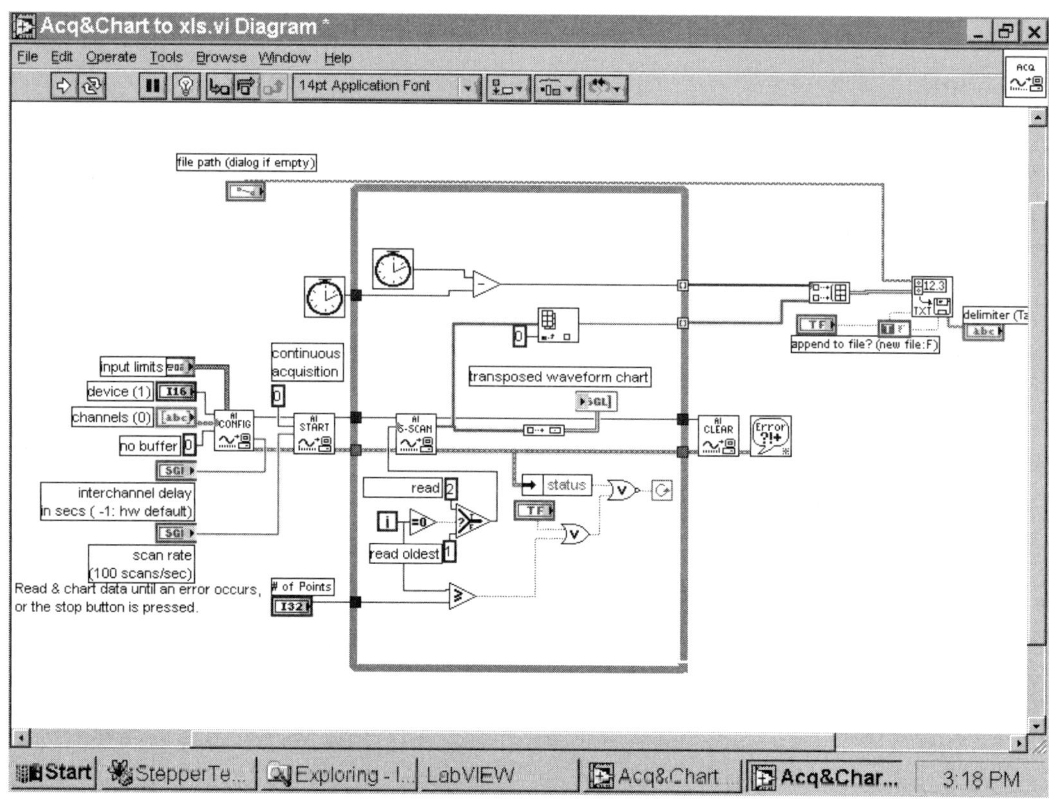

출처 : http : //www.webs1.uidaho.edu/ME45...ults.htm

[그림 4.27] LabVIEW 프로그램 예

3) ROGIC

ROGIC은 국내 RoboRobo 社에서 개발한 프로그램으로 초등학생들도 쉽게 배워서 해당 업체의 로봇을 제어할 수 있도록 하였다. 여러 가지 교육용 로봇에 적용되는 프로그램으로 각종 제어장치들을 비교적 쉽게 이해할 수 있도록 하여서 여러 가지의 제어장치들을 연결시켜 로봇을 구현할 수 있다. ROGIC 프로그램은 RS232 케이블을 이용하여 PC에서 작성된 프로그램을 해당 CPU에 다운로드하여 사용한다.

이때 프로그램은 이미 Block화된 명령인 Chips들을 이용하여 작성할 수 있다. 대표적인 Functions 함수관련 Chip들은 아래와 같다.

- Start Chip, DC Motor Chip, Servo Motor Chip, Voice Chip, Dot Matrix Chip, On Chip, Off Chip, Variable Chip, Calculate Chip으로 구성되어 있다.
- 논리 Chip으로는 Delay 지연관련 Chip, While 반복관련 Chip으로는 While Chip, Break Chip, Loop Chip이 있다.

- If Else 조건관련 Chip으로는 If Chip, Remote Control Chip, IR Sensor Chip, Contact S/W Chip, Rand Chip으로 분류되어 사용된다.

해당 프로그램을 www.roborobo.co.kr에서 다운로드하여 쉽게 사용할 수 있다. ROGIC에 대한 보다 상세한 내용은 제7장에서 설명한다.

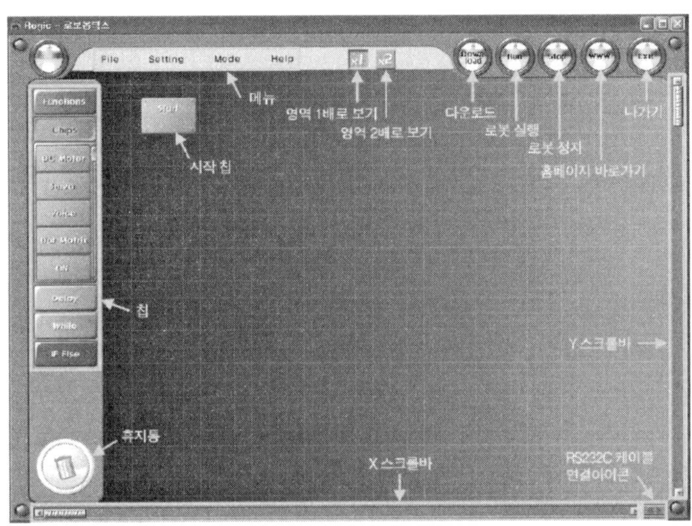

(a) ROGIC 초기 화면

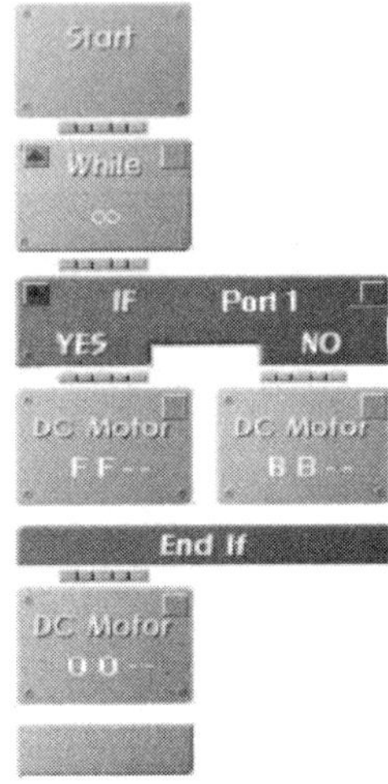

(b) 간단한 Block화 된 Chip 연결 화면

출처 : Rogic Manual Version 3.0

[그림 4.28] ROGIC 프로그래밍 관련 화면

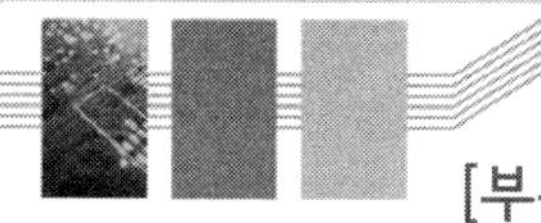

[부록]

제어관련 일반용어

일반적인 제어관련 용어들 중에서 로봇 제어와 관련하여 아래와 같이 정리할 수 있다.

개폐동작(ON-OFF Control Action)

조작량 또는 조작량을 지배하는 신호가 입력의 크기에 따라서 2개의 정해진 값 중 어느 한 개를 취하는 동작. 비선형 제어의 대표적인 예로서 온도조절 장치(Thermostat)를 이용한 제어가 있다.

개폐제어(ON-OFF Control)

오차 신호의 크기에 따라 제어 장치가 2개의 출력 신호를 발생시켜 제어하는 방식. 예를 들면 밸브(Valve)를 개폐하는데 사용한다.

검출부(Detecting Element)

제어 장치에 있어서 제어 대상, 환경 등으로부터 제어에 필요한 신호를 얻어내는 부분 (검출신호 : 검출부에서 나오는 신호)

계단신호(Step Signal)

어느 시간(t=0)까지는 "0"이며, 그 이후는 일정한 값으로 급변하는 신호

공정 제어(Process Control)

공정의 각 생산 설비나 그들을 포함하는 생간공정 등 이른바 공업 프로세스에 있어서 그 상태를 나태내는 온도, 압력, 유량 등을 제어량으로 하는 자동 제어의 총칭

디지털 제어(Digital Control)

제어의 목표값과 제어 대상의 아날로그 출력을 A/D 변환한 값을 이용해서 디지털 연산기로 제어량을 결정한다.

목표값(Set Point)

제어계에서 측정값에 따라 대상물의 제어량이 그 값을 자동적으로 취하도록 목표로 주어지는 값

미분 동작(Derivative Control Action)

자동 제어에서 입력의 시간 미분값에 비례하는 크기의 출력 신호를 내는 동작, D 동작이라고 한다.

블록선도(Block Diagram)

회로, Flow Chart, Process 등의 시스템, 기기 또는 컴퓨터의 도표를 의미하며, 각 부분의 기본적인 기능 및 그들의 기능적 관계를 나타내기 위하여 그 주요 부분에 적절한 주석을 붙이고 기하학적인 그림으로 표시한 것

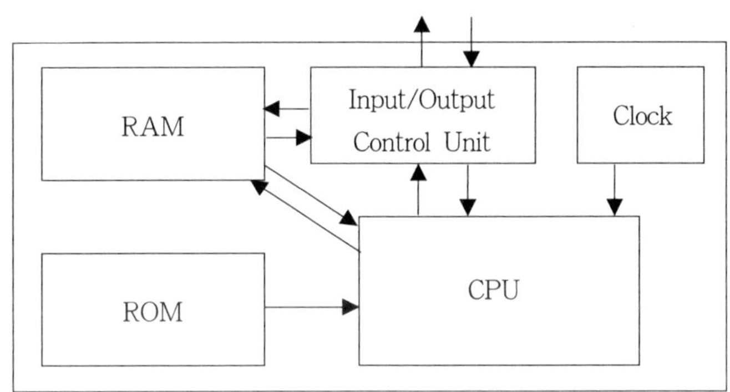

비교부(Comparison Means)

목표값과 주피드백량으로부터 제어 동작 신호를 구하는 부분

비례동작(Proportional Control Action)

입력에 비례하여 크기의 출력을 내는 제어 동작

비례 적분 미분 동작(PID 동작)(Proportional Integral and Derivative Action)

비례, 적분, 미분의 3동작 성분을 포함하고 있는 제어 동작

비율 제어(Ratio Control)

둘 이상의 양 사이에 어떤 비례 관계를 유지시키는 제어

서보 기구(Servo Mechanism)

제어 대상이 되는 장치의 입력이 임의로 변화할 때 출력(위치나 방향, 각도 등)을 미리 설정한 목표값이 되도록 자동적으로 추종시키는 기구

서보 모터(Servo Motor)

서보 기구를 구동하는 모터를 의미하며, 직류 교류 서보 모터, 직결 구동형 서보 모터, 스텝 모터 등으로 분류된다.

수치 제어(Numerical Control)

수치 데이터를 사용하는 장치에 의해서 작동되는 공정의 자동 제어로, 주로 컴퓨터에 필요한 수치 데이터를 입력하여 동작하도록 제어한다. 산업체에서는 수치제어(NC)선반, NC 밀링 등 직선 절삭 제어와 윤곽 제어가 대표적이며 요즘은 컴퓨터 수치 제어(CNC : Computer Numerical Control)시스템으로 확장 발전하고 있다.

스텝 응답(Step Response)

입력이 어떤 일정한 값에서 다른 일정한 값으로 순차적으로 변화했을 때의 응답

순차 제어(Sequence Control)

미리 정해진 순서에 따라서 제어의 각 단계를 순차 진행해 가는 제어를 의미한다. 순차 제어에 있어서는 앞 단계의 동작의 결과에 따라서 다음 단계가 결정되는 경우에는 조건 제어라고 한다. 지금의 대부분의 순차 제어에는 컴퓨터를 활용하여 이용되는 경우가 많다.

CPU(Central Processing Unit)

컴퓨터 시스템의 중심을 이루는 연산장치, 제어장치로 구성되어 있다. 기타 주기억장치를 포함하기도 한다. 요즘은 CPU를 Microprocessor로 불리기도 한다.

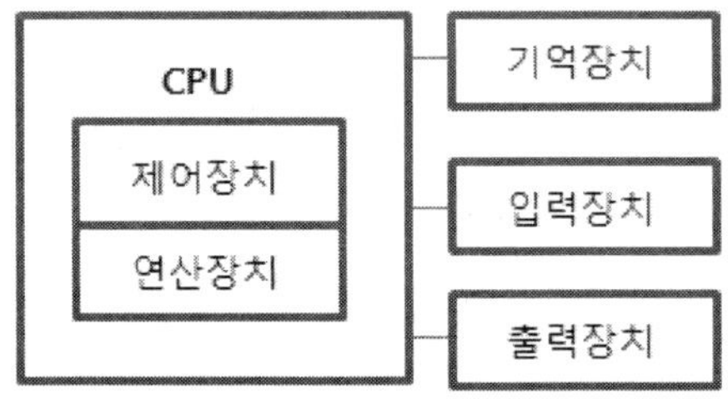

아날로그 신호(Analogue Signal)

연속된 값을 표시하는 신호를 말한다. 예로 음성 신호, 싸인파(Sin Wave), 반송파의 진폭 위상 주파수가 정보에 따라 연속적으로 변화하는 변조 신호 등이 있다.

개회로 제어(Open Loop Control)

제어 시스템 등에서 계산기가 제어 대상을 직접 제어하는 것이 아니라 사람이 출력 정보를 수취해서 적정한 판단, 처리를 행하는 방식으로 입력만을 고려하고 출력은 전혀 고려하지 않는 방식이다.

외란(Disturbance)

제어량을 목표값에서 이탈시키려는 제어계의 외부로부터 오는 변수

자동 제어(Automatic Control)

기계, 장치 등을 자동적으로 조작, 조정하는 것, 제어 대상의 출력에 대응한 양과 목표값을 비교해서 그 결과에 따른 출력을 목표값에 일치함으로써 자동적으로 제어하는 것. 여기에는 씨퀀스 제어, 피드백 제어, 프로세스 제어가 있다.

정량적 제어(Quantitative Control)

제어의 명령이 온도의 높고 낮음, 압력의 높고 낮음, 힘의 크고 작음 등 크기 및 양에 대하여 제어되는 것을 의미한다.

정성적 제어(Qualitative Control)

전열기의 발열량에는 관계없이 수위치를 개폐하여 전류를 흐르게 하거나 차단시키는 2개 동작 가운데 어는 한 동작에 의해서 제어되는 것을 의미한다.

정치 제어(Fixed Command Control)

목표값이 시간에 변함없이 일정값을 제어하는 것을 의미한다. “Constant Value Control” 라고도 한다.

제어 대상(Controlled System)

제어의 대상이 되는 것으로 기계, 프로세스, 시스템 등의 전체 또는 일부가 이에 해당된다.

제어량(Controlled Variable)

제어 대상에 속하는 양 중에서 그것을 제어하는 것이 목적인 양

제어기(Controller)

데이터 처리 시스템에 있어서 하나 이상의 주변 장치를 제어하는 기능 단위

조작(Manipulation)

원활한 문제 해결을 위하여 데이터나 그 형식을 변화시키거나 배열시키는 작업

조작량(Manipulated Variable)

제어계에서 제어량을 조작하기 위해 제어 대상에 가하는 양

종속 제어(Cascade Control)

피드백 제어계에 있어서 하나의 조절계 또는 제어 장치의 출력 신호를 다른 조절계 또는 제어 장치에 입력하여 그 조절계 도는 제어 장치의 목표값(설정값)을 변화시켜서 행하는 제어

폐회로 제어(Closed Loop Control)

피드백 제어(Feedback Control)를 말한다. 목표값과 제어량의 값이 일치하도록 제어량에 수정, 개선의 정정 동작을 하는 제어 방식으로, 자동 제어 시스템의 주류를 이루고 있다.

프로그램 제어(Program Control)

자동 제어 방식의 일종으로, 제어의 목표값이 미리 정해진 변화를 하는 종류의 것. 컴퓨터의 프로그램과는 관계가 없다. 예를 들면, 열차의 진행 속도 제어, 가열로의 온도 제어, 공작 기계의 위치 결정 제어 등이 있다.

프로세스 제어(Process Control)

공정의 상태에 관한 여러 가지 양, 예를 들어 온도, 유량, 압력, 조성, 품질, 효율 등의 제어가 있다.

헌팅(Hunting)

제어계가 불안정해서 제어량이 주기적으로 변화하는 좋지 못한 상태

[부록]

관련자료 출처

[그림 4.1] 진자조속기
– 출처 : http : //piratesandrevolutionaries...-of.html

[그림 4.2] 비행기의 추종 제어 구성도
– 출처 : http : //fdcl.snu.ac.kr/NRL/Conten...nts.html

[그림 4.3] 비율 제어 예(합성공정)
– 출처 : http : //www.jashaw.com/pid/ratio.html

[그림 4.5] 프로세스 제어 예
– 출처 : http : //www.aistudy.co.kr/control..._kim.htm

[그림 4.6] 서보 기구를 사용한 간단한 로봇시스템
– 출처 : http : //www.aistudy.co.kr/robot/t...amas.htm

[그림 4.7] 자동전압 조정기의 제동회로
– 출처 : http : //blog.naver.com/atties/30011603500

[그림 4.10] 시한 제어기(Timer – 특정 사양)
– 출처 : http : //kr.digikey.com/1/1/536026...30s.html

[그림 4.11] 피드백 제어(블록선도)
– 출처 : http : //www.controlguru.com/2007/...507.html

[그림 4.12] 피드 포워드 제어(실시간 제어 폐수처리 시스템 예)
– 출처 : http : //isi.tu-dresden.de/twiki/b...f1e02faa

[그림 4.13] 피드 포워드 제어(항공제어 예)
– 출처 : http : //www.answers.com/topic/fee...dforward

[그림 4.15] 해석기의 적용 예
– 출처 : http : //www.sms.mavt.ethz.ch/rese...ch/index

[그림 4.16] Sytstem네어서의 I/O Manager
 – 출처 : http : //www.ibm.com/developerwork...dex.html

[그림 4.17] PC기반 제어 구조
 – 출처 : http : //user.chol.com/~jsc1998/mi...om_6.htm

[그림 4.18] 임베디드 소프트웨어 구조
 – 출처 : http : //webdizen.new21.net/blog/c...page%3D7

[그림 4.19] 기구학적 모듈 예(산업용 로봇)
 – 출처 : http : //www.abb.com/robots

[그림 4.20] Motion Control 예
 – 출처 : http : //www.linear.com/pc/solutio...23,C1523

[그림 4.21] 서보 드라이브 구성 예
 – 출처 : http : //www.incontroll.co.kr/asda_a.php

[그림 4.23] 네트워크기반 로봇의 기본 구조
 – 출처 : http : //zedomax.com/blog/2006/09/...d-robot

[그림 4.24] 가정용 서비스 URC 로봇 예(KT)
 – 출처 : http : //100.nate.com/dicsearch/pi...3%26q%3D

[그림 4.26] Embedded Solution Board(Intel PXA27x)
 – 출처 : http : //www.totalcontrolsolutions...01-01552

[그림 4.27] LabVIEW 프로그램 예
 – 출처 : http : //www.webs1.uidaho.edu/ME45...ults.htm

[그림 4.28] Rogic 프로그래밍관련 화면
 – 출처 : Rogic Manual Version 3.0

제5장

통 신

제5장 통 신

5.1 통신의 개요

통신(Communication)은 원래 소식을 전하는 것으로 우편, 전신, 전화 등의 매체를 사용하여 정보나 의사를 전달하는 것을 말했다. 제어 로봇공학에서 전자통신(Telecommunications)은 원거리에 있는 송신기와 수신기가 신호를 주고받는 행위를 말한다. 전자 통신 시스템의 성능은 송신기와 수신기 사이 매체의 채널 특성과 노이즈 등에 의해 결정된다.

5.2 통신의 종류

통신의 종류는 우선 유선통신과 무선통신으로 크게 나눌 수 있다. 요즘 유선통신도 많은 발전을 거듭하여 광섬유를 이용한 광케이블 적용 등으로 대용량 초고속 통신을 실현시켰다. 무선통신의 경우는 생활의 편리성을 도모하기 위해서 다양한 휴대용 전자기기들이 발전을 앞당겼다. 여기에서는 이미 상용되어 있는 근거리 무선통신으로부터 원거리 무선통신에 이르기까지 충분히 기술하고자 한다.

5.2.1 유선통신

유선통신은 설치하는 데 큰 비용이 드는 약점이 있으나, 무선통신에 비하여 안정된 고품질의 전송로가 보장되고, 도중에서 분기할 수 있는 이점이 있다. 종래 국내통신은 모두 유선전송로에 의존하고 있었으나 현재는 시내통신은 유선, 시외통신은 무선에 의존하는 경우가 많아지고 있다. 전송로에는 나선(Spiral), 반송케이블(Carrier Frequency Cable), 동축케이블(Coaxial Cable), 해저케이블(동축케이블과 중계증폭기의 결합), 광섬유케이블(Optical Fiber Cable) 등이 있다.

유선통신은 송·수신 양자가 전선로로 연결되고, 그것에 의하여 신호가 매개되는 전기

통신을 총칭한다. 대표적인 것은 전신·전화인데, 하나의 송신에 대하여 다수의 수신을 원칙으로 하는 무선통신과는 달리 송·수 1 : 1의 통신이 원칙이다. 통신기술의 발달에 따라, 전송로의 일부에 무선을 포함하는 경우도 많고, 따라서 방송국·교환국 등과 단말수신자가 유선전송로로 결합되어 있을 때에는 유선통신으로 보는 것이 타당하다.

유선통신의 기본적 기술은 19세기에 발달하였다. 1837년 S.F.B.모스에 의하여 실용적 전신기가 발명되어 통신기술에 대혁명을 가져왔다. 1958년에는 대서양에 해저전선이 설치되어 통신기술의 혁명은 세계적 규모로 확대되었다. 이 시기에는 물론 신호를 증폭할 수 있는 기술이 없었기 때문에, 단속하는 전기신호의 장단에 따라 조립된 의미를 전달하는 모스 부호(Morse Code)는 당시의 기술로서는 가장 적절한 신호형식이었다. 이와 같은 단속전기신호는 신호가 미약해지기 전에, 회로 중에 계전기(Relay)를 설치하고, 신호에 의하여 그 접점을 개폐해서, 새로운 신호전류로서 내보낼 수 있으므로, 이와 같은 자동중계반을 적당히 배치함으로써, 장거리 전신이 가능하게 되었다. 전신은 문자를 나타내는 신호를 보냄으로써 수신측의 인자장치를 동작시켜 인쇄수신이 될 수 있는 인쇄전신으로 발전하였으며, 다시 사진전송으로까지 발전하였다.

한편 1876년 A.G.벨에 의하여 실용적인 전화기가 발명되어, 일반가입자를 대상으로 하는 전화교환업무가 비교적 근거리 범위 내에서 바로 실용화되었다. 마침내 3극진공관이 발명되고, 이것을 이용하여 전화간선에 삽입하여 음성신호를 증폭할 수 있는 중계기가 만들어져 원거리의 통화가 가능하게 되었다. 당초, 전화간선에는 음성신호의 감쇠를 줄이기 위하여 일정한 거리(약 2km 기준)마다 유도 코일을 설치한 장하케이블(Loaded Cable)이 사용되었으나, 얼마 후 장거리에서는 무장하케이블(No-loaded Cable)이 유리하다는 것이 알려져 5~50kHz의 반송파를 음성신호로 변조하여 다중화해서 전송할 수 있는 무장하반송 다중전화방식이 채택되게 되었다. 신호 다중화를 위하여 동축케이블 및 마이크로파 중계회선이 많이 쓰이고 있으나, 점차 동축케이블은 광섬유케이블로 교체되고 있다.

직렬 통신은 연속적으로 통신 채널이나 컴퓨터 버스를 거쳐 한 번에 하나의 비트 단위로 데이터를 전송하는 과정을 말한다. 반면 여러 개의 병렬 채널을 갖춘 링크 위에서 동시에 여러 개의 비트를 보내는 병렬 통신과 대조된다.

직렬통신과 병렬통신을 비교하면 아래 표와 같다.

[표 5.1] 직렬통신과 병렬통신 비교

구 분	특 징	종 류
직렬통신	-데이터 1개의 비트단위로만 송수신 -Pin 구성 9pin 또는 25pin -시스템 구현 용이 -장거리 통신에도 적합 (RS23-15m, RS423, RS422, RS485-약 1.2km 가능) -적용 예 : 모뎀간, Switch간, 타 Computer 직렬전송	LAN, USB, IEEE 1394, RS232, RS422, RS485
병렬통신	-많은 양의 데이터 송수신 가능 -Pin 구성 25pin, 36pin, 50pin -시스템 구현이 직렬통신에 대비 어려움 -상대적으로 고가임 -거리의 제한성 -소량의 데이터 송수신 시 비효율적 -적용 예 : Printer, Computer내 Data 통신	CD-ROM, HDD, FDD

직렬통신(Serial Communication)

데이터를 보낼 때 한 번에 한 비트씩 전송하는 방식을 의미한다. PC에서 흔히 직렬포트(serial port)라 부르는 인터페이스를 이용하면 직렬통신을 할 수 있다. 최근 USB (Universal Serial Bus)나 IEEE 1394같은 고속통신 인터페이스가 보급되면서 노트북이나 PDA 등에서 직렬포트가 사라지고 있다. 대부분의 Pc에 장착된 직렬포트는 RS-232표준으로 정한 신호 중 필수적인 9개만 지원하며 일반적인 PC에서 볼 수 있는 9핀 직렬포트의 핀 번호와 신호이름은 아래와 같다.

[표 5.2] 직렬통신관련 주요소

No	내 용	No	내 용
1번	DCD(data carrier detect)	6번	DSR(data set ready)
2번	RX(received data)	7번	RTS(request to send)
3번	TX(transmitted data)	8번	CTS(clear to send)
4번	DTR(data terminal ready)	9번	RI(ring indicator)
5번	GND(signal ground)		

병렬통신(Parallel Communication)

전기 통신과 전산학 분야에서 병렬 통신은 여러 개의 병렬 채널 위로 동시에 여러 개의

데이터 신호를 보내는 방식이다. 이 용어는 한 번에 하나의 비트 단위로 데이터를 보내는 직렬 통신과 대조된다.

병렬 통신 채널과 직렬 통신 채널의 기본적인 차이는 물리 계층과 전송에 쓰이는 선의 개수이다. 병렬 통신은 여러 개의 선을 사용하고 여기에 접지(그라운드)를 위한 선이 한 층 더 추가된다.

1) RS-232

RS-232는 "Recommend Standard Number 232"의 약어이며 PC와 음향 커플러, 모뎀 등을 접속하는 직렬 방식의 인터페이스의 하나이다. 인터페이스는 포트라고도 하여 일반적으로 직렬 포트라고 불리기도 한다.

RS232 DB9 pinout

1 Data carrier detect
6 Data set ready
2 Receive data
7 Request to send
3 Transmit data
8 Clear to send
4 Data terminal ready
9 Ring indicator
5 Signal ground
Protective ground

RS232 DB25 pinout

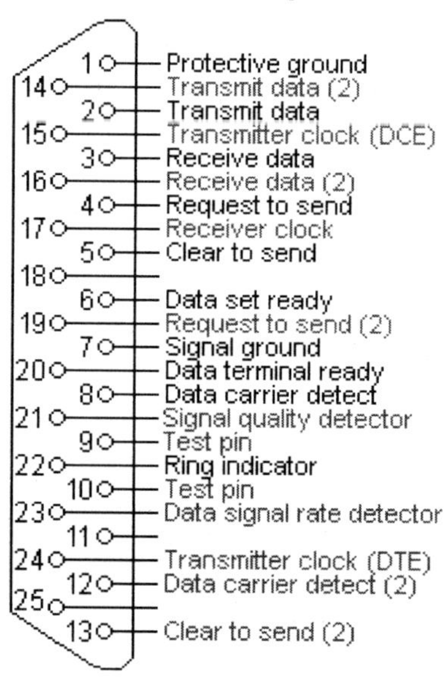

[그림 5.1] RS-232관련 9&25 Pinout Layout

(a) PC용 RS232 DB-9 Cable 예

(b) USB to RS232 DB-9 Cable 예

[그림 5.2] PC연결용 RS-232 Cable 예

2) USB

USB(Universal Serial Bus)는 범용 직렬 버스로 컴퓨터와 주변 기기를 연결하는 데 쓰이는 입출력 표준 장치 중 하나이다. USB는 다양한 기존의 직렬, 병렬 방식의 연결을 대체하기 위하여 만들어졌다. 키보드, 마우스, 게임패드, 조이스틱, 스캐너, 디지털 카메라, 프린터, PDA, 저장장치와 같은 다양한 기기를 연결하는 데 사용되고 있다. 이러한 기기 연결의 대부분은 표준 연결 방식을 이용하여 이루어지고 있다. USB는 PC를 위하여 개발되었지만 지금은 PDA나 게임콘솔 등에서도 채택되어 사용되고 있고, USB의 전원 공급 기능을 이용하여 충전 용도로도 많이 사용되고 있다.

IEEE 1394가 주로 캠코더에 탑재되어 DV규격으로 주로 사용되는 반면 USB는 저가격의 다수의 기기에 채택되어 있다.

USB의 가장 윗 부분에는 주 컨트롤러(Host Controller)가 있다. 주 컨트롤러는 루트 허브를 통해 두 개의 USB 단자를 제공한다. 보통 이 단자에 주변 기기를 연결해 사용하며, 포트가 부족하면 허브를 연결하여 더 많은 포트를 마련할 수 있다. 하나의 주 컨트롤러에는 나뭇가지 모양으로 주변 기기를 많으면 127개까지 연결할 수 있다. USB 방식으로 연결된 주변 기기는 대부분 핫 플러그를 지원한다. USB 방식으로 연결된 주변 기기에는 약간의 전력이 함께 공급된다. 따라서 보통은 외부 전원을 이용하지 않고도 쉽게 주변 기기를 사용할 수 있다. USB 2.0의 정격 전류용량은 5V 500mA이다.

(a) USB 플러그 숫 타입A
(USB Male Plug Type A [Host])

(b) USB 2.0 PCI 컨트롤러
(USB 2.0 PCI Controller)

[그림 5.3] USB Cable 및 관련 Controller

3) IEEE 1394

차세대 홈네트워크 인터페이스 기술로 주목받기 시작한 IEEE 1394는 모드에 따라 100Mbps, 200Mbps, 400Mbps 등 세 가지 속도로 전송 가능한 빠른 전송속도가 특징이다. 이와 같은 속도로 디지털 오디오나 동화상 정보를 실시간으로 처리가능하며 주변 기기마다 IEEE 1394 인터페이스를 제어할 수 있는 IC를 내장할 수 있기 때문에 PC를 통한 화상회의 등의 응용분야에서 우수한 기능을 발휘할 수 있다.

양방향 통신이 뛰어나고 PnP(Plug and Play)를 지원하며 4.5m의 케이블로 연결된다. 현재 CAT5 UTP케이블을 이용하여 보다 먼 거리를 800~1,600Mbps급의 전송속도로 통신할 수 있는 IEEE 1394a, IEEE 1394b, IEEE 1394c가 이미 표준화 되었으며 향후 대용량급으로 IEEE P1394d가 개발 진행중에 있다.

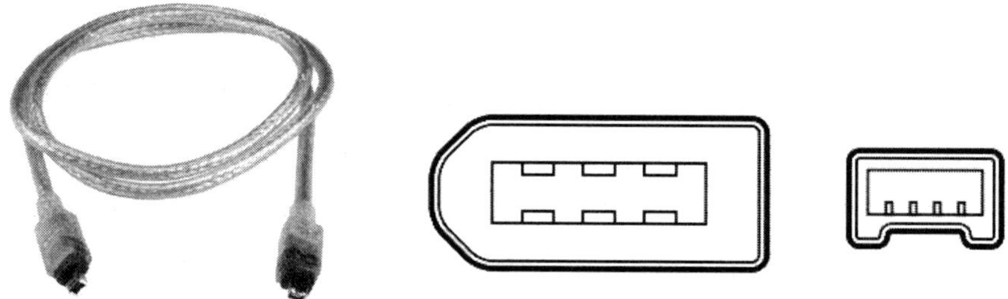

[그림 5.4] IEEE 1394 FireWire/i.Link 4Pin to 4Pin A/V Translucent Cable

4) 이더넷(Ethernet)

1973년 제록스 PARC의 멧칼프가 발명해 CSMA를 동축케이블에서 실현시켜 CSMA/CD 방식을 도입한 것을 이더넷이라 한다. 현재 초고속정보통신 1등급 아파트 구축에 사용되는 기술로서, 가장 널리 사용하는 방식이다.

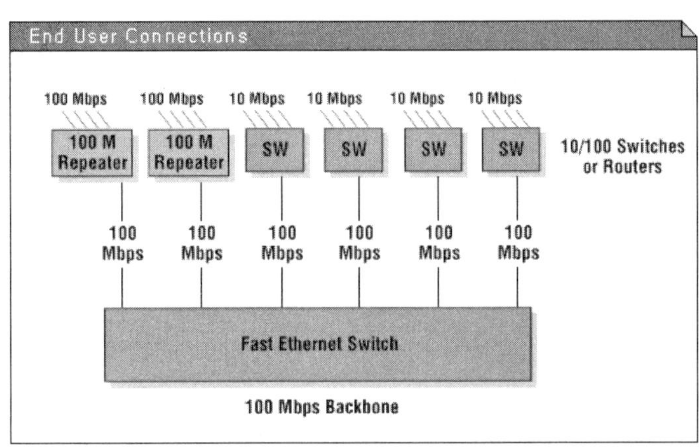

[그림 5.5] 이더넷 User Connections

5) 홈PNA(HomePNA)

전화선을 이용해서 음성과 데이터를 분리하는 기술로 하나의 전화선으로 인터넷을 사용하면서 전화 및 팩스를 사용하더라도 전혀 음성이나 데이터에 영향을 주지 않는 국제표준 기술이다. 5.5~9.5Hz의 고대역폭(High Bandwidth)을 사용하며 전송거리는 150~400m이다. 이더넷과 호환가능하며 허브(Hub) 없이 25노드까지 네트워크 구축이 가능하다.

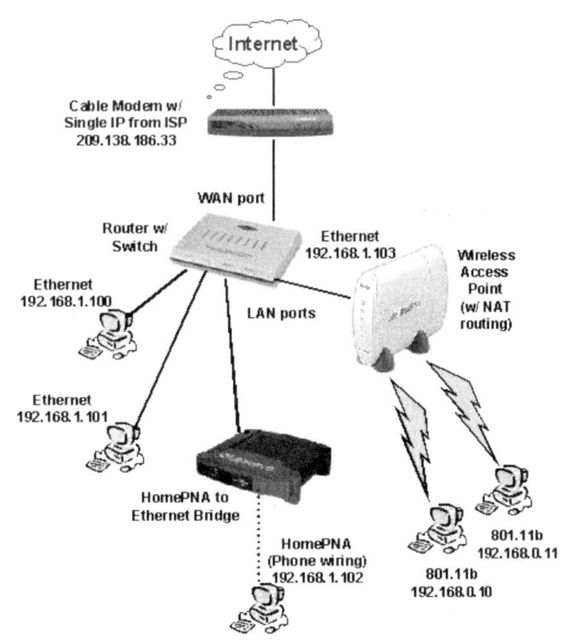

[그림 5.6] HomePNA System

6) PLC(Power Line Communication)

가전제어, 원격검침 등의 응용을 위한 저속용 통신으로 출발해서 최근 구내 모든 장소에 비치된 전력선을 사용, 재배선이 필요 없는 고속의 데이터통신(1~10Mbps)을 제공하는 기술이다. 220V의 전력선을 사용하며 현재 1Mbps의 속도가 가능하고 10Mbps의 속도 구현을 개발 중이며 150~300m의 거리를 커버한다. PLC는 저속, 중속, 고속 분야로 나눌 수 있는데, 저속은 수십 bps~10kbps로 조명, 홈 오토메이션 등의 제어용에 이용되고 있고, 중속은 10k~1Mbps로 무인자동검침, 정보가전 등의 데이터 통신에 이용되고 있으며, 고속은 1~10Mbps로 가입자 액세스망 등의 데이터 통신에 이용되고 있다.

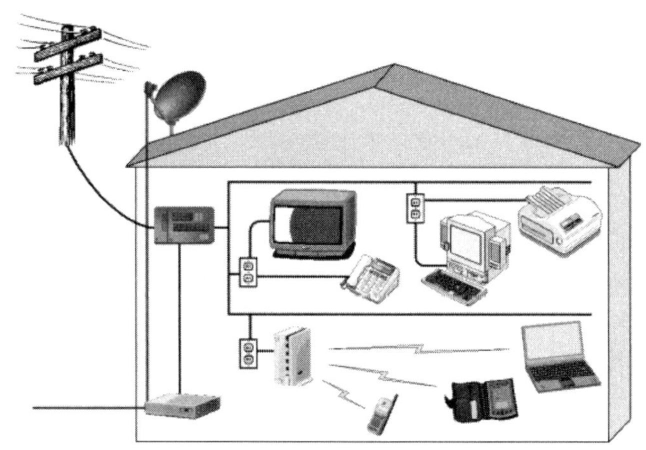

[그림 5.7] Power Line Communication

5.2.2 무선통신

두 지점 간에서 유선전송로(전선)를 통하여 이루어지는 유선통신에 대해, 전선을 통하지 않고 전파를 통하여, 신호·부호·영상·음성 등의 정보를 교신할 수 있다는 점에서 무선이라는 표현을 한 것이다.

J.C.맥스웰이 전자기파에 대하여 이론적으로 전개한 것이 1864년이고, H.헤르츠가 전자기파의 존재를 실증한 것은 1888년이다. 마르코니는 1894년에 헤르츠의 실험에 흥미를 가지고 실험을 거듭한 결과 발진기의 한쪽 끝에 수직인 구리선으로 대지에 연결하면 능률적으로 전자기파가 복사된다는 것을 발견하고, 이것을 통신에 이용할 수 있다는 것에 착안하였다.

전자기파를 무선통신에 이용하기 위해서는 발진기의 전기에너지가 유효하게 전자기파로서 복사되어야 한다. 그를 위해서 마르코니는 수직안테나를 고안했다고 생각할 수 있다. 그리하여 마르코니는 실험에 성공하자 즉시 무선전신공사를 설립하였다.

당시 이미 유선에 의한 전신은 실용단계에 있었고, 대서양을 횡단하는 해저전선도 1866년에 완성되었으나 그 건설비가 막대하였다는 사실이 무선에 대한 기대를 높인 배경이 되었다. 또 해상을 항행하는 선박과의 통신으로서는 유일한 수단이었다. 그 실례로서 1912년 처녀항해 중이던 타이타닉호가 대서양에서 빙산과 충돌하여 침몰하였을 때, 무선전신에 의한 구조요청으로 승객 약 700명이 구조된 사실은 당시로서는 유례없는 기적으로서 무선통신의 가치를 실증한 것이 되었다.

이와 같이 무선통신의 요람시대에서는 해상선박에 대한 이동무선의 필요성과 해저전신보다 우수한 경제성이 발전의 기초가 되었다. 따라서 장거리통신에 관심이 쏠리게 되었고, 그러기 위해서는 장파일수록 좋다는 결론을 얻게 되었다. 1915년에 실시된 미국과 프랑스 사이의 장거리 무선전화 실험도 장파를 이용한 것이며, 이와 같은 장파에 의한 장거리 무선통신은 1930년대까지 계속되었다. 무선통신이 순조로운 발전과 성장을 보인 것은 1906년 3극진공관이 발명된 이후부터이다. 장파만으로는 전파의 주파수폭이 좁고 또 송신 안테나도 거대해져서 설비비가 막대하므로 이용범위도 제한된다.

진공관의 개발로 안정된 고주파발진이 가능해지고 중파영역이 개척되어 드디어 라디오방송 시대를 맞이하게 되었다. 이어서 이온층이 발견되고 그 반사파를 이용한 단파대에 의한 장거리통신이 실용화되었다. 또 FM 변조방식과 야기안테나(Yagi Antenna)가 발명되어 진공관 회로의 발달과 함께 초단파대가 개발되어 제2차 세계대전 이전에 이미 텔레비전 방송시대를 맞이하였다.

전자기술의 발달은 전파통신의 이용 확대를 가져오고, 이용기술의 확대는 더욱 전파의 수요를 증대시켜 보다 고주파 기술의 발달을 촉진하였다. 극초단파 이상의 주파수는 종래의 3~5극진공관으로는 발진이 불가능하다. 초고주파 발진관으로서 마그네트론이 발명되고 그 후 클라이스트론(속도변조관),진행파관(트래블링 웨이브 튜브) 등의 발진관 또는 증폭관이 발명되어 제2차 세계대전 후는 마이크로파의 이용시대가 되었으며, 대전 중에는 레이더가 실용화되어 방공(Air Defense)에 대단한 위력을 발휘하기도 하였다. 1948년에 W. 쇼클리 등이 트랜지스터를 발표한 이후 급진적인 속도로 실용화되어서 1970년대에는 특수한 것을 제외하고 거의 모든 전자장치가 고체화(Solidification)되었다.

트랜지스터의 출현은 무선통신의 송수신기를 소형화 또는 휴대형화를 가능하게 하고, 고속 대용량의 컴퓨터를 가능하게 함으로써 무선통신의 수요를 크게 확대시켰다. 이 경향은 집적회로(IC)가 개발됨에 따라 더욱 가속화되었다. 1957년에 처음으로 인공위성이 띄워져서 무선통신은 우주공간에까지 그 영역을 확대하였고 통신과 방송의 우주중계가 가능하게 되었다.

1) IrDA(Infrared Data Association)

IrDA(Infrared Data Association)는 PAN과 같은 비교적 짧은 범위의 데이터 교환에 사용되는 물리적 통신 프로토콜이다. 자유공간 광학통신 같은 예로서 매우 짧은 범위를 커버하며 팜이나 핸드폰 등에 사용된다.

IrPHY, IrLAP, IrLMP, IrCOMM, Tiny TP, IrOBEX에서도 IrDA의 인터페이스가 사용되며 IrDA를 통한 통신장치는 반드시 direct line of sight를 갖고 있어야 한다

IRDA는 적외선 통신 링크에 사용되는 하드웨어와 소프트웨어에 대한 국제표준을 만들기 위해 산업계가 후원하는 조직으로서 1993년에 결성되있다. 무선전송의 특별한 형태인 적외선 통신에서는, Tera Hz(10^{12})에서 측정되는 적외선 주파수 스펙트럼 내의 모아진 광선이, 정보로 변조되어 송신기로부터 비교적 짧은 거리 내에 있는 수신기로 보내어진다. 적외선 방사는 리모콘으로 TV를 제어하는데 사용되는 것과 같은 기술이다.

적외선 데이터 통신은 노트북 컴퓨터와 PDA, 디지털 카메라, 휴대폰, 무선호출기 등의 대중화에 따라, 이제 무선데이터 통신 내에서 중요한 역할을 해오고 있다. 기존에 사용되고 있는 것들 또는 새로운 가능성이 있는 것들에는 다음과 같은 것들이 있다.

- 노트북컴퓨터에서 프린터로 문서를 보낸다.
- 포켓용 PC를 이용하여 명함을 교환한다.
- 데스크탑 컴퓨터와 노트북 컴퓨터 사이에 스케줄이나 전화번호부를 같게 맞춘다.
- 노트북컴퓨터에서 공중전화를 이용하여 멀리 있는 팩시밀리에 팩스를 보낸다.
- 디지털 카메라에서 컴퓨터에 이미지를 광선으로 보낸다.

적외선 통신에서는 쌍방의 장치에 모두 송수신기가 있어야한다. 특별한 마이크로칩이 이 기능을 위해 제공된다. 그 외에도, 통신을 동기화시켜주는 특별한 소프트웨어가 하나

또는 모든 장치들에 필요하다.

IR은 어느 정도 먼 거리의 상호연결에도 사용될 수 있으며, 근거리통신망 내의 상호연결 가능성도 있다. 최장 유효거리는 약 1.5마일 정도이며, 계획되는 최고의 대역폭은 16Mbps이다. IR은 가시광선을 전송하는 것이므로 안개와 같은 대기조건에 민감하다.

2) RFID(Radio-Frequency IDentification) ; 무선 주파수

무선 주파수라는 용어는, 안테나에 들어오는 입력이 전류일 때 무선 방송이나 통신에 적합한 전자기장이 생성되는 특성을 갖는 교류를 가리킨다. 이러한 주파수들은 무선 통신에 할당된 가장 낮은 주파수(사람이 들을 수 있는 범위 내에 속함)인 9kHz로부터 수천 GHz까지 걸쳐 있음으로써 전자기 방사 스펙트럼의 중요한 부분을 커버한다.

무선 주파수 전류가 안테나에 공급되었을 때, 공간을 통해 전파되는 전자기장을 발생시킨다. 이 자계는 때로 무선주파수 자계라고도 불리며, 기술적인 뉘앙스가 좀 덜 섞인 용어로는 "무선파"라고도 부른다. 어떠한 무선주파수 자계라도 파장은 주파수와 반비례 관계를 갖는다. 만약 주파수를 f라 하고 파장을 s라 하면, s = 300/f가 된다. 무선 주파수 신호는 전자기 파장에 상응하는 만큼 반비례한다. 9kHz에서 자유공간 파장은 약 33km이다. 제일 높은 무선 주파수에서의 전자기 파장은 약 1mm 정도이다. 무선 주파수 스펙트럼을 넘어 주파수가 증가함에 따라, 전자기 에너지는 적외선, 가시광선, 자외선(UV), X선, 그리고 감마선 등의 형태를 갖는다.

무선 장비의 대부분의 형태는 무선 주파수 자계를 사용한다. 코드 없는 전화기나 휴대전화, 라디오 및 TV 방송국, 위성통신 시스템, 그리고 쌍방향 무전기 등은 모두 무선 주파수 스펙트럼 내에서 작동한다. 일부 무선 장비는 전자기 파장이 무선 주파수 자계보다 짧은 적외선, 또는 가시광 주파수에서 동작한다. 그 예로는 대부분의 TV용 리모콘, 일부 무선 키보드나 무선 마우스 그리고 무선 헤드폰 등이 이에 포함된다.

무선 주파수 스펙트럼은 몇 가지 대역으로 나누어진다. 가장 낮은 주파수 대역을 제외하고는, 각 영역은 크기(10의 멱) 순서에 따른 주파수 상승을 의미한다. 아래의 표에 무선 주파수 스펙트럼 내의 여덟 개 대역을 서술하였는데, 주파수와 대역폭의 범위를 보여주고 있다. SHF와 EHT 대역은 종종 극초단파 스펙트럼이라고 불려진다.

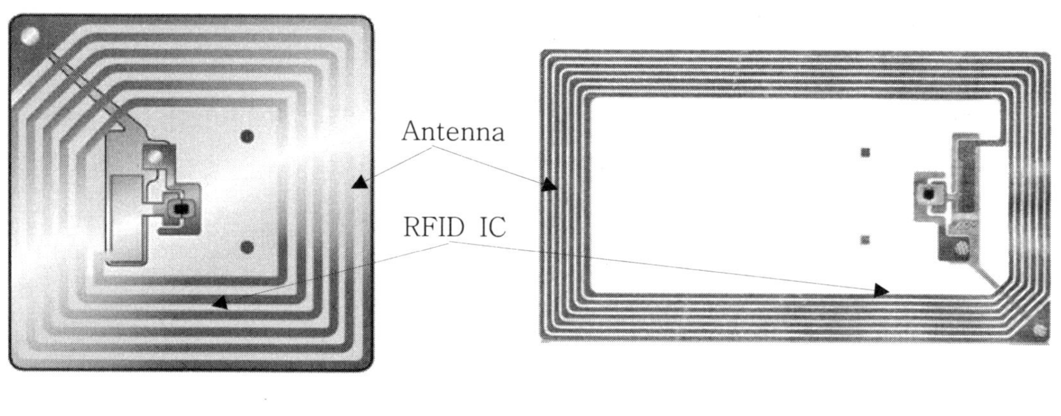

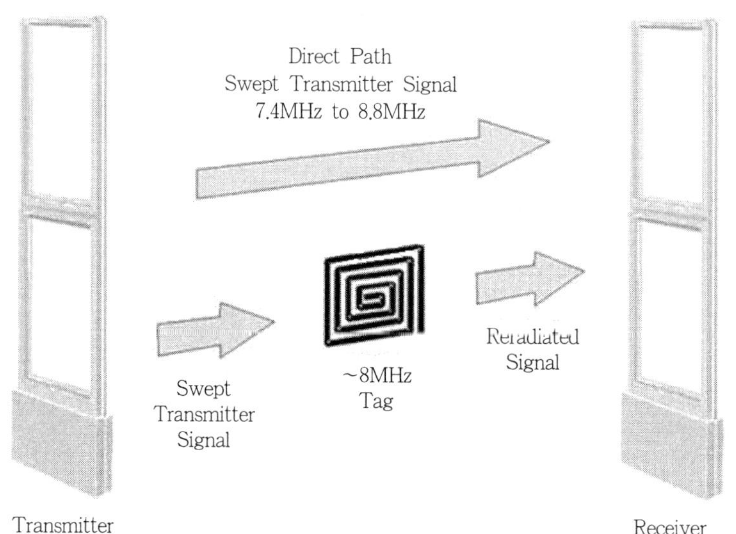

[그림 5.8] RF Tag Sample 및 Swept-RF System 예

3) Bluetooth : 블루투스

블루투스는 이동전화, 컴퓨터, PDA 등이 근거리 무선접속을 사용하고 있는 가정이나 회사의 전화나 컴퓨터들과 어떻게 서로 쉽게 연결될 수 있을까를 기술하고 있는 컴퓨터 및 통신 산업계의 규격이다. 블루투스는 덴마크 전설에 나오는 왕의 이름이다. 인텔, IBM, 노키아, 에릭슨 등 5개의 업체가 공동 개발했다. 이 기술을 이용하면, 휴대용 전화기, 무선호출기 및 PDA 사용자들은 세 가지가 하나에 들어 있는 전화기를 살 수 있을 것이며, 이 전화기는 가정과 사무실의 휴대용 전화기로서 두 가지 일을 할 수 있다. 또한, 데스크탑이나 노트북 컴퓨터 내에 있는 정보와 신속하게 동기화할 수 있으며, 팩스를 보내거나 받을 수 있고, 프린트 출력을 할 수도 있다. 그리고 일반적으로 모든 휴대용 및

고정식 컴퓨터 장치들과 완전한 공동작용이 가능하다. 이 기술을 이용하려면 각 장치마다 저가의 트랜시버 칩이 장착되어야 한다. 블루투스 기술이 적용된 제품들은 2000년대 초에 대거 출시되었다.

(a) 블루투스 관련 사용제품 예 (b) 블루투스 마크

[그림 5.9] 블루투스 관련 사용 예 및 블루투스 Mark

각 장치는 이전에는 사용되지 않아, 전 세계적으로 가용 주파수 대역인 2.45GHz에서 송수신할 수 있는 마이크로칩 트랜시버를 장착한다(일부 국가에서 다소 다른 주파수 대역이 있을 수 있다.). 데이터 외에도 음성채널을 최대 3개까지 사용할 수 있다. 각 장치는 IEEE 802 표준으로부터 나온 고유한 48비트 주소를 가지고 있다. 접속은 점대점이나 멀티포인트가 가능하다. 통신이 가능한 최대 범위는 10m이다. 데이터는 전송은 1Mbps의 속도에서 이루어진다(2세대 기술에서는 최고 2Mbps까지). 주파수 홉 설계는 장치들이 엄청난 량의 전자기 장애가 있는 지역에서도 통신할 수 있게 해준다. 내장 암호화 및 검증 기능이 제공된다.

“비허가 대역인 2.4GHz ISM(Industrial Scientific Medical) 주파수 대역을 사용하며 전송속도는 1Mbps로 10m 내에서 각종 단말기들을 접속해서 사용할 수 있다. 블루투스가 갖는 가장 큰 특징은 휴대 정보 통신 기기를 가방이나 주머니에 넣은 채로 다른 정보 통신 기기와 통신할 수 있는 점이다. 블루투스는 근거리, 일대다, 음성과 데이터전송을 위한 무선방식이다.”

4) HomeRF(Home Radio Frequency)

HomeRF는 Proxim이 개발한 가정용 네트워킹 표준이다. HomeRF는 최장 45m의 거리에서 최고 1.6Mbps까지의 속도를 전송하기 위해 주파수 홉핑 기술을 사용한다. 다른 하나의 경쟁자인 Wi-Fi는 최고 11Mbps의 속도로 데이터를 전송할 수 있는 DSSS 전송 방식을 사용한다. HomeRF는 전자레인지 등에서 나오는 방해 전파를 적절히 처리하고 음성, 비디오 및 오디오 데이터를 처리하는데 있어 Wi-Fi보다 더 나은 기법을 가지고 있다고 알려져 있다. Wi-Fi가 비록 HomeRF에 비해 현저하게 빠르지만, 그에 따라 가격 역시 더 비싸다. 대부분의 고객들은 가정이나 직장에서 동일한 기술이 채용된 제품을 쓰는 것을 선호하는 경향이 있기 때문에, 더 구식의 가정용 네트워크 표준을 지원하는 Wi-Fi 제품들이 이미 기업의 WAN 분야에서 매우 잘 자리 잡아가고 있다.

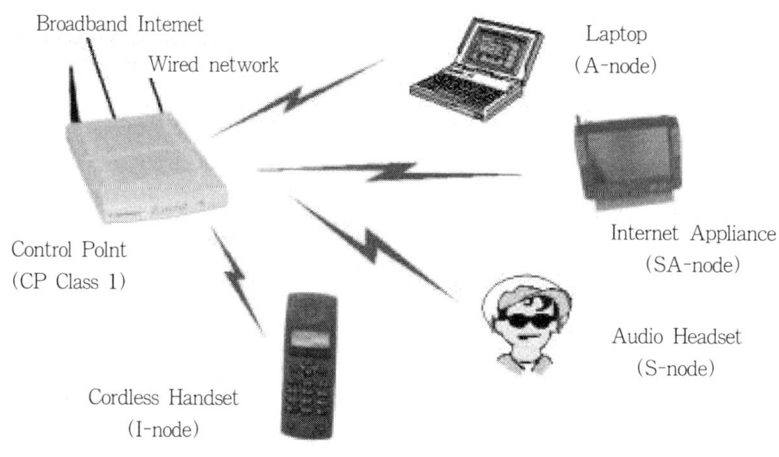

[그림 5.10] HomeRF 적용 예

5) 무선 랜(Wireless LAN)

무선 랜은 기존 유선 랜을 대체 또는 확장한 유연한 데이터 통신시스템으로 무선주파수(RF) 기술을 이용하여 유선망 없이도 데이터를 주고받을 수 있는 기능을 제공한다.

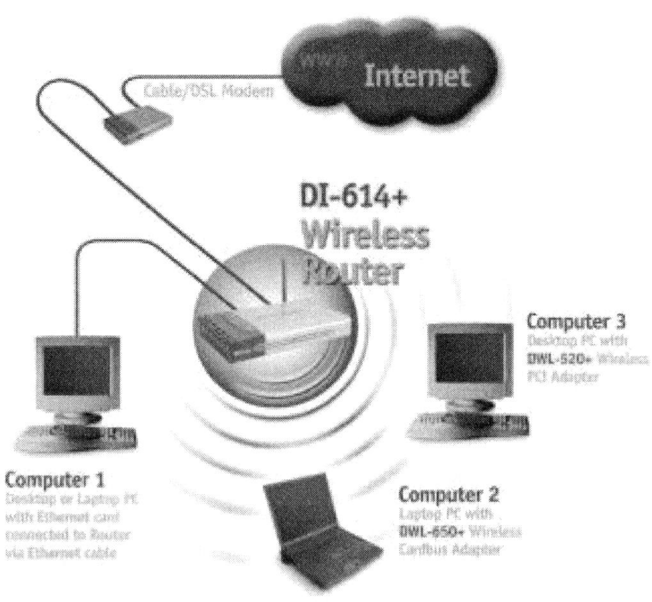

[그림 5.11] Wireless LAN 개념도

즉, 유선망에 구속됨이 없이 이더넷이나 토큰링(Token Ring)과 같은 전통적인 랜 기술의 모든 이점과 기능을 제공한다. 역시 비허가 대역인 2.4GHz ISM 주파수 대역을 사용하며 전송속도는 5.5~11Mbps다. 서비스반경은 약 50m 가량이며 1 : N의 연결구조와 CSMA/CA 프로토콜을 사용하며 데이터전송에 뛰어난 특징을 가지고 있다.

6) 와이브로(Wireless Broadband, Wibro)

와이브로(Wireless Broadband, Wibro)는 핸드셋, 노트북, 개인 휴대 정보 단말기(PDA), 스마트 폰 등 다양한 휴대 인터넷 단말기를 이용하여 정지 및 이동 중에서도 언제, 어디서나 고속으로 무선 인터넷 접속이 가능한 서비스로 OFDMA/TDD(Orthogonal Frequency Division Multiple Access/Time Division Duplex) 방식의 광대역 무선 전송기술을 사용하여 상하향 비대칭 전송 특성을 갖는 IP 기반 무선 데이터 시스템이다. 2.3GHz 주파수 대역의 고속 휴대용 인터넷 서비스이다.

[표 5.3] wireless broadband, wibro

구분 \ 기술명		i-Burst	Flash-OFDM	Ripwave	TD-CDMA	HPi(WiBro)
기술 보유 업체		ArrayComm	Flarion	Navini	IPWireless	삼성전자, Intel
듀플렉스 방식		TDD	FDD	TDD	TDD	TDD
다중 접속 방식		TDMA SDMA	OFDMA	CDMA	CDMA	OFDMA
채널 대역폭(FA)		5MHz	1.25MHz	5MHz	5MHz	10MHz
FA당 최대 전송 속도	하향	24Mbps	3Mbps	12Mbps	6Mbps	18Mbps
	상향	8Mbps	1Mbps	2Mbps	2Mbps	6Mbps
이동성(km/h)		60 이상	250 이상	60 이상	250 이상	60 이상
표준화		IEEE 802.20 (표준화 초기 단계)			IMT-2000 표준반영	IEEE 802.16 (표준화 중간 단계)
상용 서비스 여부		상용 서비스				2006년 상용화

출처 : 한국정보통신기술협회 용어사전

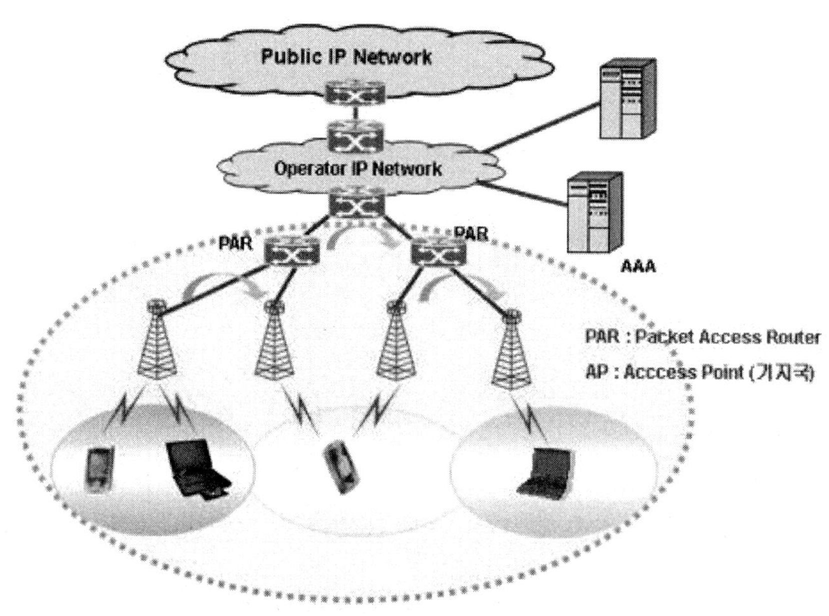

[그림 5.12] Wirbo 휴대 인터넷망 구성도

7) WAN(Wide Area Network) 광역 통신망

WAN이란 지리적으로 흩어져 있는 통신망을 의미하는 것으로서 근거리통신망, 즉 LAN과 구별하여 보다 넓은 지역을 커버하는 통신 구조를 나타내는 용어로 사용된다. 보통 LAN의 범위는 1개의 빌딩이나 학교, 연구소 및 생산 공장 등의 일정 구역 내에 적용된 것에 반해, WAN은 넓은 지역을 연결하는 네트워를 지칭하는 것으로 지방과 지방, 국가와 국가, 또는 대륙과 대륙 등과 같이 지리적으로 완전하게 떨어져 있는 장거리 지역 사이를 연결하고 있는 통신망이다.

광역통신망은 사설망일 수도 있고 임차한 망도 될 수 있지만, 이 용어는 보통 공공망까지를 포함하는 개념을 내포하고 있다. 지역적으로 LAN과 WAN 사이에 위치하는 중간 정도 크기의 네트워을 특히 MAN이라고 부른다.

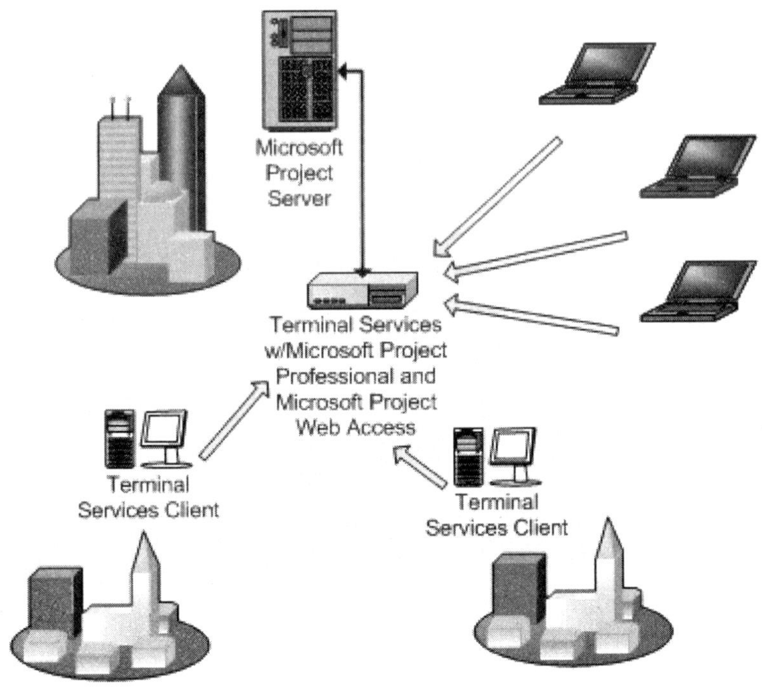

[그림 5.13] WAN 구성도 예

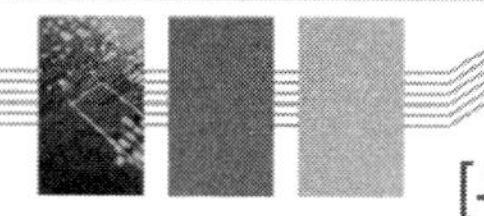

[부록]

통신관련 용어

송신기

송신기(transmitter)는 통신 시스템에 있어서 신호를 전송하는 장치에 해당한다. 송신기가 전송한 신호는 채널을 통과해 수신기에 도달하게 된다.

수신기

수신기(受信機, receiver)는 통신 시스템에서 송신기가 보낸 정보를 받아 정보를 해석하는 장치이다. 송신기가 보낸 신호는 채널을 지나 수신기로 도달된다. 따라서 수신기는 채널에 의해 크기나 위상이 변경된 신호로부터 원 신호를 복원하는 기능이 있어야 한다.

채널

채널(Channel)은 송신기와 수신기 사이에 존재하는 가상의 장치이다. 채널은 송신기가 보내는 신호가 수신기에게 도달했을 때 그 크기와 위상이 달라지는 것을 표현한다. 채널은 유선 채널과 무선 채널로 나뉘게 된다.

노이즈

노이즈(noise)는 일반적으로 처리에 필요하지 않고 바라지 않는 정보를 말한다. 보통은 원치 않는 소리, 곧 소음을 뜻하며, 이때 노이즈라는 낱말이 반드시 바라지 않는 "소리" 만을 뜻하는 것은 아니다.

인터페이스

인터페이스(interface)는 사물 간 또는 사물과 인간 간의 의사소통이 가능하도록 일시적 혹은 영속적인 접근을 목적으로 만들어진 물리적, 가상적 매개체를 의미한다.
예를 들면 인간과 인간 간의 인터페이스는 통신의 관점에서 보면 물리적으로는 전화나 휴대 전화가 인터페이스라고 볼 수 있으며, 가상적으로는 유선과 무선의 네트워크가 인터페이스라고 볼 수 있다.

문자 인코딩

문자 인코딩(character encoding)은 문자들의 집합을 컴퓨터에서 저장하거나 통신에 사용할 목적으로 부호화하는 방법을 가리키며, 그냥 인코딩이라고도 불린다. 대표적인 예

로 전건을 길게, 또는 짧게 두드려서 라틴 알파벳을 나타내는 모스 부호가 있으며, 라틴 알파벳, 숫자, 특수 문자 등을 정수와 그에 대응되는 7비트 이진수로 표현하는 방법인 ASCII가 있다.

변조

변조(變調)는 정보를 저장, 전송하기 위해 전기적 신호로 변환하는 것을 말한다. 보다 정확히는 원하는 정보에 따라 반송파(carrier) 신호의 진폭, 주파수, 위상 정보를 변경하여 변조된 신호를 얻는다. 신호를 전송하기 전에 변조하는 것은 여러 가지 이유가 있다. 그 중에는 하나의 전송 매체를 여러 사용자가 공유하도록 하는 것과(다중 접속), 신호의 특성을 전송 매체의 물리적인 특성에 맞추기 위해서이다. 변조를 수행하는 장치를 변조기(modulator)라고 하며 이 반대의 과정을 수행하는 장치를 복조기(demodulator)라고 한다. 변조기와 복조기의 기능을 둘 다 수행하는 장치는 모뎀(MODEM)이라고 한다. 변조 방식에는 아날로그 변조방식, 디지털 변조방식 및 펄스 변조방식으로 나눠진다.

프로토콜

컴퓨터 과학에서 컴퓨터 같은 전자기기들 사이에 데이터를 효율적으로 전달하기 위한 규칙이나 절차를 모아놓은 통신상의 규칙과 약속을 의미한다.

컴퓨터들 간의 정보 교환을 위해서는, 어떻게 정보를 구조화하고 각 컴퓨터에 정보를 보내고 받을 것인가에 대한 사전 약속이 있어야 한다. 프로토콜은 통신을 원하는 두 개체 간에 무엇을, 어떻게, 언제 통신할 것인가를 서로 약속하여 통신상의 오류를 피하도록 하기 위한 통신 규약이다. 만약 이런 프로토콜이 없다면, 정보를 보내는 컴퓨터는 8비트 패킷으로 데이터를 보내고, 정보를 받는 컴퓨터는 16비트 패킷의 데이터를 수신하는 상황이 벌어질 수도 있다. 이에 따라 국제적 산업기관들이 프로토콜을 정립했다. 가장 중요한 컴퓨터 프로토콜은 개방형 상호 접속 시스템(Open Systems Interconnection/OSI)일 것이다. 이것은 컴퓨터들 사이의 네트워크 통신 시행을 위한 일종의 가이드라인 세트이다. 인터넷 프로토콜 가운데 가장 중요한 세트로는 TCP/IP, HTTP, FTP 등이 있다.

운영 체제

운영 체제(運營體制) 또는 오퍼레이팅 시스템(OS, operating system)은 컴퓨터의 하드웨어를 직접적으로 제어하고 관리하는 일을 하는 시스템 소프트웨어이다. 최근에는 가상화 기술의 발전에 힘입어 실제 하드웨어가 아닌 하이퍼바이저 위에서 실행되기도 한다.

운영 체제는 실행되는 응용 프로그램들이 메모리와 CPU, 입출력 장치 등의 자원들을 사용할 수 있도록 만들어 주고, 그들을 추상화하여 파일 시스템 등의 서비스를 제공한

다. 또한 멀티태스킹을 지원하는 경우, 여러 개의 응용 프로그램을 실행하고 있는 동안, 운영 체제는 이러한 모든 프로세스들을 스케줄링하여 마치 그들이 동시에 수행되는 듯한 효과를 낸다.

이러한 운영체제의 핵심적인 부분을 커널 이라고 부르며 운영체제 내에서의 커널의 영역과 그 구성에 따라 Monolithic kernel, micro kernel 등으로 분류하며 운영체제의 목적은 아래와 같다.

① 응용 프로그램에게 그들이 실행될 수 있는 실행 환경을 제공하며, 파일시스템 등의 서비스를 제공한다.

② 응용 프로그램들 서로 간을 보호하여 한 프로세스가 다른 프로세스를 침범할 수 없게 한다.

③ 하드웨어 등의 자원을 최대한 공정하고 효율적으로 각 프로세스에 할당한다.

실시간 운영 체제

실시간 운영 체제(Real Time Operating System 또는 RTOS)는 실시간 응용 프로그램을 위해 개발된 운영 체제이다. 전형적으로 이러한 운영체제는 임베디드 응용 프로그램에서 쓰인다.

이러한 종류의 운영 체제가 반드시 높은 처리율을 가지지는 않는다. 다시 말해, 특성화된 스케줄링 알고리즘과 높은 클록 대 인터럽트 비율(High Clock-Interrupt Rate)은 둘 다 처리율에 방해가 된다(역자 주, RTOS의 스케줄링 알고리즘이나 잦은 인터럽트가 처리율을 낮게 한다는 뜻). 그러므로 실제 운영 체제 없이 시스템을 운영하는 것이 처리율 면에서는 가장 유리할 수 있다.

블루투스

블루투스(Bluetooth)는 1994년 에릭슨이 최초로 개발한 개인 근거리 무선 통신(PANs)을 위한 산업 표준이다. 나중에 블루투스 SIG에 의해 정식화되었고, 1999년 5월 20일 공식적으로 발표되었다. 블루투스 SIG에는 소니 에릭슨, IBM, 노키아, 도시바가 참여하였다.

IEEE 802.15.1 규격을 사용하는 블루투스는 PANs(Personal Area Networks)의 산업 표준이다. 블루투스는 다양한 기기들이 안전하고 저렴한 비용으로 전 세계적으로 이용할 수 있는 무선 주파수를 이용해 서로 통신할 수 있게 한다. 블루투스라는 이름은 10세기의 덴마크 왕 헤럴드 블루투스에서 유래했는데, 대립국면에 있는 파벌들과 협상하는데 있어서 특히 유명했다. 다시 말해, 다른 장치들끼리 통신할 수 있게 하는 이 기술에 적합한 이름이다.

블루투스는 ISM 대역인 2.45GHz를 사용한다. 버전 1.1과 1.2의 경우 속도가 초당 723.1 킬로비트에 달하며, 버전 2.0의 경우 EDR(Enhanced Data Rate)을 특징으로 하는데, 이

를 통해 초당 2.1 메가비트의 속도를 낼 수 있다.
블루투스는 유선 USB를 대체하는 개념이며, 와이파이(Wi-Fi)는 이더넷(Ethernet)을 대체하는 개념이다. 암호화에는 SAFER(Secure And Fast Encryption Routine)+을 사용한다. 장치끼리 믿음직한 연결을 성립하려면 키워드를 이용한 페어링(Pairng)이 이루어지는데, 이 과정이 없는 경우도 있다.

RFID(Radio-Frequency IDentification)

RFID(Radio-Frequency IDentification) 기술이란 전파를 이용해 먼 거리에서 정보를 인식하는 기술을 말한다. 여기에는 RFID 태그(이하 태그)와, RFID 판독기(이하 판독기)가 필요하다. 태그는 안테나와 집적회로로 이루어지는데, 집적회로 안에 정보를 기록하고 안테나를 통해 판독기에게 정보를 송신한다. 이 정보는 태그가 부착된 대상을 식별하는 데 이용된다. 쉽게 말해, 바코드와 비슷한 기능을 하는 것이다. RFID가 바코드 시스템과 다른 점은 빛을 이용해 판독하는 대신 전파를 이용한다는 것이다. 따라서 바코드 판독기처럼 짧은 거리에서만 작동하지 않고 먼 거리에서도 태그를 읽을 수 있으며, 심지어 사이에 있는 물체를 통과해서 정보를 수신할 수도 있다. RFID는 사용하는 동력으로 분류할 수 있다.
오직 판독기의 동력만으로 칩의 정보를 읽고 통신하는 RFID를 수동형(Passive) RFID라 한다. 반수동형(Semi-passive) RFID란 태그에 건전지가 내장되어 있어 칩의 정보를 읽는데는 그 동력을 사용하고, 통신에는 판독기의 동력을 사용하는 것을 말한다. 마지막으로 능동형(Active) RFID는 칩의 정보를 읽고 그 정보를 통신하는 데 모두 태그의 동력을 사용한다. RFID를 동력 대신 통신에 사용하는 전파의 주파수로 구분하기도 한다.
낮은 주파수를 이용하는 RFID를 LFID(Low-Frequency IDentification)이라 하는데, 120~140킬로헤르츠(khz)의 전파를 쓴다.
HFID(High-Frequency IDentification)는 13.56메가헤르츠(Mhz)를 사용하며, 그보다 한층 높은 주파수를 이용하는 장비인 UHFID(UltraHigh-Frequency IDentification)는 868-956메가헤르츠 대역의 전파를 이용한다.

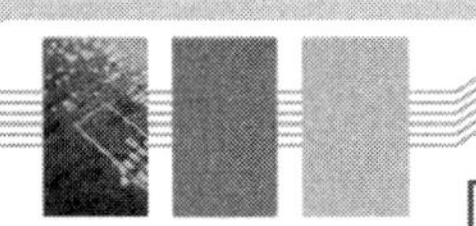

[부록]

관련자료 출처

[그림 5.1] RS-232관련 9&25 Pinout Layout
- 출처 : http : //www.lammertbies.nl/comm/cable/RS-232.html

[그림 5.2] PC연결용 RS-232 Cable 예
- 출처 : http : //www.hw-group.com/products..._en.html & http : //www.usbgear.com/computer_...%252C601

[그림 5.3] USB Cable 및 관련 Controller
- 출처 : USB Male Plug Type A [Host], USB 2.0 PCI Controller

[그림 5.4] IEEE 1394 FireWire/i.Link 4Pin to 4Pin A/V Translucent Cable
- 출처 : http : //www.cablesdirect.com/sear...20Cables

[그림 5.5] 이더넷 User Connections
- 출처 : myhome.shinbiro.com/~hw809/lan/i...rnet.gif

[그림 5.6] Home PNA System
- 출처 : www.practicallynetworked.com/img..._eth.gif

[그림 5.7] Power Line Communication
- 출처 : www.imc.cce.i.kyoto-u.ac.jp/rese.../plc.png

[그림 5.8] RF Tag Sample 및 Swept-RF System 예
- 출처 : http : //rikheij.wordpress.com/2008/11
  http : //www.jltrfid.com/default.a...ngid%3D2
  http : //welmark.cn/news/utf-8/27_13.html

[그림 5.9] 블루투스관련 사용예 및 블루투스 Mark
- 출처 : image.inews24.com/image_mtalk/20...3_01.jpg

[그림 5.10] HomeRF 적용 예
- 출처 : http : //www.hometoys.com/mentors/...merf.htm

[그림 5.11] Wireless LAN 개념도

– 출처 : http : //users.swing.be/id-phy/WLA...LAN.html Wireless LAN problematic

[그림 5.12] Wirbo 휴대 인터넷망 구성도

– 출처 : http : //www.mobilab.co.kr/textonl...duct.htm

즉, 실내의 유선 초고속 인터넷서비스를 실외에서 이동 중에도 사용할 수 있도록 구성함

[그림 5.13] WAN 구성도 예

– 출처 : http : //technet.microsoft.com/en-...420.aspx

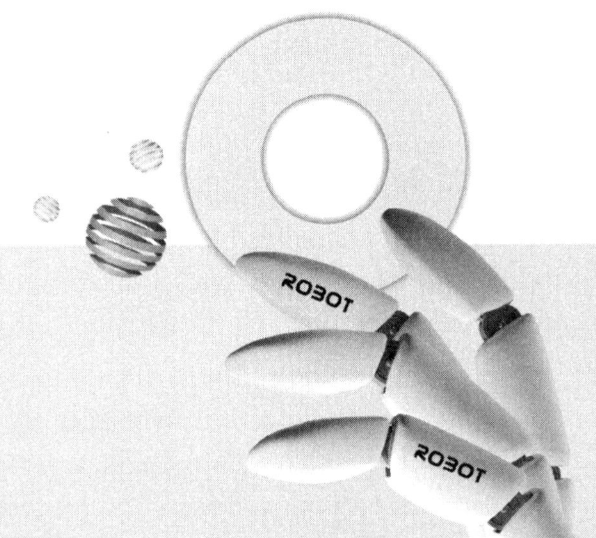

제6장

산업용 로봇의 이론

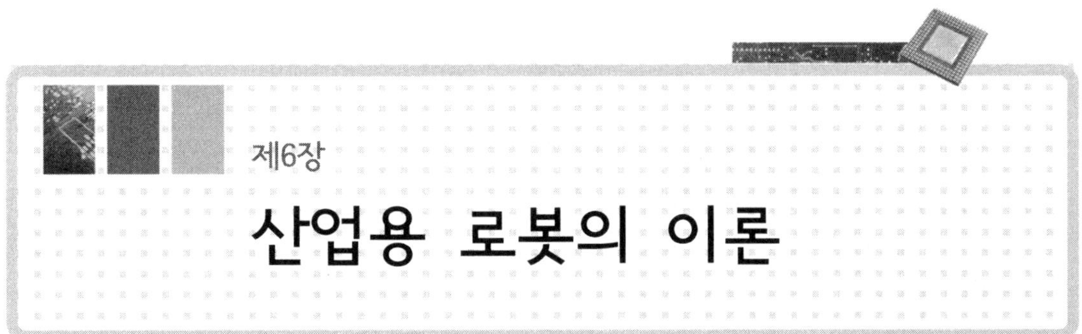

제6장

산업용 로봇의 이론

6.1 산업용 로봇의 구성

산업용 로봇을 구성하는 세 가지 기본 요소는 기계적 동작을 하는 매니퓰레이터(Manipulator), 제어장치(Controller), 전원부(Power supply)이다.

6.1.1 매니퓰레이터의 기본 구조

(1) 몸체(Body)

몸체는 팔을 원하는 위치로 이동시키는 어깨를 포함하며, 매니퓰레이터를 지지하는 역할을 한다. 몸체는 움직임의 여부에 따라 구분될 수 있는데, 몸체가 고정된 로봇을 고정형 로봇(Manipulation Robot)이라 하고, 움직일 수 있는 로봇을 이동형 로봇(Locomotion Robot)이라고 한다.

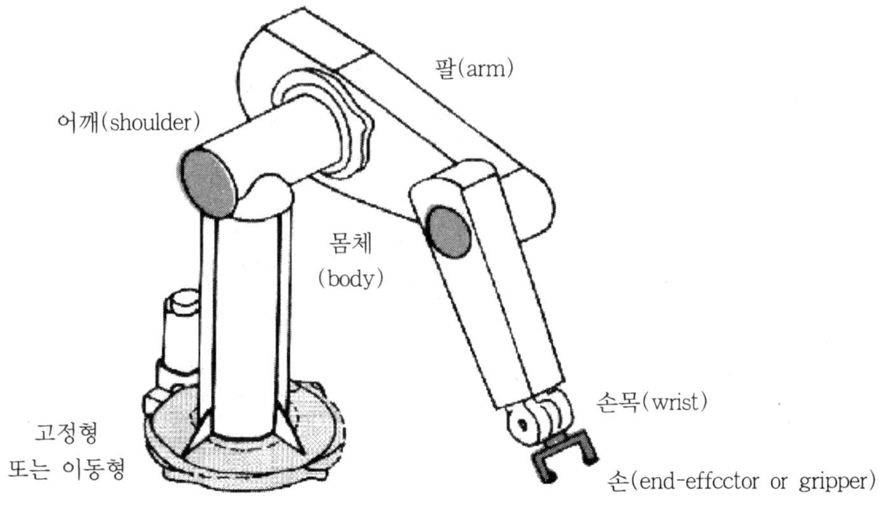

[그림 6.1] 산업용 로봇의 기본 구조

로봇의 움직임은 다음과 같이 구분할 수 있다.

① 직선운동(Prismatic Motion)
몸체가 한 방향 또는 여러 방향으로 직선으로 움직인다.

② 회전운동(Revolute Motion)
몸체가 한 축을 중심으로 회전한다.

③ 혼합운동(Prismatic/Revolute Motion)
직선운동 + 회전운동

④ 자유이동(Mobile)
바퀴, 무한궤도(Caterpillar) 등의 장치가 부착되어 있어 자유자재로 움직일 수 있다.

(2) 팔(Arm)

팔은 손목(Wrist)과 손(Hand)을 원하는 위치로 보내는 역할을 한다. 팔은 상박(Upper Arm), 하박(Lower Arm) 및 팔꿈치(Elbow)로 구성되는데, 팔의 형상과 움직임에 따라 다음과 같이 구분할 수 있다. 영문자 P는 직선운동(Prismatic), R은 회전운동(Revolute)을 나타낸다.

팔의 운동은 [그림 6.2]와 같다.

① 직각형(Rectangular)
팔이 몸체와 어깨의 궤도를 따라 직선운동만 한다.
3관절의 경우 3개의 직선운동 : P-P-P

② 원통형(Cylindrical)
팔이 전후로 움직이며, 몸체를 축으로 회전 및 직선운동을 한다.
3관절의 경우 2개의 직선운동과 1개의 회전운동 : P-R-P

③ 구형(Spherical)
팔이 전후로 움직이며, 몸체를 축으로 상하, 좌우의 회전운동을 한다.
3관절의 경우 1개의 직선운동과 2개의 회전운동 : R-R-P

④ 다관절형(Articulated)
여러 개의 관절을 이용하여 상하, 좌우로 직선 및 회전운동을 복합적으로 한다.

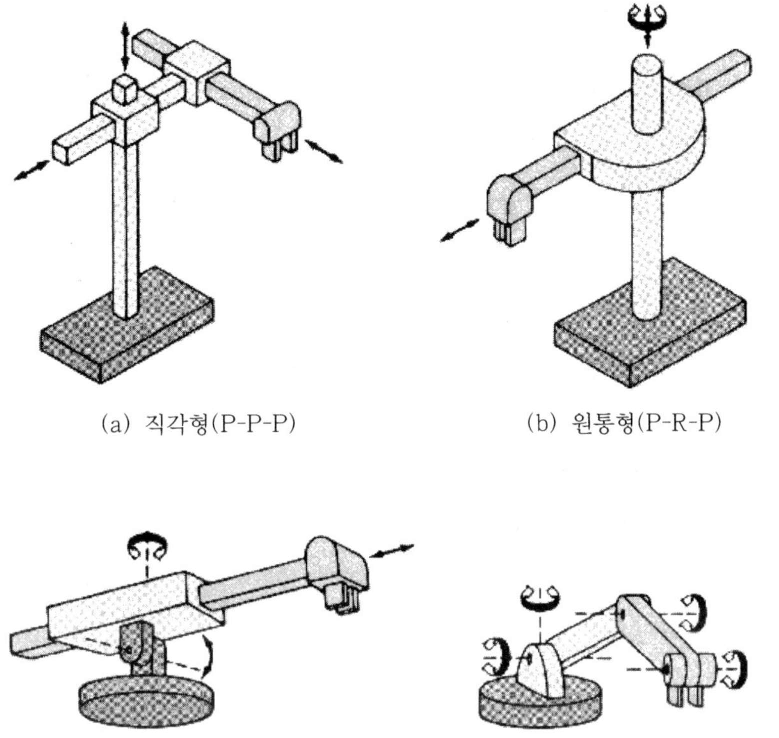

(a) 직각형(P-P-P)　(b) 원통형(P-R-P)

(c) 구형(R-R-P)　(d) 다관절형(P-R-R)과 (R-R-R)

[그림 6.2] 산업용 로봇팔의 구분

(3) 손목(Wrist)

손목은 손을 원하는 위치 또는 방향으로 이동시키는 역할을 한다. 손목은 보통 롤(Roll), 피치(Pitch), 요(Yaw)라고 하는 세 가지 회전운동(RPY)을 필요에 따라 섞어 사용하는데, 손목의 형상과 움직임에 따라 다음과 같이 구분할 수 있다.

① 직선형(Prismatic)

3개의 직각형 관절로 전후, 좌우, 상하 등 직선으로 움직이며, 이들 운동의 조합에 의해 롤 운동을 한다.

② 회전운동(Revolute)

3개의 회전형 관절로 이루어진다.

③ 혼합형 운동(Prismatic/Revolute)

직각형 관절과 회전형 관절로 이루어진다.

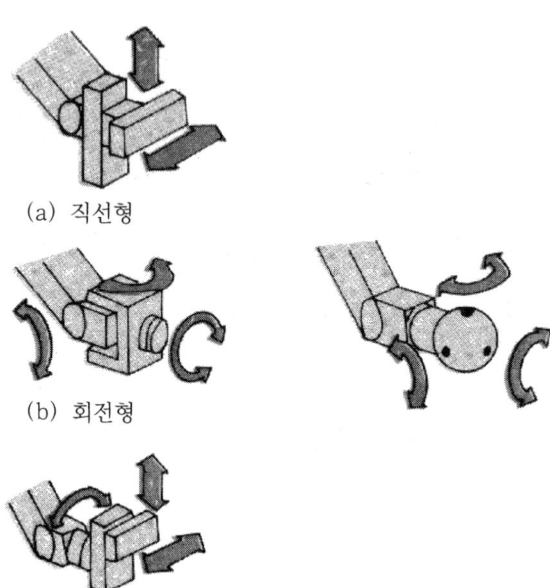

[그림 6.3] 손목의 구조에 따른 구분

(4) 손(Hand)

손은 작업 대상물을 잡거나 주어진 작업을 실제로 수행하는 역할을 한다. 손은 기능에 따라 그리퍼, 엔드이펙터로 구분하기도 한다. 그리퍼(Gripper)는 손가락 또는 손 전체로 물건을 잡는 일을 할 경우에 사용되는 집게 모양의 로봇 손을 말하고, 엔드이펙터(End-effector)는 그리퍼를 포함한 각종 공구(Tool)를 로봇 손의 위치에 부착하여 손대신 사용하는 경우에 이 공구를 일컫는다.

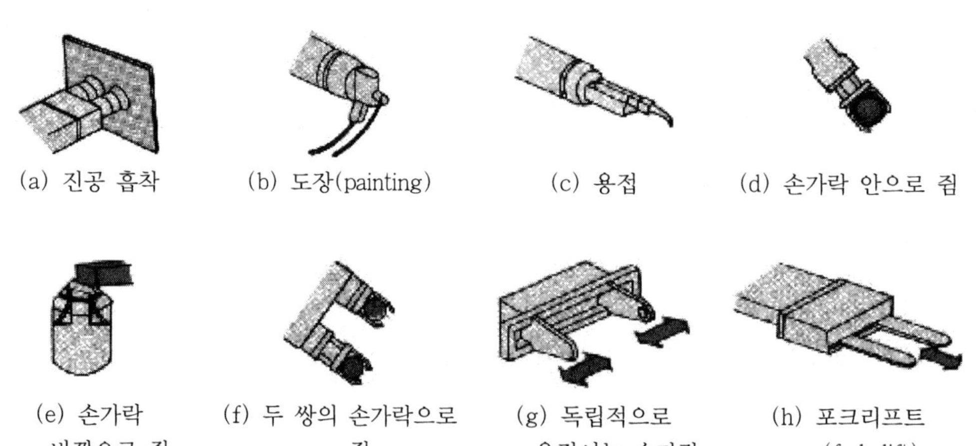

[그림 6.4] 로봇손의 여러 가지 형태

6.1.2 로봇 좌표계

3차원 공간상에 놓여 있는 물체의 상태(위치 및 자세)를 표현하는 데에는 3개의 위치정보(x, y, z)와 3개의 각도정보(θ, ϕ, ψ)가 필요하다. 즉, 총 6개의 위치 및 자세(각도)를 위한 독립변수가 필요하다. 이처럼 물체의 위치와 자세를 나타내는데 필요한 독립변수의 수를 자유도(DOF;Degree of Freedom)라고 한다. 따라서, 3차원 공간상에 있는 임의의 물체는 6개의 자유도를 갖는다고 할 수 있다.

로봇의 관절동작은 여러 가지가 있을 수 있는데, 이 중 직선 및 회전운동이 대표적인 것이다. 대부분의 로봇관절은 직선, 회전 중 한가지의 운동만을 하므로 "로봇 관절의 수 = 자유도의 수"라고 할 수 있다.

고정형 로봇의 대표격인 산업용 로봇을 보면 4~6관절이 대부분이고 6관절이 많은데, 이는 앞에서 언급한 바와 같이 3차원 공간에서 로봇이 원하는 작업을 하기 위해서는 6개의 자유도가 필요하기 때문이다. 로봇이 7자유도 이상의 관절을 가지면 이론적으로 장애물 회피, 조작성 향상 등의 장점이 있으나, 여유 관절(Redundant Joint)이 발생하여 제어가 어렵고, 경제성이 떨어지는 단점이 있으므로 산업용으로는 잘 사용되지 않는다.

인간의 경우를 생각해보면, 인간의 한쪽 팔은 총 27개(어깨 3, 팔꿈치 1, 손목 3, 손가락 20)의 자유도를 가지고 있어 매우 조작성이 뛰어남을 알 수 있다.

로봇의 동작은 여러 개의 관절과 링크들의 조합된 결과로써 이루어진다. 고정형 로봇의 경우, 베이스 축을 기준으로 한 대표적인 4가지의 동작 좌표계에 대하여 알아본다.

(1) 직각 좌표계(Rectangular Coordinate, P-P-P)

직각 좌표계는 원점을 기준으로 해서 x, y, z 등 3개의 축이 각각 직교하고 있는 좌표계이다. 각 축을 따라 측정한 값으로 공간의 점 p의 위치 P(x, y, z)를 나타낼 수 있다. 직각좌표 로봇의 경우, 로봇의 3축은 x, y, z축을 따른 직선운동을 한다.

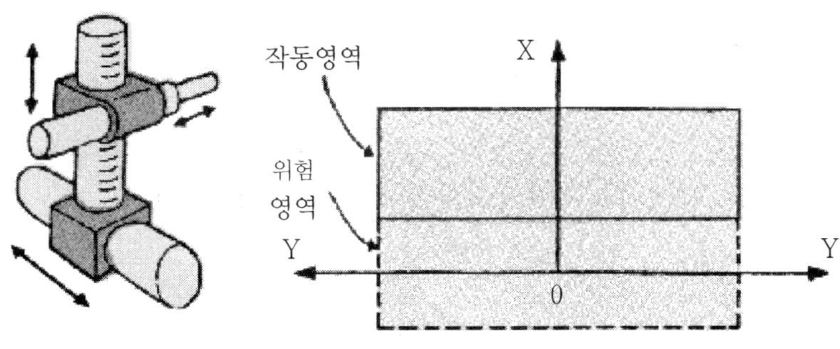

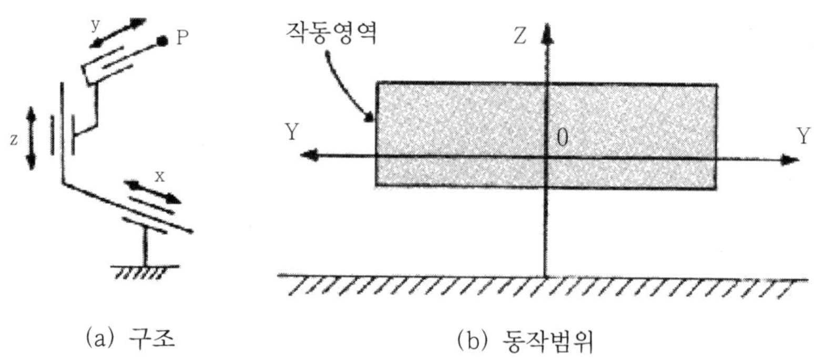

(a) 구조　　　　　　　　(b) 동작범위

[그림 6.5] 직각 좌표계 로봇의 구조 및 동작범위

(2) 원통 좌표계(Cylindrical Coordinate, P-R-P)

원통 좌표계는 공간상의 점 p의 위치를 나타내기 위해 r, θ, z를 사용한다. r는 반지름이고, θ는 기준축으로부터의 각도인데, 이 θ와 r로써 평면상의 점의 위치 (r, θ)가 정해진다. 여기에 높이 z를 도입함으로써 공간상의 임의의 점의 위치 (r, θ, z)를 나타낼 수 있다.

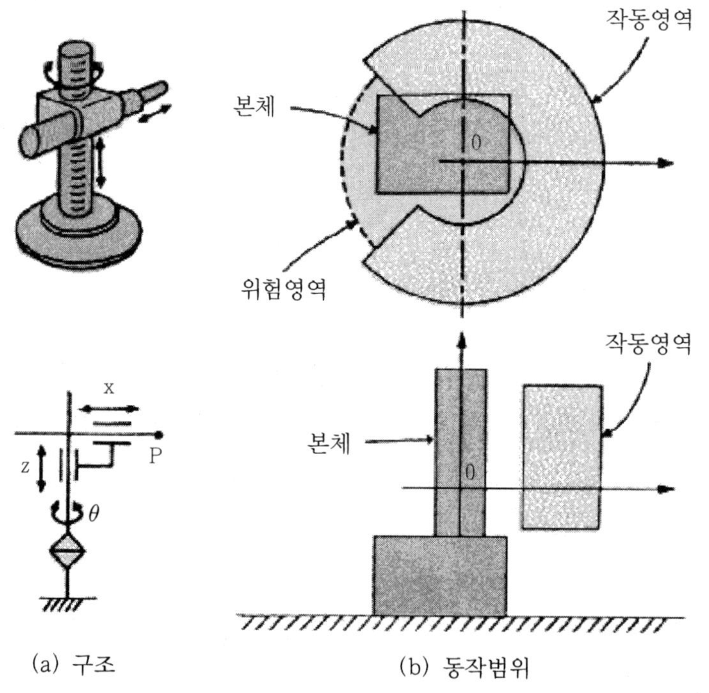

(a) 구조　　　　　　　　(b) 동작범위

[그림 6.6] 원통 좌표계 로봇의 구조 및 동작범위

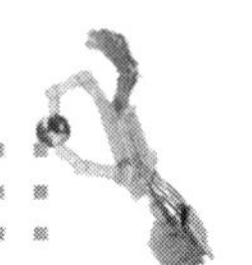

(3) 극 좌표계(Polar Coordinate, R-R-P)

극 좌표계는 공간상의 점 p의 위치를 나타내기 위해 r, θ, φ를 사용한다. r은 반지름이고, θ는 평면상의 각이며, φ는 수직평면 내에서 수평면과 r이 이루는 각이다.

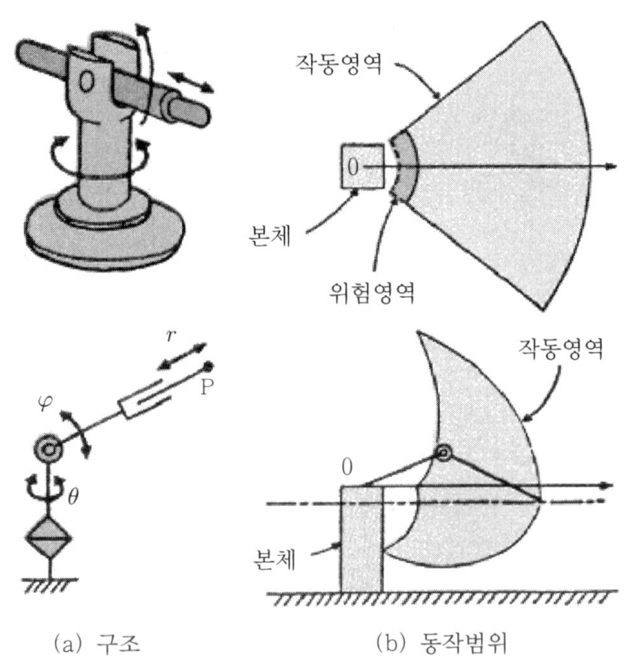

[그림 6.7] 극 좌표계 로봇의 구조 및 동작범위

(4) 다관절 좌표계(Anthropomorphic, R-R-R)

다관절 좌표계는 여러 개의 관절로 이루어져 있으며 각 동작은 회전운동으로 이루어진다. 좌표계의 각 요소들은 회전각(θ_1, θ_2, θ_3), 상박과 하박의 길이 r의 함수로 표시된다.

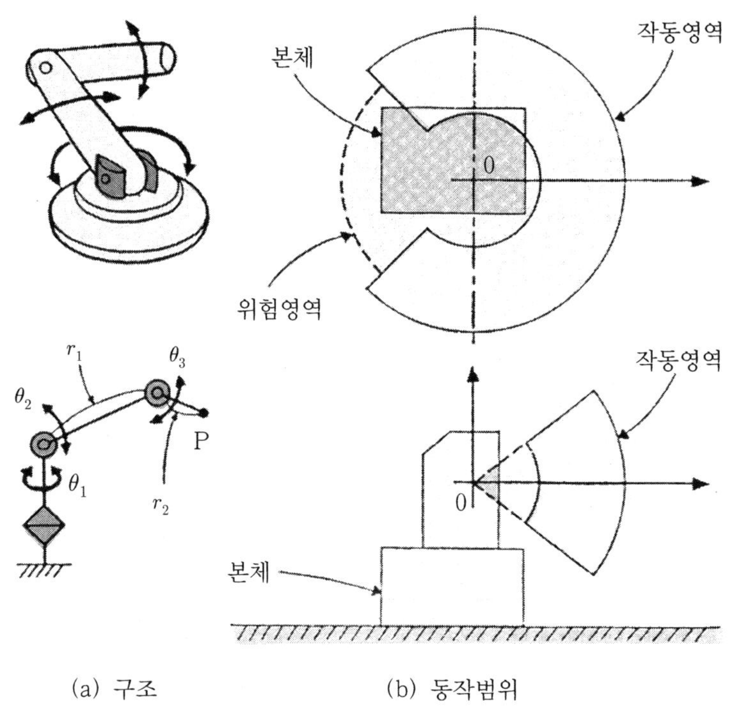

[그림 6.8] 다관절 좌표계 로봇의 구조 및 동작범위

6.1.3 로봇의 분류

로봇의 분류에는 기구형태, 제어방법, 성능 등 여러가지 방법이 있다. 이 중 대표적인 것으로는 [표 6.1]에 나타내고 있는 기구형태에 따른 분류이다. [표 6.2]는 서보유무와 경로형태 등 제어방법에 따른 로봇의 분류를, [표 6.3]은 성능에 따른 로봇의 일반적인 분류를 나타내고 있다.

[표 6.1] 기구형태에 따른 로봇의 분류

명 칭	정 의
직교좌표형 로봇	동작기구가 직교좌표(cartesian coordinate)를 따라 움직이는 로봇. PPP형 로봇이라고도 함
원통좌표형 로봇	동작기구가 원통좌표(cylinderical coordinate)를 따라 움직이는 로봇. PRP형 로봇이라고도 함
극좌표형 로봇	동작기구가 극좌표(polar/spherical coordinate)를 따라 움직이는 로봇. RRP형 로봇이라고도 함
다관절형 로봇	동작기구가 여러 개의 관절로 구성되어 있는 로봇. RRR형 로봇이라고도 함

[표 6.2] 제어방법에 따른 로봇의 분류

항 목	명 칭	정 의
서보유무	비서보형 로봇	서보제어(servo control)를 사용하지 않는 로봇
	서보형 로봇	정밀제어를 위하여 위치, 속도, 힘 등 서보제어를 사용하는 로봇
경로형태	위치제어형 로봇	경로상의 작업점을 따라 움직이는 로봇 PTP(Point To Point)제어형 로봇이라고도 함
	경로제어형 로봇	연속된 경로를 따라 움직이는 로봇 CP(Continuous Path)제어형 로봇이라고도 함

[표 6.3] 성능에 따른 일반적인 로봇의 분류

명 칭	정 의
시퀀스 로봇 (Sequence Robot)	순서, 위치, 조건 등 미리 설정된 정보에 따라 동작의 각 단계를 순차적으로 진행하는 로봇
플레이백 로봇 (Playback Robot)	사용자가 순서, 위치, 조건 등 정보를 가르치면 이를 저장한 후 필요시 재생할 수 있는 로봇
적응제어 로봇 (Adaptive Control Robot)	작업환경의 변화에 적응하여 스스로 제어기능을 변화시키는 능력을 가진 로봇
학습제어 로봇 (Learning Control Robot)	작업경험을 학습에 반영하여 이를 바탕으로 적절한 제어기능을 발휘하는 로봇

현재 산업에 사용되고 있는 대부분의 로봇은 플레이백 로봇이며, 일부 적응제어, 학습제어 기능을 가진 로봇에 대한 연구가 진행되고 있으나 인간의 지적능력에 비하면 매우 낮은 수준이다.

6.1.4 로봇의 동력원

로봇에 사용되는 동력원으로는 전기, 공압, 유압 등이 있다. 이 중에서 전기는 외부로부터 공급받기 편리하고, 작동속도가 빠르며, 변환이 간단하고 효율이 높으며, 소음이 없는 등 장점이 많기 때문에 대부분의 로봇에 사용되고 있다. 공압은 별도의 펌프, 공기탱크, 배관, 필터, 윤활기, 냉각기 등이 필요하고, 정밀성이 떨어지며, 소음이 심한 단점이 있지만, 안전하고, 보수관리가 용이하며, 소형에 유리하다는 장점이 있다. 유압은 공압과 같이 별도의 펌프, 기름탱크, 배관, 필터, 윤활기, 냉각기 등이 필요하고, 안정성이 떨어지는 단점이 있지만, 응답성이 좋고, 큰 출력에 유리하다는 장점이 있다. 따라서, 공압, 유압은 극히 일부의 로봇에 적용되고 있다. [표 6.4]는 이들 동력원에 대한 비교를 나타내고 있다.

[표 6.4] 로봇의 동력원에 대한 비교(◎ ; 좋음, ○ ; 보통, △ : 곤란)

항목	전기식	공압식	유압식
에너지 발생	◎	○	△
응답성	○	△	◎
크기 및 중량	○	◎	△
힘	○	△	◎
안전성	○	◎	△
작동속도	◎	○	△
보수관리	○	◎	△
소음	◎	△	○
속도제어	○	△	◎

6.2 평면 로봇의 기구학

6.2.1 정기구학과 역기구학

6.1.2. 3에서 설명한 것과 같이 로봇 매니퓰레이터에는 극좌표형(또는 관절형), 원통형, 직교좌표형 등 여러 가지 유형이 있다. 여기서는 강의를 평면 3축 3링크 관절형 매니퓰레이터로 한정한다. 더 이상의 논의는 대학원 과정의 자료를 참고하기 바란다.

매니퓰레이터를 동작시킨다는 것은 통상 그 손끝으로 어떠한 작업을 시키는 것을 의미한다. 따라서 매니퓰레이터를 동작시키려는 사람은 그 손끝의 위치나 자세에 대한 요구를 가지고 있다. 반면, 매니퓰레이터의 입장에서 실제로 움직이는 것은 관절의 각도이다. 따라서 매니퓰레이터의 손끝 위치 및 자세와 관절 각도와의 관계가 필요하다. 이 관계를 [그림 6.9]의 평면 3축 3링크 매니퓰레이터를 예로 들어 알아본다. 이 매니퓰레이터는 2차원 평면 내에서만 운동이 가능한, 회전형 관절을 3개 가지는 매니퓰레이터이다.

이 매니퓰레이터의 손끝 위치(x, y) 및 자세각 α와 관절 각도 θ_1, θ_2, θ_3의 관계는 기하학적인 조건을 생각하면

$$x = l_1\cos\theta + l_2\cos(\theta_1 + \theta_2) + l_3\cos(\theta_1 + \theta_2 + \theta_3) \quad (6 \cdot 1)$$

$$y = l_1\sin\theta_1 + l_2\sin(\theta_1 + \theta_2) + l_3\sin(\theta_1 + \theta_2 + \theta_3) \quad (6 \cdot 2)$$

$$\alpha = \theta_1 + \theta_2 + \theta_3 \quad (6 \cdot 3)$$

가 된다.

로봇공학 분야에서는 관절 각도로 구성되는 공간을 관절 각도 공간(Joint Space), 손끝 위치 및 손끝 자세로 구성되는 공간을 작업 좌표 공간(World Space)이라고 한다. 관절 각도가 주어졌을 때 손끝 위치 및 자세를 구하는 문제를 정기구학(Forward Kinematics), 그 반대를 역기구학(Inverse Kinematics)이라고 한다.

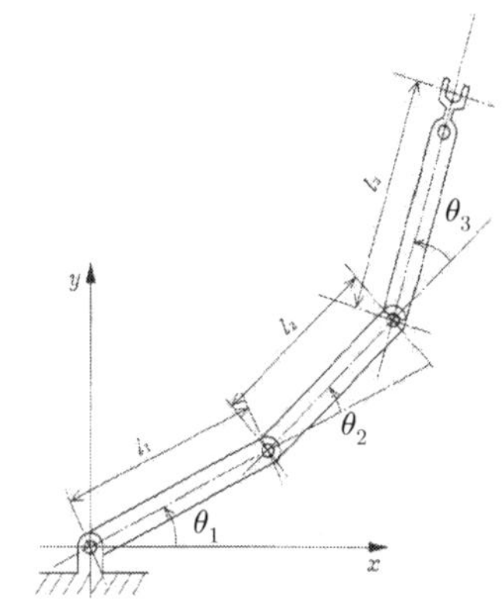

[그림 6.9] 평면 3링크 매니퓰레이터

[그림 6.9] 같은 경우의 관절 각도 공간은 관절 각도 $(\theta_1, \theta_2, \theta_3)$의 조합으로 구성되는 공간이며, 작업 좌표 공간은 손끝 위치와 그 자세(x, y, α)로 구성되는 공간이다. 어느 공간이나 3차원이다.

쉽게 표현하면, 정기구학 문제는 「관절 각도가 얼마일 때 손끝 위치와 자세는 어떻게 되는가」라는 문제이고 역기구학 문제는 「원하는 손끝 위치와 자세를 실현하기 위하여 관절 각도를 얼마로 하여야 하는가」라는 문제로 단순화시킬 수 있다.

[그림 6.10]은 이를 도식화하고 있다. 본서에서는 이후 매니퓰레이터 관절 각도의 그룹 $(\theta_1, \theta_2, \theta_3)$을 관절 각도 좌표, 손끝 위치와 그 자세의 그룹(x, y, α)을 손끝 좌표로 부르기로 한다.

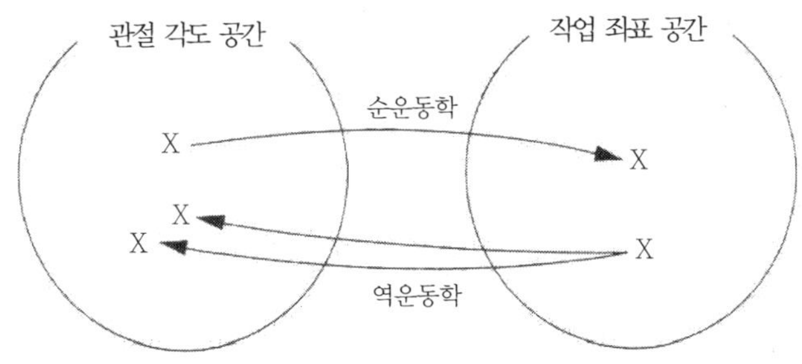

[그림 6.10] 순기구학과 역기구학

정기구학 문제는 부여된 관절 각도를 식(6・1)~(6・3)에 대입하면 간단히 풀 수 있다. 예를 들면 세 링크의 길이 $l_1 = l_2 = l_3 = 1$이라고 하면 관절 좌표가 $(\theta_1, \theta_2, \theta_3) = (30°, 60°, -60°)$일 때 손끝 좌표$(x, y, \alpha)^T$는 $(\sqrt{3}, 2, 30°)^T$로 구해진다.

한편, 역기구학 문제는 매니퓰레이터의 원하는 손끝 좌표(x, y, α)가 부여되었을 때 관절 좌표$(\theta_1, \theta_2, \theta_3)$를 구하는 문제이므로 비선형 연립방정식(6・1)~(6・3)을 푸는 문제가 되며, 그 해법은 일반적으로 복잡하다.

링크 길이 l_1, l_2, l_3는 정해져 있고 원하는 $(x, y, \alpha)^T$가 주어져 있다. 식(6・3)을 식(6・1), (6・2)에 대입시키고 이들 식의 우변 제1항과 제3항을 좌변에 옮겨서 양변을 제곱한 후 두 식을 합하면

$$A^2 + B^2 + l_1^2 - 2l_1(Acos\theta_1 + Bsin\theta_1) = l_2^2 \qquad (6 \cdot 4)$$

여기서

$$A = x - l_3\cos\alpha, \quad B = y - l_3\sin\alpha$$

가 된다. 가법 정리에 의해 좌변 제4항의 괄호 안의 값은

$$Acos\theta_1 + Bsin\theta_1 = \sqrt{A^2 + B^2}\, cos(\theta_1 - r), \quad r = \tan^{-1}(B/A)$$

로 변형되므로

$$\theta_1 = r \pm \cos^{-1}\left(\frac{A^2 + B^2 + l_1^2 - l_2^2}{2l_1\sqrt{A^2 + B^2}}\right) \qquad (6 \cdot 5)$$

이 된다. 여기서 A, B는 알고 있는 값이므로 이 식에 의해 θ_1이 구해진다.

θ_1이 구해지면 식(6・1), (6・2)의 우변 제1항, 제3항은 알고 있는 값이 되므로 식 (6・1), (6・2)에 의해

$$\tan(\theta_1 + \theta_2) = \frac{B - l_1 s\theta_1}{A - l_1 c\theta_1} \qquad (6 \cdot 6)$$

이 되고

$$\theta_2 = -\theta_1 \tan^{-1}\frac{B - l_1\sin\theta_1}{A - l_1\cos\theta_1} \qquad (6 \cdot 7)$$

에 의해 θ_2가 구해진다.

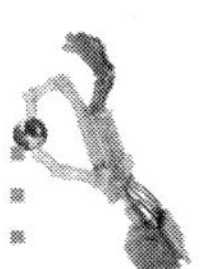

그리고 이상에서 구한 θ_1, θ_2와 식 (6・3)에 의해 θ_3가 구해지며 따라서 관절변수 θ_1, θ_2, θ_3 전부가 구해진다.

6.2.2 매니퓰레이터의 속도 문제와 자코비 행렬

로봇 매니퓰레이터를 원하는 대로 제어하고자 할 때에, 기본적으로 관절각도와 로봇 손끝간의 정, 역기구학 문제만 해결하여도 충분한 경우가 있으나, 속도까지 정밀제어가 필요한 경우도 있을 수 있다. 위치만의 문제를 0차의 문제라 하면 이러한 속도의 문제는 1차 미분 문제라 부를 수도 있다. 동일한 [그림 6.9]의 평면 3링크 매니퓰레이터를 예로 들어 매니퓰레이터의 관절각속도와 손끝 좌표의 미분값의 관계에 대해서 알아본다. 식 (6・1)~(6・3)에서의 손끝 좌표 변수 x, y, α 및 관절각도 $\theta_i(i=1,\ 2,\ 3)$가 모두 시간 함수인 것에 주의하고 이들을 시간 t로 미분하여 본다. 이때 긴 식을 단순화시켜 표시하기 위하여 다음과 같은 약식기호를 사용한다.

$$C_1 = c\theta_{1,}\quad C_{12} = c(\theta_{1,} + \theta_2),\quad C_{123} = c(\theta_1 + \theta_2 + \theta_3)$$

$$S_1 = s\theta_{1,}\quad S_{12} = s(\theta_1 + \theta_2),\quad S_{123} = s(\theta_1 + \theta_2 + \theta_3)$$

그러면 식(6.1)~(6.3)은 다음과 같이 된다.

$$x' =-l_1\theta'_1 S_1 - l_2(\theta'_1 + \theta'_2)S_{12} - l_3(\theta'_1 + \theta'_2 + \theta'_3)S_{123} \qquad (6・8a)$$

$$y' = l_1\theta'_1 C_1 + l_2(\theta'_1 + \theta'_2)C_{12} + l_3(\theta'_1 + \theta'_2 + \theta'_3)C_{123} \qquad (6・8b)$$

$$\alpha' = \theta'_1 + \theta'_2 + \theta'_3 \qquad (6・8c)$$

x'나 θ'는 시간 미분을 나타내며, 각각 dx/dt, $d\theta/dt$인 것을 나타낸다. $\cos\theta$의 시간 미분을 예로 들면, 이 연산은 $\cos\theta$의 시간 t에 관한 미분이 다음과 같이 되는 것을 고려하면 이해할 수 있을 것이다.

$$\frac{dcos\theta}{dt} = \frac{dcos\theta}{d\theta}\frac{d\theta}{dt} = -\theta'\sin\theta$$

여기서 $P=(x,\ y,\ \alpha)^T$, $\Theta=(\theta_1,\ \theta_2,\ \theta_3)^T$라고 하고 식(6・8)을 행렬로 표현하면

$$P' = \begin{bmatrix} x' \\ y' \\ \alpha' \end{bmatrix} = \begin{bmatrix} -l_1S_1 - l_2S_{12} - l_3S_{123} & -l_2S_{12} - l_3S_{123} & -l_3S_{123} \\ l_1C_1 + l_2C_{12} + l_3C_{123} & l_2C_{12} + l_3C_{123} & l_3C_{123} \\ 1 & 1 & 1 \end{bmatrix} \begin{pmatrix} \theta'_1 \\ \theta'_2 \\ \theta'_3 \end{pmatrix}$$

$$\equiv J(\theta(t))\Theta'(t) \qquad (6 \cdot 9)$$

가 된다.

행렬 J는 자코비 행렬(Jacobian Matrix)이라고 하는데, 관절각도 변수 $\theta_i (i=1, 2, 3)$를 포함하는 것에 주의를 요한다. 이것은 매니퓰레이터가 운동하면 자코비 행렬이 변화하는 것을 의미하고 있다. 이 식은 손끝 좌표의 미분값 P'와 관절각속도 Θ'의 관계를 나타내고 있다. 지금 매니퓰레이터가 어떤 상태에 있다고 하자. 이때 각관절에 있는 각속도를 부여하면 식(6・9)의 우변을 대입하여 손끝 좌표의 미분값 P'(속도와 자세각속도)를 구할 수 있다.

한편 자코비 행렬이 정칙(역행렬이 존재)이면 식(6・9)에 의해

$$\Theta'(t) = J(\theta(t))^{-1} \cdot P'(t) \qquad (6 \cdot 10)$$

가 된다.

식(6・9)는 관절속도를 알 때 손끝의 속도를 구할 수 있고 식(6・10)은 원하는 손끝 속도를 내기 위한 관절 속도를 구할 수 있다.

제7장

지능형 로봇 실습

제7장

지능형 로봇 실습

7.1 지능형 로봇 제어

7.1.1 지능형 로봇의 구조

지능형 로봇은 외부의 환경을 인식할 수 있는 센서부, 동작이 가능하게 하는 구동부, 특정 작업 및 로봇의 외형을 구성하는 기구부, 판단 및 연산을 하는 제어부, 명령을 전달시키는 통신부로 구성되어 있다.

1) 제어부

제어부는 로봇의 판단 및 제어 명령어 연산 등 로봇의 두뇌 역할을 하는 부분으로, 지능형 로봇에서는 대표적으로 Microprocessor를 사용하고 있다.

Microprocessor는 컴퓨터의 중앙처리장치(CPU)를 단일 IC 칩에 집적시킨 반도체 소자로 MPU(Microprocessor Unit)라 부르기도 한다. 연산장치와 제어장치를 한 개의 작은 칩에 집적시킨 집적회로로 이루어진 처리 장치로, 내부는 산술 논리 연산기, 레지스터, 프로그램 카운터, 명령 디코더, 제어회로 등으로 구성되어 있다.

(1) MCU(Microprocessor Unit)

MPU(Microprocessor Unit)를 컨트롤 목적으로 On chip 형태로 통합한 것이 MCU(Micro Control Unit)이라 할 수 있다. 이는 User가 직접 컨트롤 하여, 필요한 기능만을 부가적으로 사용할 수 있으며, 고유한 기능을 가지고 있어서 필요에 따라 각각 다른 칩 기능을 한다. 집적화로 인해 좁은 공간의 회로에서도 많은 기능을 수행하며, CPU 내부에 메모리가 있어 명령에 필요한 프로그램이 저장 가능 하다.

4bit, 8bit, 16bit, 32bit형태의 데이터 처리 속도를 갖고 있다. 자동 제어장치 시스템이나, 도난 방지시스템, 자동차 ABS 시스템, 항온 시스템 등 다른 분야에서도 널리 쓰이고 있는 CPU이다.

제어 응용 시스템에 사용되는 MCU의 특징은 다음과 같다.

- 제품의 소형화, 경량화가 가능하며, 소비전력도 적어진다.
- 부품비, 제작비, 개발비가 감소되고, 개발 기간도 단축된다.
- 하드웨어에 의존하는 부분을 소프트웨어로 처리할 수 있게 되므로 기능의 변경이나 확장에 보다 유연하게 대처할 수 있다.

[표 7.1] 용어 설명

MCU	MPU	CPU
Micro control unit	Microprocessor unit	Central processor unit

이중에 실습에 사용되어지는 Microprocessor는 AVR Micro Processor로 ATMEL 社에서 제공하는 CPU이며, 8-bit RISC 방식으로 다음과 같은 특징을 갖고 있다.

- ISP(In system programming) 기능이 있어 AVR을 기판에 부착한 상태에서 내부 Flash ROM과 EEPROM을 여러 번 프로그램 가능하다.

- RISC 구조로 고속 처리가 가능하다.

- C 언어로 프로그램이 가능하며, CPU 설계 단계에서 레지스터, 메모리, 명령어가 C 언어에 적합하도록 설계되어있어 C 언어를 사용하여 개발 기간을 단축할 수 있다.

- 다양한 AVR 제품군이 있어 저가의 적합한 소자의 선정 사용이 가능하다.

- SRAM, 통신포트, A/D 변환기, Watchdog, 타이머, PWM, I/O port 등을 구비하고 있어 외부에 별도로 주변 장치를 부착하지 않아도 된다.

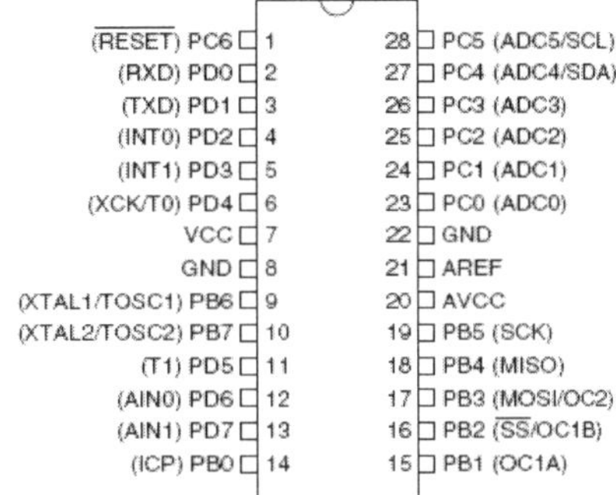

[그림 7.1] ATMega8 MCU

32×8 General Purpose Working Registers
8K Bytes of Self-Programmable Flash
512 Bytes EEPROM
100,000 Write/Erase Cycles
1K Byte Internal SRAM
Two 8-bit Timer/Counters, One 16-bit Timer/Counter
Real Time Counter with Separate Oscillator
Three PWM Channels, 6-channel ADC
Four Channels 10-bit Accuracy, Two Channels 8-bit Accuracy
Programmable Watchdog Timer

(2) 기본 전기 소자

제어회로를 만드는 데 있어서 사용되는 기본 부품들의 특징과 사용법에 대해 알아보고자 한다.

소자들은 Ohm's law{ $V(V) = I(A) \times R(\Omega)$, $P(W) = V(V) \times I(A)$}를 기본으로 하여 구성되어진다.

① 저항(Register)(Ω)

저항은 전압을 강하하거나 분압 또는 전류량을 제한하려 할 때 사용되어진다. 기능과 적용 형태에 따라서 여러 가지로 구분된다. [그림 7.2]의 저항 판별법을 통하여 일반 저항의 값을 알 수 있다.

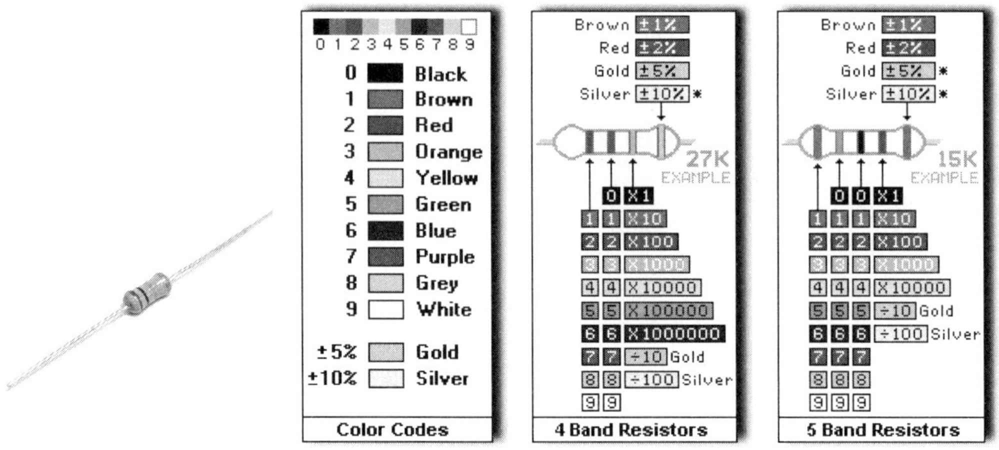

[그림 7.2] 저항 및 저항 판별법

또한 저항은 그 쓰임에 따라 일반 저항, 가변 저항, 어레이 저항으로 구분되어진다.

② 콘덴서(Condenser, Capacitor)(F)

전기를 축적하는 기능을 가지고 있는 소자로 재질에 따라서 전해 콘덴서, 세라믹 콘덴서, 가변 콘덴서로 구분한다. 절연체로 분리된 두 판 사이의 전하를 가두어 에너지를 저장한다. 절연체는 전기가 흐르지 않는 물체이므로 전자는 두 판 사이를 통과하지 못한다. 이에 따라 한 판은 양전하를, 다른 판은 음전하를 축적하게 되어 두 판 사이에는 전압차이가 발생하게 된다. 전자 기기에 사용되는 콘덴서는 직류 전류를 저지하고 교류 전류만을 흐르게 하거나 공진 회로를 이루어 어느 특정 주파수만을 취급하는 곳 등에 쓰이며, 배터리처럼 커패시터는 전기적 에너지를 저장하며 필요시 이를 사용할 수 있다. 카메라 플래시의 경우, 커패시터는 약한 전류로 서서히 충전되며 촬영시 플래시 전구에 순간적으로 큰 전류를 방전하여 강한 빛을 발생시킨다.

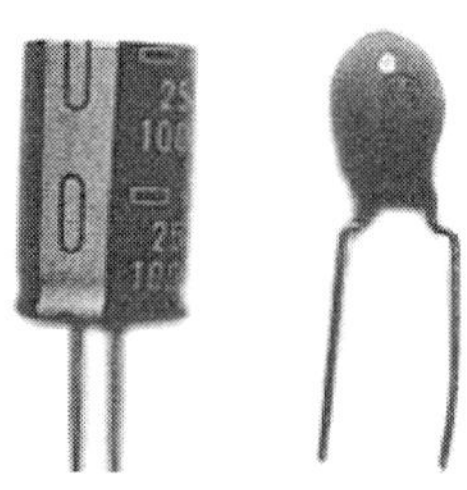

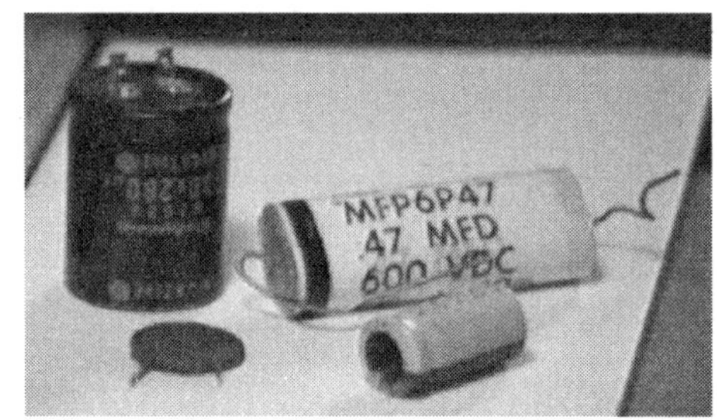

[그림 7.3] Capacitor

③ 인덕터(Inductor)(H)

인덕터는 코일형태의 도선으로 자기적인 에너지를 저장한다. 코일에 전류가 흐르면 코일의 주위에 자기장이 형성되며 이를 다양한 용도로 이용할 수 있으며, 회로 내에서 에너지를 저장하기 위해 사용되어진다. 또한 움직이는 물체에 자기장을 가하기 위해 사용되기도 한다. 코일에 전류를 흘려서 자장의 형태로 에너지를 저장, 전자석, 라디오 튜너 등에서와 같이 커패시터와 함께 사용하여 LC 공진회로를 형성한다. 두 개의 인덕터를 사용하여 전압을 변환시키는 트랜스포머를 만들 수 있다.

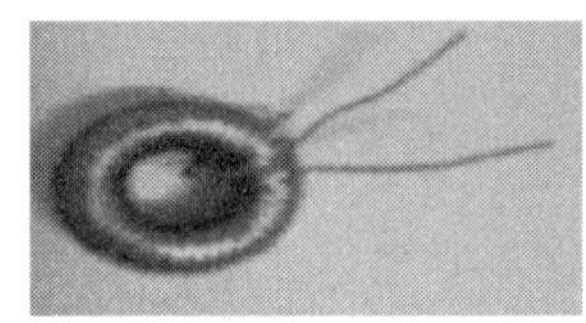

[그림 7.4] Inductor

④ 다이오드(Diode)

다이오드는 반도체의 p-n 접합에 바탕을 두고 있다. p-n 다이오드에서 전류는 p-type(anode) 면에서 n-type(cathode) 면으로만 흐를 수 있다. 다이오드의 전류-전압 특성 곡선은 p-n 접합의 소위 depletion layer(소모층)의 행동에 의한 것으로 해석된다. p-n 접합이 처음 생성되면, N영역의 자유영역 전자들이 정공이 많은 P영역으로 확산된다. 자유 전자들이 정공과 결합한 후에는 정공은 사라지며 전자들은 더 이상 자유롭지 못하게 된다. 따라서 두 속성의 전하 캐리어들(정공과 전자)이 모두 사라지고, p-n 접합 주변 지역은 마치 부도체인 것처럼 동작한다. 이를 재결합이라고 한다. 하지만 소모층의 크기에는 한계가 있고 얼마 후에는 재결합이 끝난다. 이때 외부 전압을 다이오드 소모층에 생긴 built-in potential과 같은 극방향으로 걸어주면, 소모층은 계속해서 부도체처럼 동작하고 전류의 흐름을 막는다. 이와 반대로 built-in potential과 반대 극 방향으로 외부 전압을 걸어주면, 재결합을 다시 시작한다. 결국 p-n 접합을 지나 상당한 양의 전류가 흐른다.

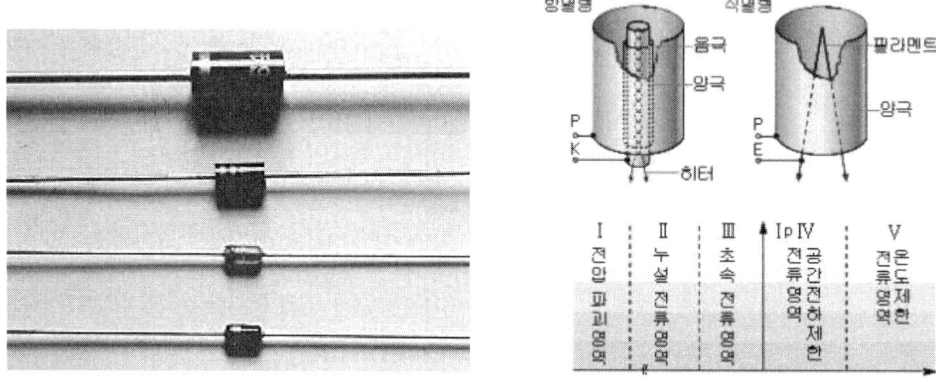

[그림 7.5] Diode

⑤ 트랜지스터(Transistor)

규소나 저마늄으로 만들어진 반도체를 세 겹으로 접합하여 만든 전자회로 구성요소이며 전류나 전압흐름을 조절하여 증폭, 스위치 역할을 한다. 가볍고 소비전력이 적어 진공관을 대체하여 대부분의 전자회로에 사용되며 이를 고밀도로 집적한 집적회로가 있다. 접합형 트랜지스터와 전기장 효과 트랜지스터로 구분한다. 전류의 흐름을 바꿔 주는 소자이다. 트랜지스터는 규소나 저마늄으로 만들어진 P형 반도체와 N형 반도체를 세 개의 층으로 접합하여 만들어진다. E(emitter)로 표시되는 에미터에서는 총 전류가 흐르게 되고 얇은 막으로 된 베이스(B;base)가 전류흐름을 제어하며 증폭된 신호가 컬렉터(C;collector)로 흐르게 된다. 접합의 순서에 따라 PNP형 혹은 NPN형 트랜지스터라 명명한다. NPN형인 경우 전류는 에미터 쪽으로 흐르고 PNP형인 경우 에미터에서 나가는 방향으로 전류가 흐른다. 이를 전자회로의 기호표기에서 전류방향을 화살표로 나타낸다.

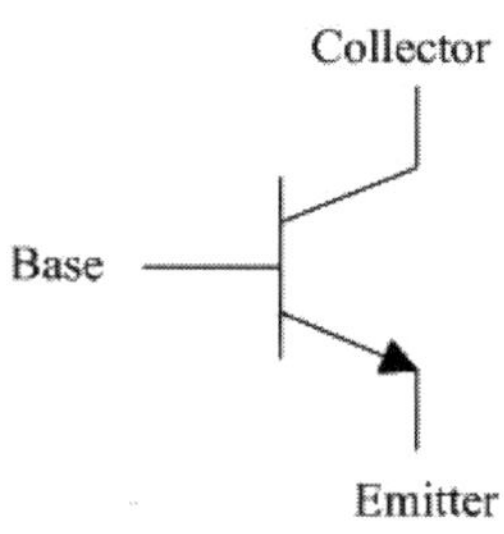

[그림 7.6] Transistor

2) 구동부

구동부는 로봇의 이동 및 작업을 가능하게 하는 부분으로 대표적인 장치가 바로 모터이다. 모터는 전류와 자기장을 힘으로 변환하여 회전력을 얻는 장치로, 전기적인 에너지를 기계적인 에너지로 변환하는 장치이다.

모터의 종류는 DC Motor, Stepping Motor, Servo Motor 등이 있으며, 다음은 이들에 대한 설명이다.

(1) DC 모터

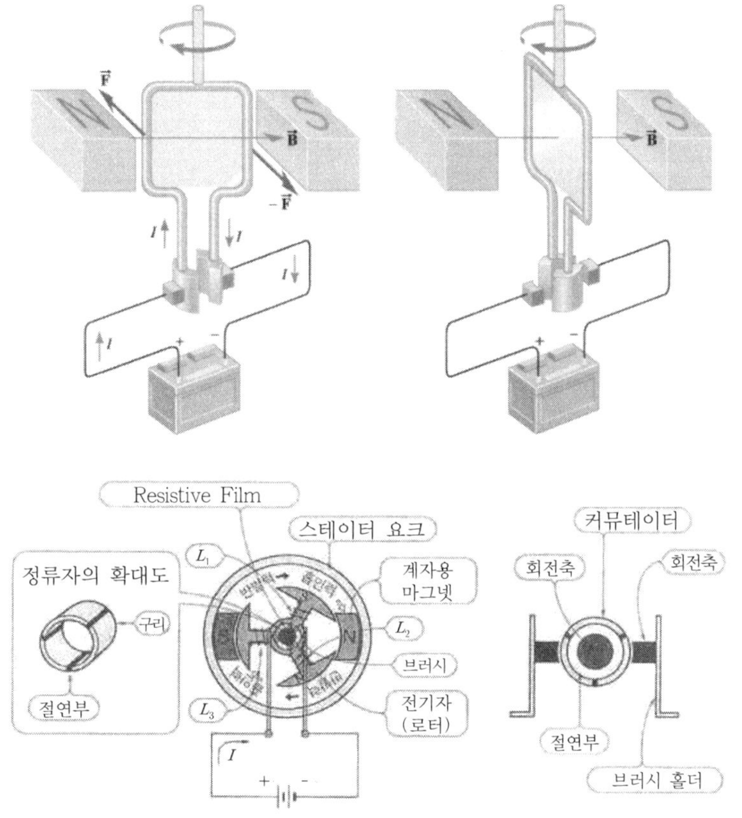

[그림 7.7] DC 모터 작동 원리

[그림 7.8]은 실습에 사용되어지는 DC 모터와 모터 드라이버로 다음과 같은 특징을 갖고 있다.

(a) DC 모터

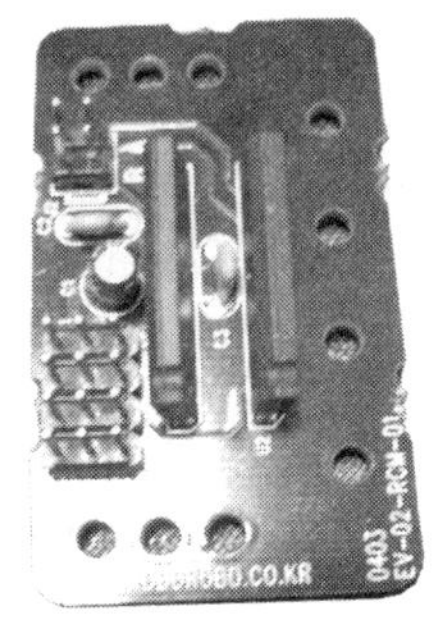

(b) DC 모터 Driver

[그림 7.8] 실습용 DC 모터

DC 모터는 100rpm의 속도를 갖고 있으며, 감속기어를 이용하여 동작하고 1개의 DC 모터 Driver를 이용하여 4개의 모터를 제어할 수 있다.

(2) Servo 모터

서보 기구를 구동시키는 전동기. 서보 기구는 피드백 제어에 의한 자동 제어 기구이므로 서보 모터의 축단(軸端) 또는 구동되는 기구의 운동 부분에는 위치와 속도를 검출하는 센서가 부착되어 있다. 센서의 신호를 지령값과 비교함으로써 위치, 속도, 방위, 자세 등의 목표값을 수정하여 서보 모터를 제어한다. 정전(正轉), 역전(逆轉)이 가능하고, 저속에서의 운전이 원활하며 급가속, 급감속을 할 수 있다. 서보 모터에는 직류(DC) 전동기와 교류(AC) 전동기가 있다.

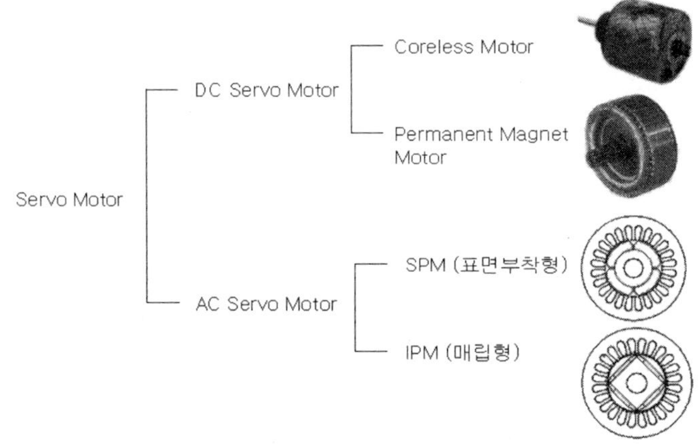

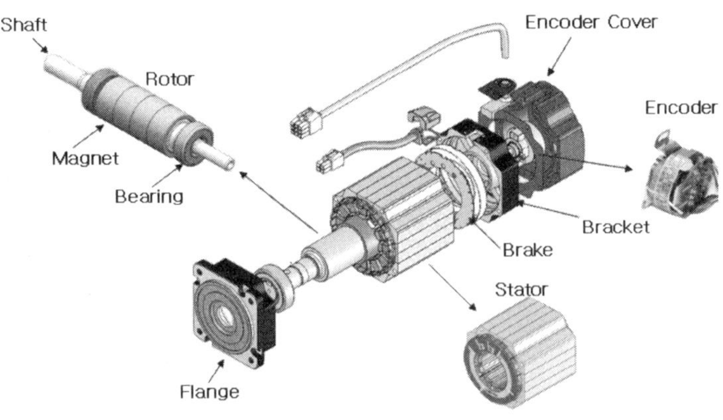

[그림 7.9] Servo 모터 종류 및 구조

[그림 7.10] 실습용 Servo 모터

(3) Step 모터

Pulse에 의해 Digital적으로 제어, 모터의 shaft의 위치를 검출을 위한 feedback 없이 정해진 각도로 회전 가능, 정지 시 매우 큰 유지 토크가 있기 때문에 추가 브레이크가 필요 없음, 속도는 pulse rate에 의해 제어 가능하다.

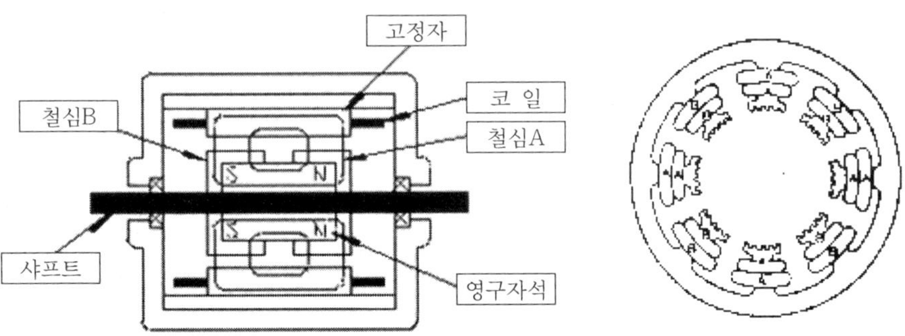

[그림 7.11] Step 모터

내부를 구성하는 고정자라고 불리는 극의 수에 따라 단상, 2상, 3상, 4상, 5상, 6상의 종류 HB형, PM형이 있다.

[표 7.2] Step 모터의 장단점

장점	단점
• 회전각은 입력 pulse의 수에 비례 • 회전각 오차는 step마다 미 누적 • 회전각 검출을 위한 feedback이 불필요 • 가격에 비해 속도 제어가 광범위 • 디지털 신호를 직접 제어할 수 있음	• 어느 주파수에서는 진동, 공진현상 발생이 쉽고 관성이 있는 부하 약함 • Pulse 비가 상승함에 따라 torque가 저하 • DC 모터에 비해 효율이 떨어짐 • 스텝각이 고정되어 정지위치와 제어위치가 한정 • 크고 무거우며, 크기에 비해 토크가 작음 • 소비전력이 큼

3) 센서부

센서부는 외부의 환경을 인식하기 위한 장치로 물리적, 화학적 신호의 크기나 변화량을 검출하여 사용 가능한 전기 신호로 변환하는 기능을 수행한다.

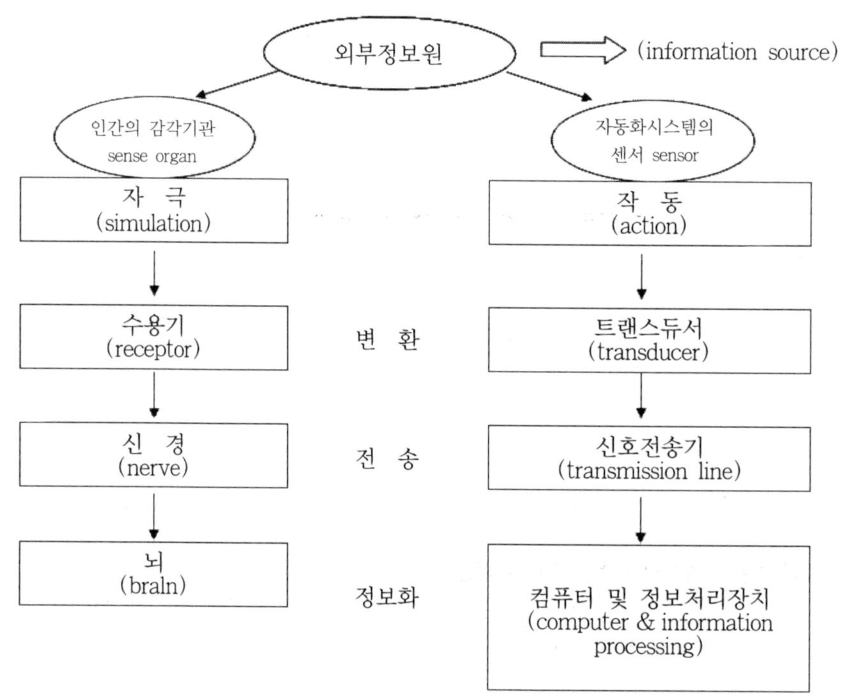

[그림 7.12] 센서 원리

[표 7.3] 센서의 구분

변 환 기	Transducer	광범위 변환기(비전기량형)
	Sensor	변환기의 일부(전기량형)
센 서	ON/OFF형	유접점형
		무접점형
	Analog형	펄스형(레이트형/파고형/시간폭형)
		연속형(저항/전압/전류변화)
		주파수변화형
	Digital형	펄스개수형
		코드형(Binary, Gray)

	구분	센서
분류방식	구성방법	조립 센서, 조합 센서
	측정대상	광 센서, 이미지 센서, 적외선 센서, 온도 센서, 습도 센서. 압력 센서
	구성재료	반도체 센서, 세라믹 센서, 고분자 센서
	검출방법	전자기적 센서, 광학적 센서, 역학적 센서, 화학적 센서
	동작방식	능동형 센서, 수동형 센서
	출력방식	아날로그 센서, 디지털 센서
감지방식	광	광전자 방출형, 광도전형
	이미지	고체 이미지 센서(CCD형, CMOS형)
	변위	포텐셔미터, 차동 변압기, 엔코더
	위치/근접	광전형, 근접형
	압력/하중	스트렌인게이지형, 압전형 자기
	자기	홀 소자, 반도체 자기 저항. 장자성체 자기 저항
	온도	금속 저항형, 써미스터, 열전대, IC온도, 방사온도
	습도	전해질 습도, 고분자형, 세라믹형
	화학	가스 센서, 이온 센서, 바이오 센서

7.2 로봇 키트를 이용한 지능형 로봇 제어

7.2.1 로봇 키트 소개

본 교재에서는 "RoboRobo" 社의 Robot Kit를 이용하여 지능 로봇의 기초 원리에 대해서 실습하고자 한다. 본 교재에서 실습에 사용 되어진 실습용 로봇 키트는 "RoboRobo" 社의 교육용 로봇 키트 중에 Robo Kit3을 사용하였다.

1) Process Flow

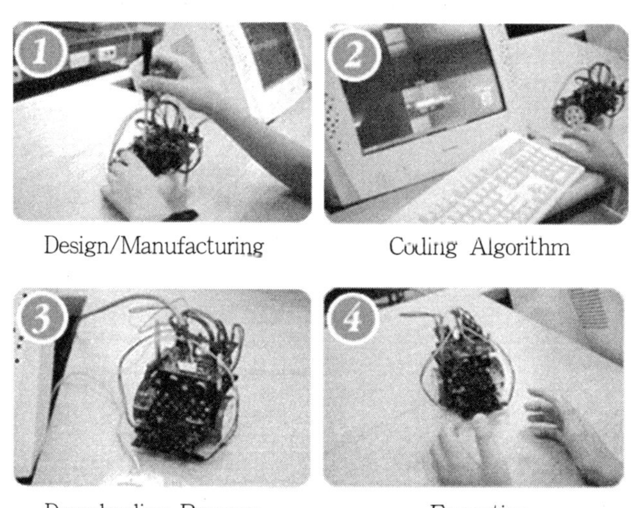

[그림 7.13] 로봇 키드 제작 순서

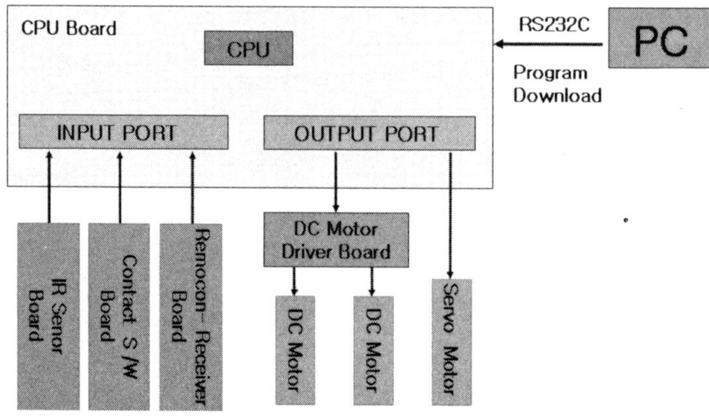

[그림 7.14] 시스템 구조

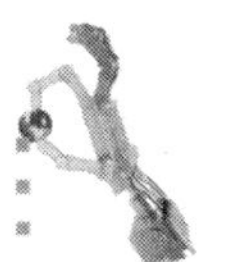

2) 구성 요소

(1) CPU Board

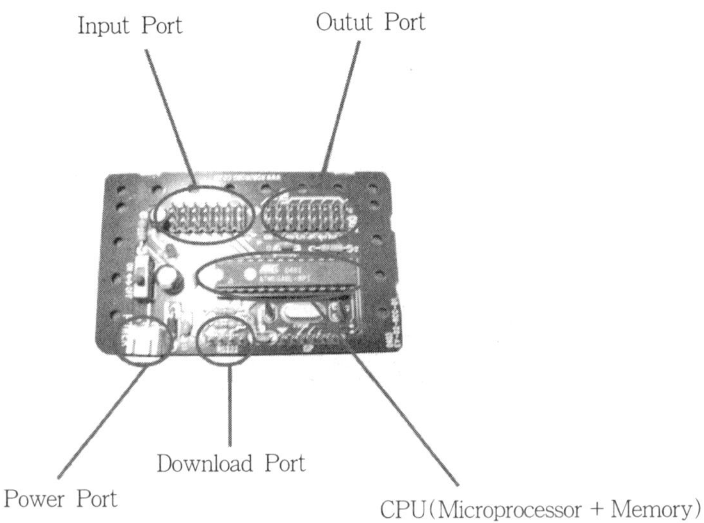

[그림 7.15] CPU Board

- 8 Output Ports/7 Input Ports
- Storing of algorithm
- Execution of algorithm logic

(2) DC 모터와 Driver

[그림 7.16] DC 모터 & Driver

• Rotational velocity : 100rpm
• Directional control(Forward/Backward)
• Driver is used for control of DC Motor

(3) Servo 모터

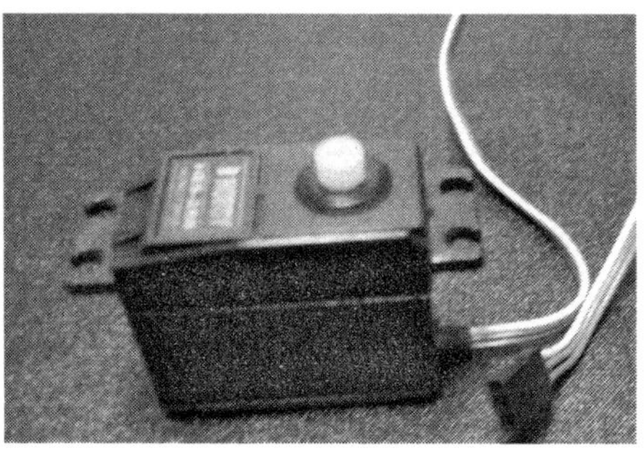

[그림 7.17] Servo 모터

• Position Control
• Travel Range : 180°
• Absolute Encoder(Resolution : 11.25°)
• Torque : 2.5 kg·cm

(4) Remote control과 Receiver Board

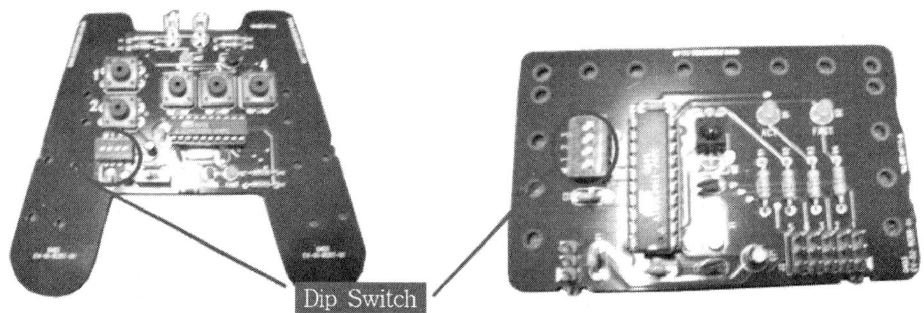

[그림 7.18] Remote control

• Communication with IR(Infrared Ray)
• 5 Push buttons
• Combination of buttons is available

• Channel adjustment with dip switch

(5) IR Sensor Board

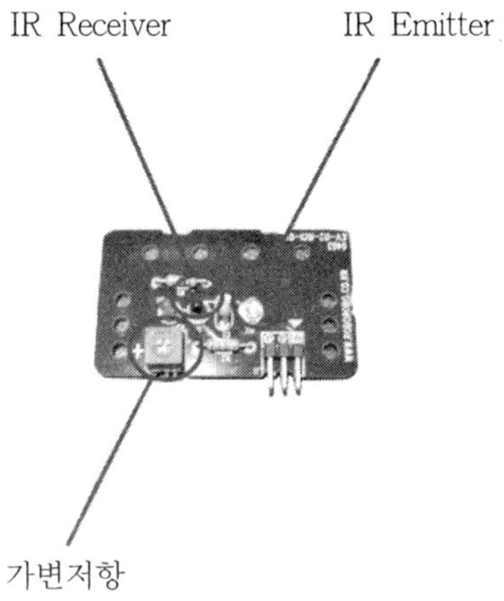

[그림 7.19] IR Sensor

• Sensing of reflected IR(Infrared Ray) from object
• Sensitivity adjustment with variable resistance

(6) Download Device

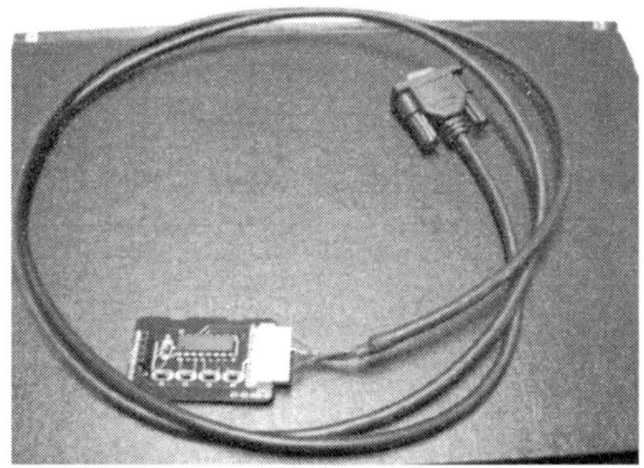 

[그림 7.20] Download cable

• Sending program from PC to CPU Board
• RS232C Communication(Serial port in PC)

(7) Rogic program

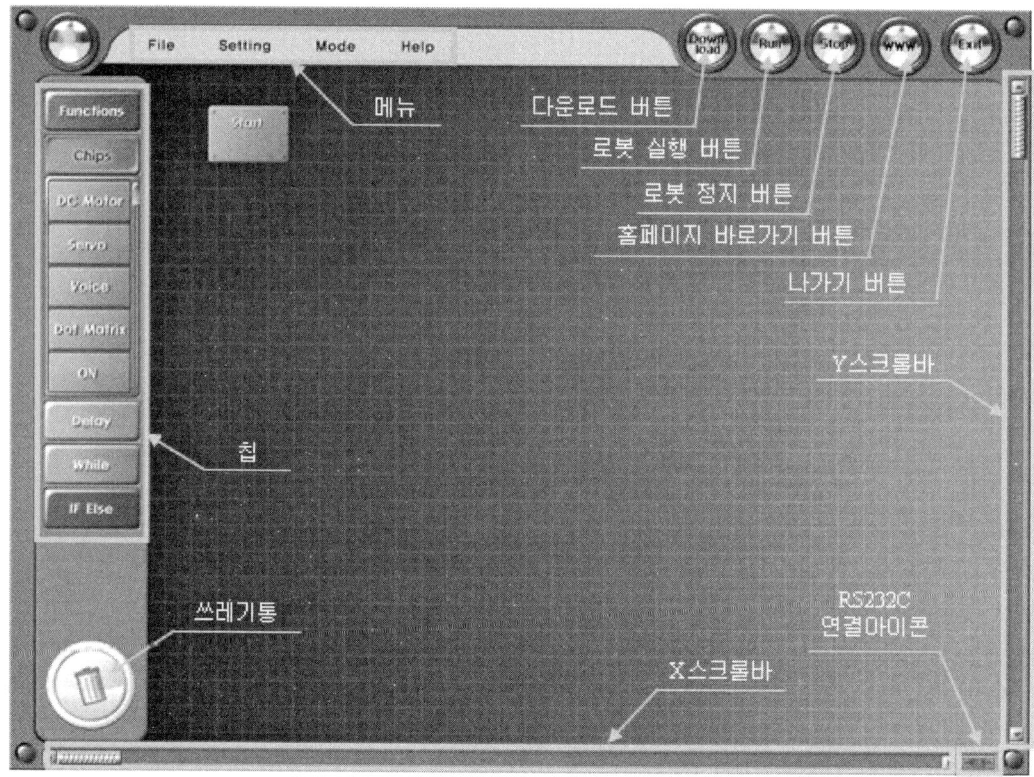

[그림 7.21] Rogic program

7.2.2 로봇 키트를 이용한 제어 실습

1) LED 제어

LED는 전자가 에너지를 얻어 여기상태로 갔다가, 다시 본래의 에너지 레벨로 올 때 가지고 있던 에너지를 photon으로 내는, 즉 빛을 내는 현상을 이용한 소자이다. 순방향으로는 전기가 통하고 역방향으로는 전기가 통하지 않게 하는 반도체 소자의 일종이다. 반도체의 P-N 전합구조를 이용하여 주입된 소수캐리어(전자, 양공)를 만들어내고, 이들의 재결합에 의하여 발광하는 것이다. 이는 순방향으로 일정 전압이 인가되었을 때 불빛을 발하게 되는 것이다. 실제 LED는 화합물반도체에 사용되는 원소의 조성비에 따라 달라지게 된다. 칼륨과 인의 조성비에 따라 적색에서 UV에 근접한 색상까지 만들어지게 된

다. 이러한 원리로 LED는 적색, 녹색, 청색의 색원 삼원소에 해당하는 LED 모듈을 생산하게 되었고, 이러한 색의 삼원색에 해당하는 모듈의 조합으로 실제 트루컬러의 색상표현을 하고 있다. 에너지 캡에 따라 발광할 때 파장이 달라지는데, 이것을 도핑 농도로 조절하는 것이다. 접합부에 전류가 흐르면 빛을 내는 금속 간 화합물 접합 다이오드로, 소자의 종류에 따라 다른 색깔의 빛을 얻을 수 있는 소자이다. 1.7V 이상의 전원을 인가하면 빛을 발광한다.

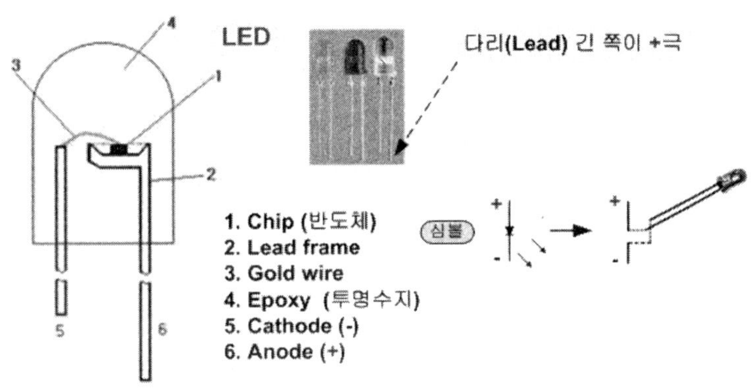

[그림 7.22] LED 구성

LED 제어는 Microprocessor를 이용하여 LED On/Off를 시간, 순차, 외부 조건에 의해서 변화를 줄 수 있다.

(1) 실습목표

로봇키트의 CPU Board와 LED를 사용하여, MCU의 I/O 포트의 출력 전달 방법을 이해한다.

(2) 필요 실습장비

- CPU Board	1EA
- LED Board	4EA
- 3Pin Cable	6EA
- Switch Board	2EA
- Battery case	1EA
- RS232 Cable	1EA

(3) 실습장비 결선

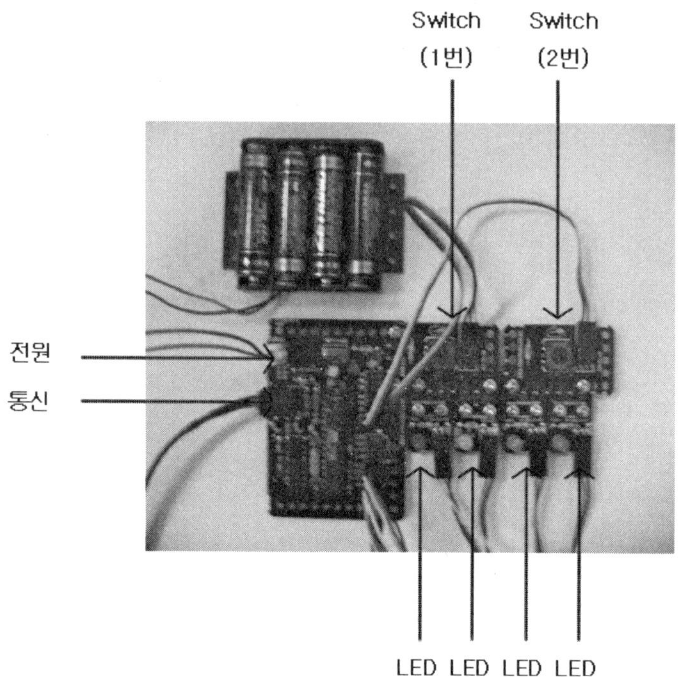

[그림 7.23] LED 제어 구성

로봇 키트의 CPU Board의 Out 포트에는 LED를 연결하고, Input 포트에는 스위치를 연결한다. 이때 VCC, GND, 신호선이 바뀌지 않도록 주의하며, GND인 검은색 선이 CPU Board에 역삼각형으로 표시되어 있는 부분에 위치하도록 연결한다. 전원은 1.5V AA 건전지 4개로 구성되어진 Battery case를 통해서 공급된다. 그리고 마지막으로 프로그램 Downloading을 위한 시리얼 통신선인 RS232 Cable을 연결하면 된다.

(4) Rogic 프로그램 작성

① LED 시간 제어

- 4개의 LED를 1초 간격으로 On/Off

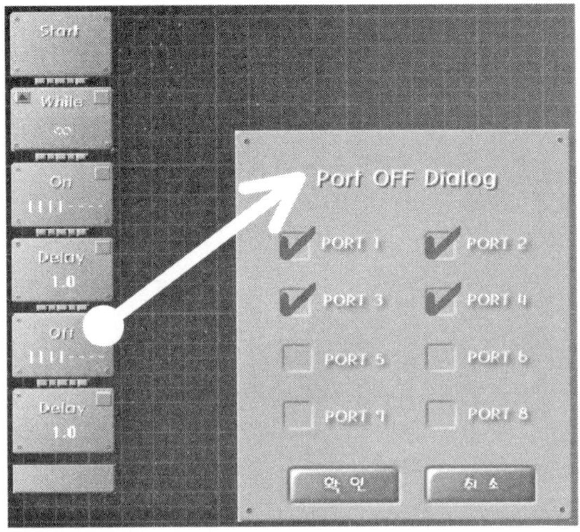

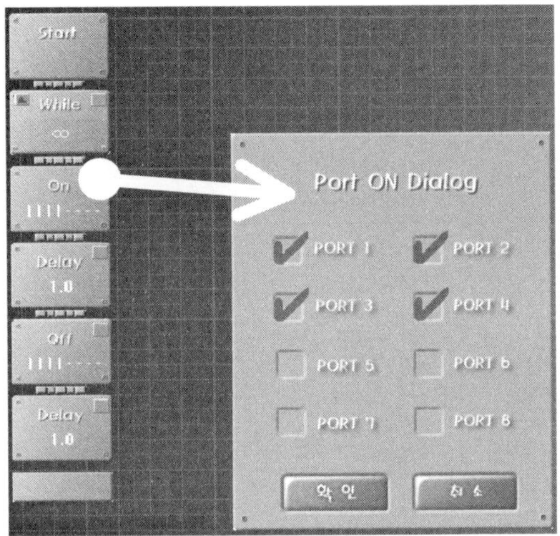

[그림 7.24] LED 시간 제어

② LED 조건 제어

- 1번 스위치를 누르고 있을 때 1, 2번 LED를 1초 간격으로 On/Off 2번 스위치를 누르고 있을 때 3, 4번 LED 모두 1초 간격으로 On/Off

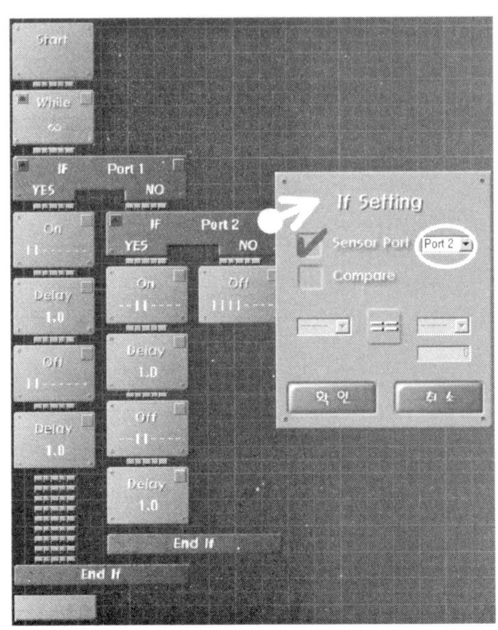

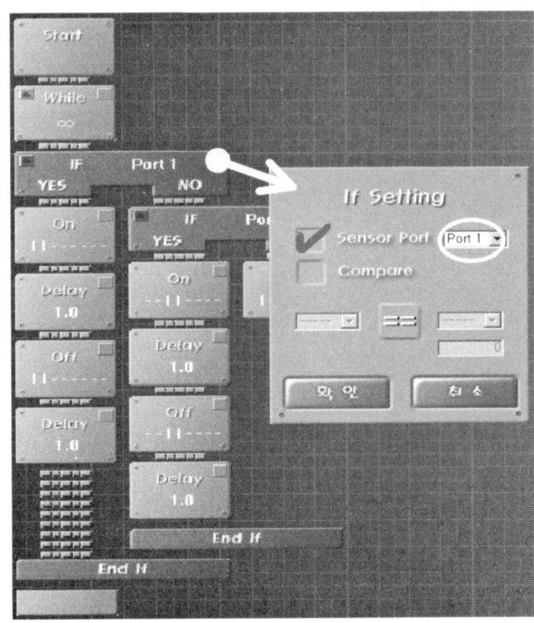

[그림 7.25] LED 조건 제어

(5) C 프로그램 작성

① LED 시간 제어

```
#include <avr/io.h>
#include <delay.h>

int main(void)
{
 DDRB = 0xFF;
         DDRC = 0x00;
         PORTB = 0xFF;
         PORTC = 0xFF;

 while(1)
 {
 PORTB = 0xFF;
 delay_ms(1000);
 PORTB = 0x00;
 delay_ms(1000);
 }
 return 0;
}
```

② LED 조건 제어

```
#include <avr/io.h>
#include <delay.h>

int main(void)
{
 DDRB = 0xFF;
         DDRC = 0x00;
         PORTB = 0xFF;
         PORTC = 0xFF;

 while(1)
 {
 if (PINC.1=1)
 {
 PORTB = 0x03;
 delay_ms(1000);
 PORTB = 0x00;
 delay_ms(1000);
 }
 else
 {
 if (PINC.2=1)
 {
 PORTB = 0x0C;
 delay_ms(1000);
 PORTB = 0x00;
 delay_ms(1000);
 }
 else
 {
 PORTB = 0x00;
 }
 }
 }
 return 0;
}
```

2) DC 모터 제어

모터는 전류가 흐르는 도체가 자기장 속에서 받는 힘을 이용하여 전기에너지를 역학적 에너지로 바꾸는 장치이다. 특히 DC Motor는 일반적으로 가장 많이 사용되어지는 모터이다. 일반적인 DC Motor의 제어는 Motor의 + 부분에 + 전압이, - 부분에 - 전압이 들어가면 정회전(CW)하고, 반대로 모터의 + 부분에 - 전압이, - 부분에 + 전압이 들어가면 역회전(CCW)하게 된다. 이러한 원리를 기반으로 [그림 7.26]과 같이 4개의 트랜지스터(TR)과 다이오드(diode)를 이용하여 모터의 정역회전이 가능하게 할 수 있다.

다음 [그림 7.26]에 대해 이해하기 위해서는 우선 트랜지스터의 원리를 알아야 한다. 트랜지스터는 반도체를 세 겹으로 접합하여 만든 전자회로로서, base(B)에 신호가 없는 경우에는 collector(C)로 들어온 전기는 base(B)로 빠져 나가고, base(B)에 신호가 있는 경우에는 collector(C)로 들어온 전기는 emitter(E)로 흘러간다. ①에만 신호가 있는 경우에는 [그림 7.26]에서 파란색 선을 따라 전기가 흐르게 되고, 이는 모터를 정회전(CW)하게 한다. ②만에 신호가 있는 경우에는 [그림 7.26]에서 빨간색 선을 따라 전기가 흐르게 되고, 이는 모터를 역회전(CCW)하게 된다.

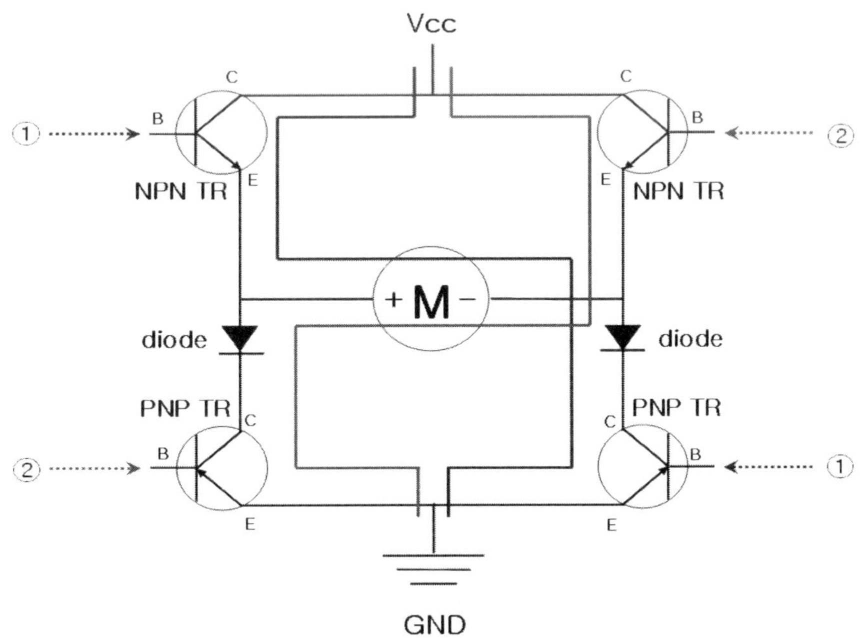

[그림 7.26] DC 모터 제어 원리

(1) 실습목표

로봇키트의 CPU Board와 DC 모터, 모터 driver를 사용하여, 모터 정역회전 제어 및 속도제어 방법을 이해한다.

(2) 필요 실습장비

- CPU Board	1EA
- DC 모터	1EA
- Motor driver	1EA
- 3Pin Cable	6EA
- Switch Board	2EA
- Battery case	1EA
- RS232 Cable	1EA

(3) 실습장비 결선

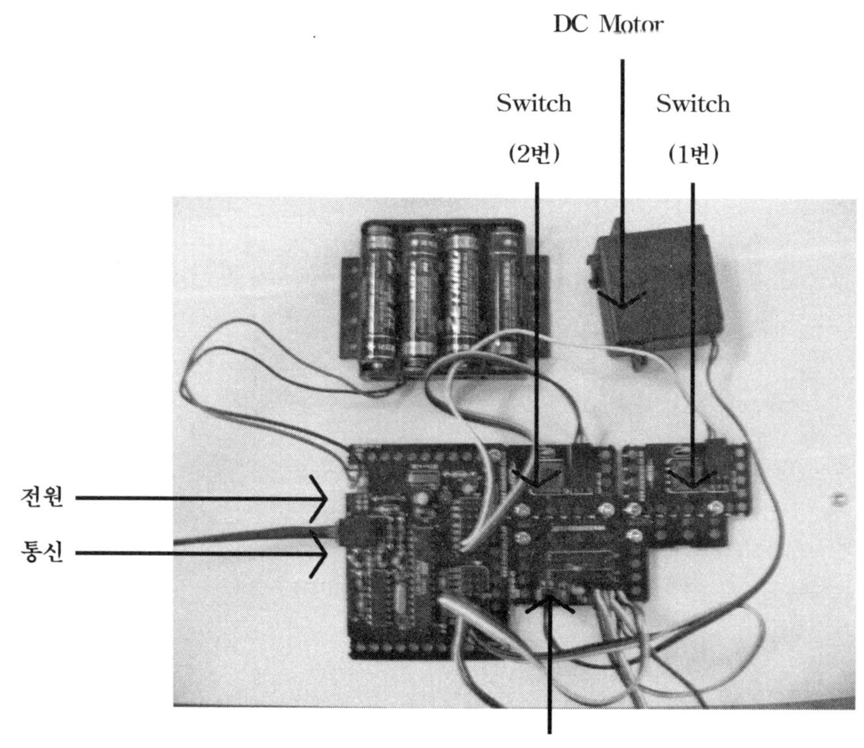

[그림 7.27] DC 모터 제어 구성

로봇 키트의 CPU Board의 1, 2번 Out 포트와 Motor Driver 1, 2번 포트를 연결한다. 그리고 Motor Driver와 DC Motor를 연결한다. 또한 Input 포트 1번에 1번 스위치, 2번에 2번 스위치를 연결한다. 이때 VCC, GND, 신호선이 바뀌지 않도록 주의하며, GND인 검은색 선이 CPU Board에 역삼각형으로 표시되어 있는 부분에 위치하도록 연결한다. 전원은 1.5V AA 건전지 4개로 구성되어진 Battery case를 통해서 공급된다. 그리고 마지막으로 프로그램 Downloading을 위한 시리얼 통신선인 RS232 Cable을 연결한다.

(4) Rogic 프로그램 작성

스위치를 이용한 모터 제어

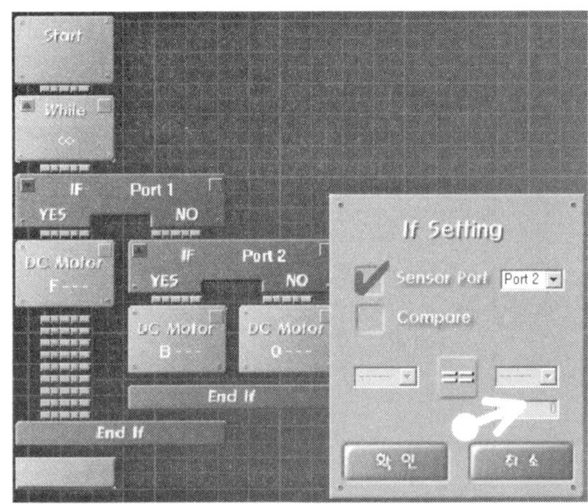

(a) 스위치 포트 설정

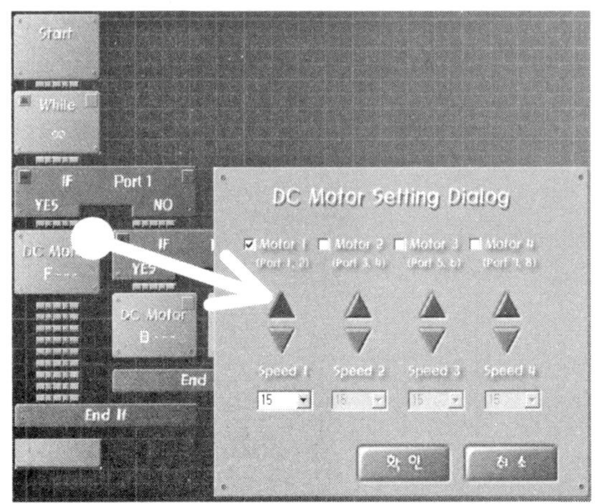

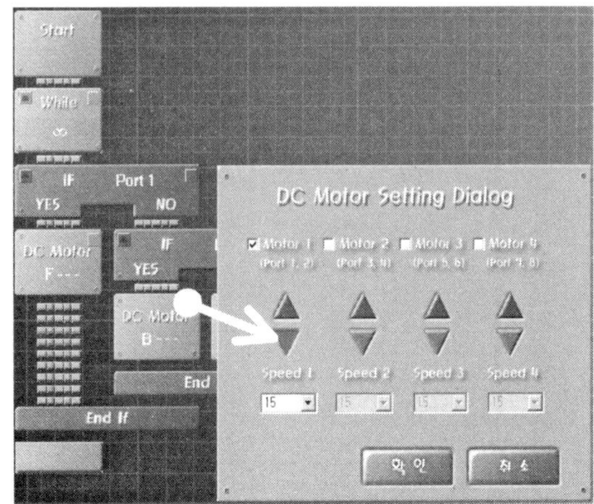

(b) 모터 방향 설정

[그림 7.28] DC 모터 제어

(5) C 프로그램 작성

로봇 키트 Motor driver 사용시

```
#include <avr/io.h>
#include <delay.h>
#include <avr/signal.h>
#include <stdlib.h>

void motor1(signed int velocity)
{
 g_bPortFlag|=0x03;
 if(velocity==0)
 {          g_bPwmDuty[0] = 200;
            g_bPwmDuty[1] = 200; }

 else if(velocity<0)
 { g_bPwmDuty[0] = 0;
            g_bPwmDuty[1] = abs(velocity); }
 else
 {          g_bPwmDuty[0] = velocity;
            g_bPwmDuty[1] = 0;
}
int main(void)
{
 DDRB = 0xFF;
          DDRC = 0x00;
          PORTB = 0xFF;
          PORTC = 0xFF;

 while(1)
 {
 if (PINC.1 = 1)
 {
 motor1(15);
 }
 else
 {
 if (PINC.2 = 1)
 {
 motor1(-15);
 }
 else
 {
 motor1(00);
 }
 }
 }
 return 0;
}
```

일반 TR 4개 사용시

```
#include <avr/io.h>
#include <delay.h>

int main(void)
{
 DDRB = 0xFF;
         DDRC = 0x00;
         PORTB = 0xFF;
         PORTC = 0xFF;

 while(1)
 {
 if (PINC.1 = 1)
 {
 PORTB = 0x09;
 }
 else
 {
 if (PINC.2 = 1)
 {
 PORTB = 0x06;
 }
 else
 {
 PORTB = 0x00;
 }
 }
 }
 return 0;
}
```

3) Servo 모터

Servo 모터는 빠른 응답과 넓은 속도제어의 범위를 가진 제어용 모터로, 전원에 따라 직류 서보, 교류 서보로 분류하며, 이것들은 정지·시동·역전 등의 동작을 반복하므로, 방열효과를 좋게 하거나, 동작의 변화가 빨라지도록 설계상 고려되었다. 서보 모터는 제어신호에 따라 운전되며, 그러기 위해서는 제어신호를 받아 이것을 증폭하여 서보 모터를 구동 한다. 펄스폭으로 위치(각도)를 제어하는 모터로 위치 피드백을 내부에서 구성하고 있으므로 외부에서의 처리가 불필요하다. 인가 펄스폭은 10~20ms 주기로 펄스폭이 각도를 제어하며, 0.7ms 이하이면 0°(좌측으로 90도), 1.5ms에서는 90°(중심) 2.3ms 이상에서는 180°(우측으로 90도)에 위치한다. 서보 모터의 구조는 직류모터의 회전축에 감속기어를 연결하고 여러 번 감속된 기어의 마지막 회전축을 외부로 인출하고 있다. 이때 인출된

마지막 회전축의 내부에는 가변저항을 연결하여 이 회전축이 움직인 각도만큼 따라서 움직이는 가변저항의 저항값을 내장된 전자회로에 되먹여 입력된 펄스폭에 비례하는 각도를 출력한다.

커넥터 구조
검정색 : GND(접지)
빨간색 : VCC(전원)
노란색 : PWM(신호)

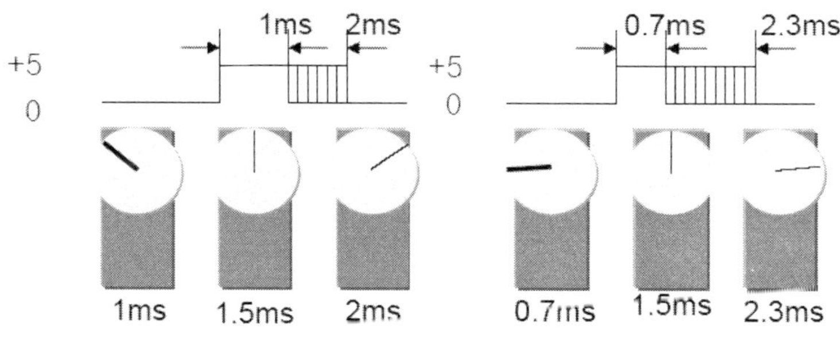

[그림 7.29] Servo 모터 동작 원리

(1) 실습목표

로봇키트의 CPU Board와 Servo 모터를 사용하여, 모터 위치 제어 및 방법을 이해한다.

(2) 필요 실습장비

- CPU Board 1EA
- Servo 모터 1EA
- 3Pin Cable 3EA
- Switch Board 2EA
- Battery case 1EA
- RS232 Cable 1EA

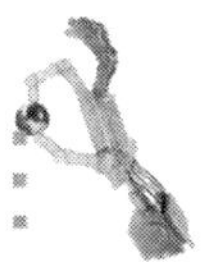

(3) 실습장비 결선

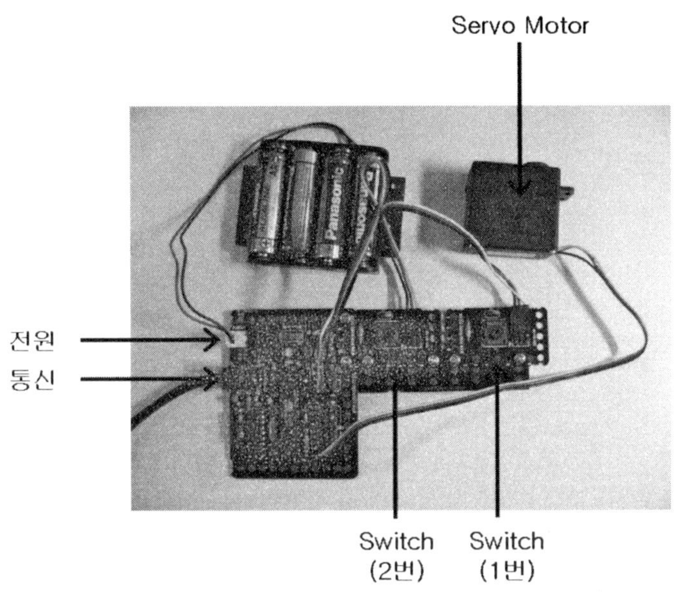

[그림 7.30] Servo Motor 제어 구성

로봇 키트의 CPU Board의 1번 Out 포트와 Servo Motor를 연결한다. Input 포트 1번에 1번 스위치, 2번에 2번 스위치를 연결한다. 이때 VCC, GND, 신호선이 바뀌지 않도록 주의하며, GND인 검은색 선이 CPU Board에 역삼각형으로 표시되어 있는 부분에 위치하도록 연결한다.

전원은 1.5V AA 건전지 4개로 구성되어진 Battery Case를 통해서 공급된다. 그리고 마지막으로 프로그램 Downloading을 위한 시리얼 통신선인 RS232 Cable을 연결한다.

(4) Rogic 프로그램 작성

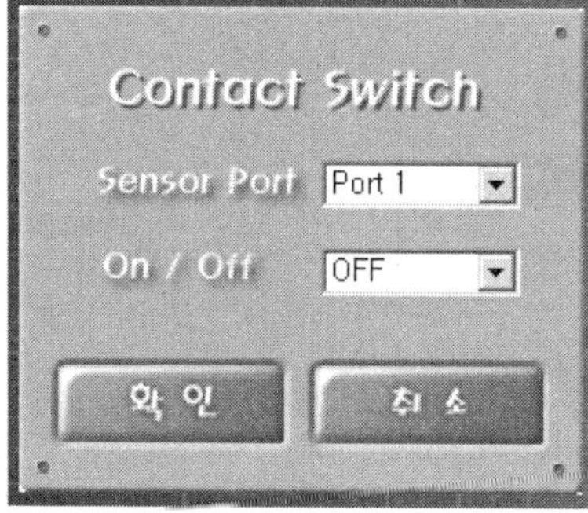

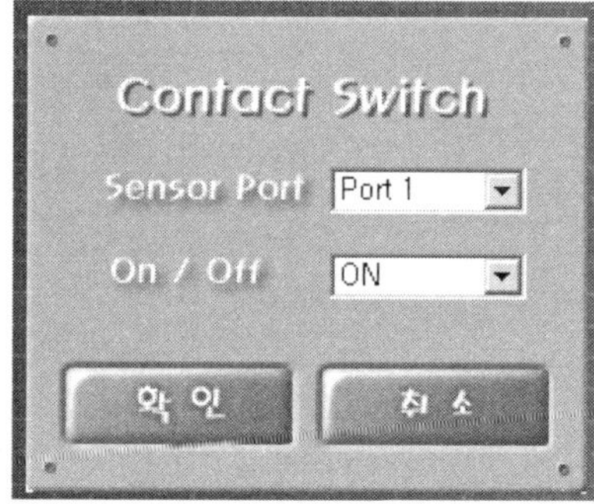

[그림 7.31] Servo 모터 제어

(5) C 프로그램 작성

```
#include <avr/io.h>
#include <delay.h>
#include <avr/signal.h>
#include <stdlib.h>

void motor1(signed int velocity)
{
 g_bPortFlag|=0x03;
 if(velocity==0)
 {        g_bPwmDuty[0] = 200;
          g_bPwmDuty[1] = 200; }

 else if(velocity<0)
 { g_bPwmDuty[0] = 0;
          g_bPwmDuty[1] = abs(velocity); }
 else
 {        g_bPwmDuty[0] = velocity;
          g_bPwmDuty[1] = 0;
```

```
}
int main(void)
{
 DDRB = 0xFF;
         DDRC = 0x00;
         PORTB = 0xFF;
         PORTC = 0xFF;

 while(1)
 {
 if (PINC.1 = 1)
 {
 motor1(15);
 }
 else
 {
 if (PINC.2 = 1)
 {
 motor1(-15);
 }
 else
 {
 motor1(00);
 }
 }
 }
 return 0;
}
```

4) Sensor

센서는 외부의 자극이나 반응을 감지할 수 있는 장치이다. 외부의 자극이나 반응이 어떤 것 인가에 따라 센서의 종류가 달라진다. 외부의 아날로그 신호를 감지하여 전압 또는 전류 값으로 변환 시켜 이를 제어기로 보내 준다. 이 값을 통하여 유, 무 판단 또는 정도를 파악하는데 사용한다. 본 실습에서는 다양한 센서 중에서 IR 센서를 사용하여 빛의 유, 무 판단을 통한 제어에 사용할 것이다. IR센서의 감지에 따라 LED 또는 모터를 제어하고자 한다. IR 센서는 발광 다이오드와, 수광 다이오드로 구성되어 있으며, 이는 발광 다이오드에서 발산되는 빛이 외부의 반사판 또는 하얀 판을 투고하지 못하고 되돌아오는 빛을 수광 다이오드가 감지하여 신호를 발생시키게 된다. 이때 마이크로프로세서를 이용하여 만들어진 제어기는 다른 작업을 수행하다가 검출된 신호에 의하여 수행중인 작업을 잠시 중단하고 감지에 의한 작업을 수행하게 되는데 이를 인터랩터 기능이라 한다. [그림 7.32]는 인터랩터의 기능에 대해서 순서도를 통하여 설명하고 있다. AVR의 경우 3가지

경우에 인터랩터 신호를 발생시키는데 High 신호에서 Low 신호로 떨어지는 Falling edge, Low신호가 지속되는 Low level, Low 신호에서 High 신호로 상승하는 Rising edge가 있다.

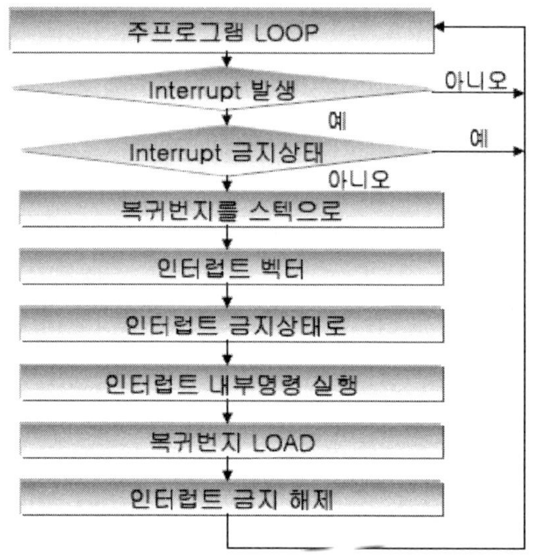

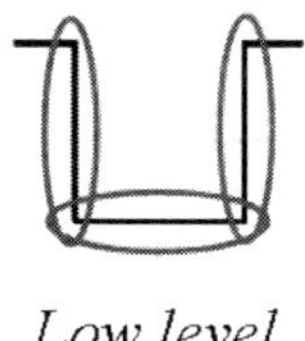

[그림 7.32] 인터랩터

(1) 실습목표

로봇키트의 CPU Board와 적외선 무선 송수신기를 이용하여 무선 통신 신호에 의한 DC 모터를 제어하고 무선 통신 원리를 이해한다.

(2) 필요 실습장비

- CPU Board 1EA
- LED 2EA
- DC Motor 1EA
- Motor Driver 1EA
- 3Pin Cable 7EA
- IR Sensor Board 1EA
- Battery case 1EA
- RS232 Cable 1EA

(3) 실습장비 결선

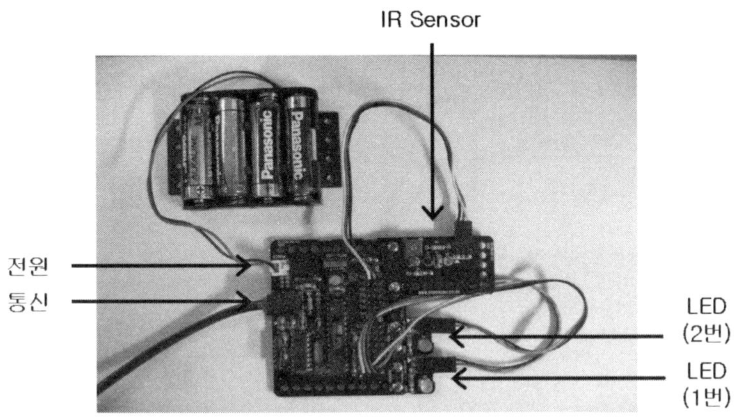

[그림 7.33] IR Sensor를 이용한 LED 제어 구성

로봇 키트의 CPU Board의 1, 2번 Out 포트와 LED 1, 2번을 연결한다. Input 포트 1번에 IR Sensor를 연결한다. 이때 VCC, GND, 신호선이 바뀌지 않도록 주의하며, GND인 검은색 선이 CPU Board에 역삼각형으로 표시되어 있는 부분에 위치하도록 연결한다. 전원은 1.5V AA 건전지 4개로 구성되어진 Battery case를 통해서 공급된다. 그리고 마지막으로 프로그램 Downloading을 위한 시리얼 통신선인 RS232 Cable을 연결한다.

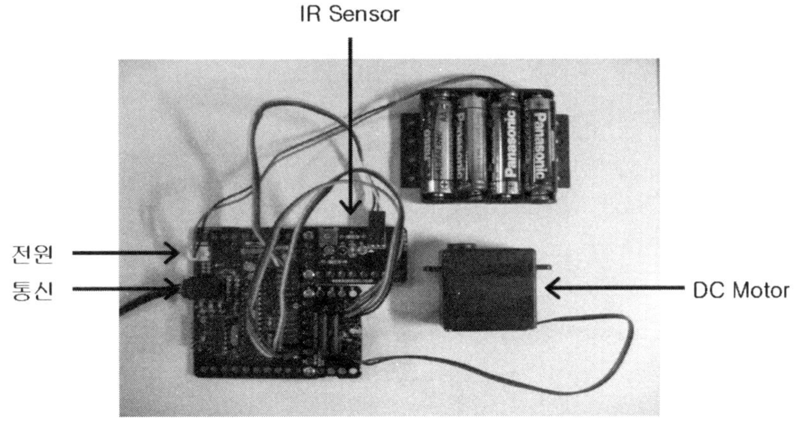

[그림 7.34] IR Sensor를 이용한 DC Motor 제어 구성

로봇 키트의 CPU Board의 1, 2번 Out 포트와 Motor Driver 1, 2번을 연결한다. Motor Driver와 DC Motor를 연결한다. Input 포트 1번에 IR Sensor를 연결한다.

이때 VCC, GND, 신호선이 바뀌지 않도록 주의하며, GND인 검은색 선이 CPU Board에 역삼각형으로 표시되어 있는 부분에 위치하도록 연결한다. 전원은 1.5V AA 건전지 4개로 구성되어진 Battery case를 통해서 공급된다. 그리고 마지막으로 프로그램 Downloading을 위한 시리얼 통신선인 RS232 Cable을 연결한다.

(4) Rogic 프로그램 작성

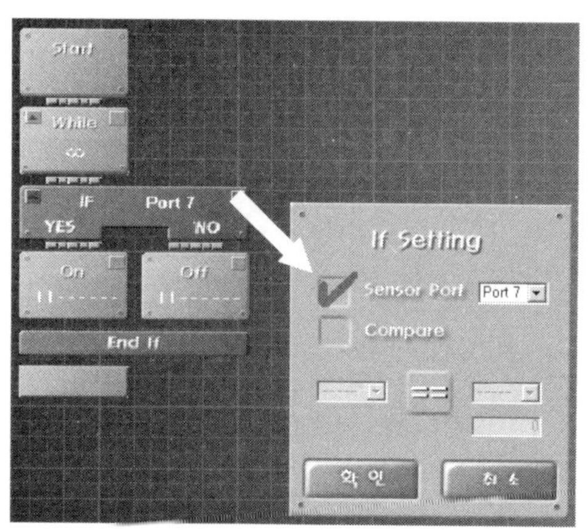

(a) 스위치 포트 설정

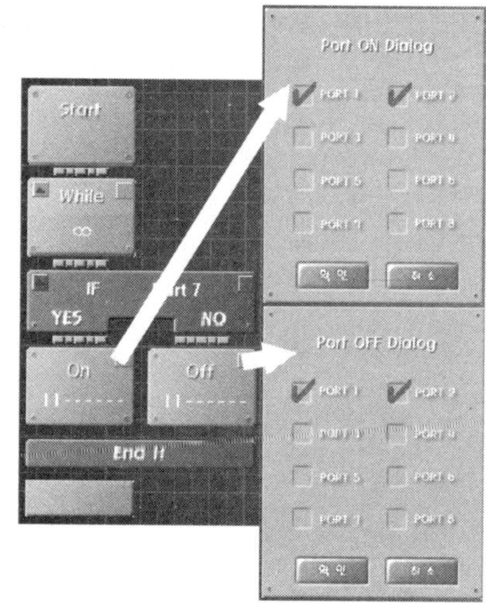

(b) LED On/Off 제어

[그림 7.35] IR Sensor를 이용한 LED 제어

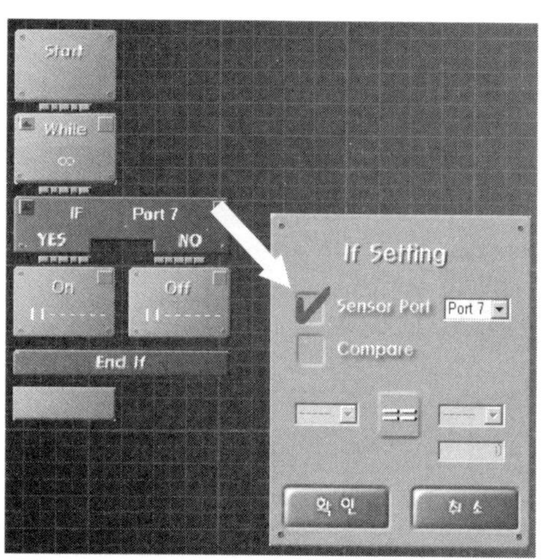

(a) 스위치 포트 설정

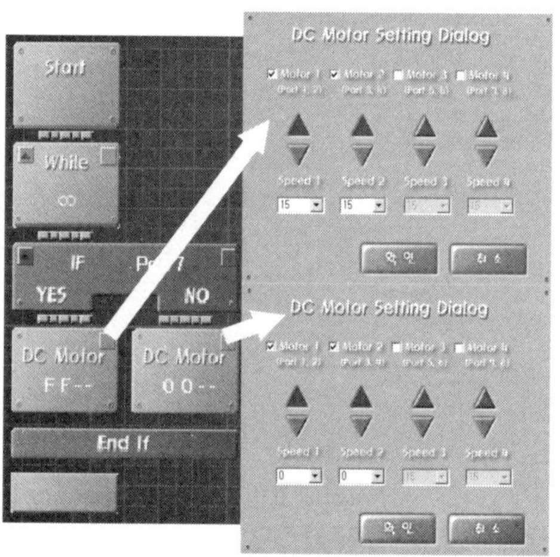

(b) DC Motor 제어

[그림 7.36] IR Sensor를 이용한 DC Motor 제어

(5) C 프로그램 작성

```
#include <avr/io.h>
#include <delay.h>

int main(void)
{
 DDRB = 0xFF;
        DDRC = 0x00;
        PORTB = 0xFF;
        PORTC = 0xFF;

 while(1)
 {
 if (PINC.7=1)
 {
 PORTB = 0x03;
 }
 else
 {
 PORTB = 0x00;
 }
 }
 return 0;
}
```

(a) IR Sensor를 이용한 LED 제어

```
#include <avr/io.h>
#include <delay.h>
#include <avr/signal.h>
#include <stdlib.h>

void motor1(signed int velocity)
{
 DDRB = 0xFF;
        DDRC = 0x00;
        PORTB = 0xFF;
        PORTC = 0xFF;

 while(1)
 {
 if (PINC.7=1)
 {
 motor1(15);
 motor2(15);
 }
 else
 {
 motor1(00);
 motor2(00);
 }
 }
 return 0;
}
```

(b) IR Sensor를 이용한 모터 제어

5) 적외선 무선 통신

(1) 실습목표

로봇키트의 CPU Board와 적외선 무선 통신 송수신기를 이용하여 무선 통신을 통한 모터 제어 방법에 대해 이해한다.

(2) 필요 실습장비

- CPU Board 1EA
- DC Motor 2EA
- Motor Driver 2EA
- 3Pin Cable 5EA
- 적외선 송신부 1EA

- 적외선 수신부 1EA
- Battery case 2EA
- RS232 Cable 1EA

(3) 실습장비 결선

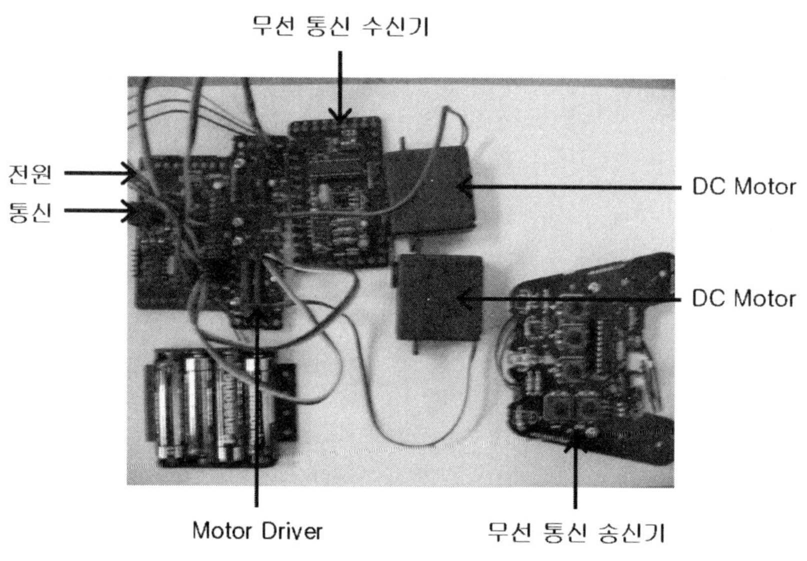

[그림 7.37] 적외선 무선 송수신기를 이용한 DC Motor 제어

로봇 키트의 CPU Board의 1, 2번 Out 포트와 Motor Driver 1, 2번을 연결한다. Motor Driver와 DC Motor를 연결한다. 3, 4번 Out 포트와 Motor Driver 1, 2번을 연결한다. Motor Driver와 DC Motor를 연결한다. Input 포트 1번에 무선 통신 수신기를 연결한다. 이때 VCC, GND, 신호선이 바뀌지 않도록 주의하며, GND인 검은색 선이 CPU Board에 역삼각형으로 표시되어 있는 부분에 위치하도록 연결한다. 전원은 1.5V AA 건전지 4개로 구성되어진 Battery case를 통해서 공급된다.

그리고 마지막으로 프로그램 Downloading을 위한 시리얼 통신선인 RS232 Cable을 연결한다.

(4) Rogic 프로그램 작성

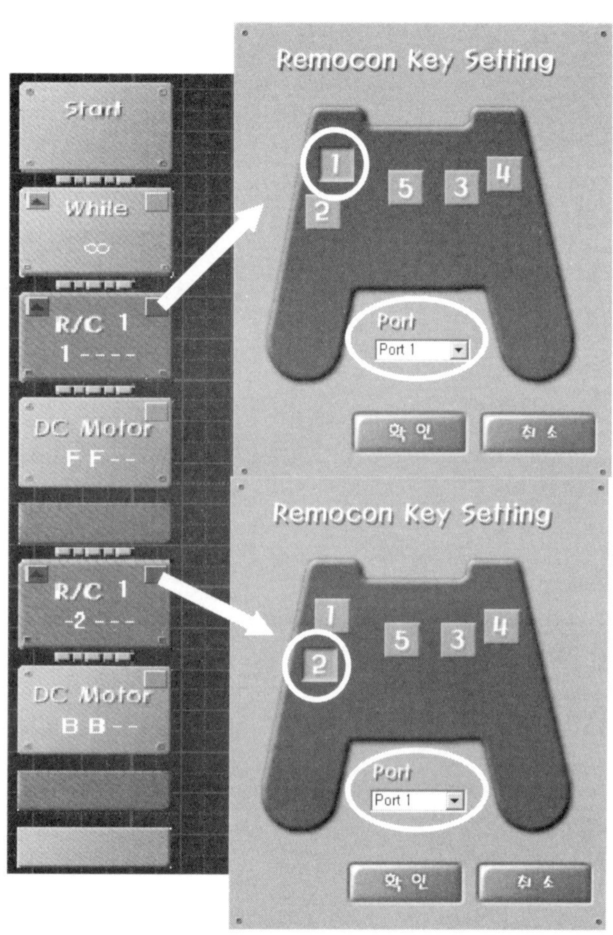

[표 7.4] 교육용 로봇 키트 비교

	활용요소	난이도	Vision	Sensor	통신	Motor
Robo Robo	Micom제어 Rogic, C	초급	×	적외선 근접	적외선	DC Servo
Lego	Micom제어 Labview, C	중급	○	적외선 근접 초음파	적외선 Bluetooth	DC Servo
ED	임베디드시스템 자체 프로그램	중상급	○	적외선 초음파 근접, VOC RFID, 기울기 전자나침판 조도, 터치	무선통신 사용×	DC Servo Stepping
한백 전자	임베디드시스템 C 프로그램	상급	○	초음파 RFID, GPS CO2 VOC DUST	Zigbe Bluetooth	DC Servo Stepping

지능형 로봇의 이해와 활용

지 은 이 | 유범상

펴 낸 이 | 김형근

펴 낸 곳 | 도서출판 기한재

신 주 소 | 경기도 파주시 회동길 56
구 주 소 경기도 파주시 교하읍 문발리 535-11
(파주출판문화정보산업단지)

전 화 | 031)955-0900~2

팩 스 | 031)955-0100

등 록 | 1990년 3월 15일 제2-968호

발 행 | 2013년 7월 10일 1판 1쇄

정 가 | 15,000원

Published by Kihanjae Co.

ISBN 978-89-7018-675-7

http://www.kihanjae.com

E-mail : kihanjae@hanmail.net